RAPPORT

DU JURY CENTRAL

SUR LES PRODUITS

DE L'INDUSTRIE FRANÇAISE.

RAPPORT
DU JURY CENTRAL
SUR LES PRODUITS
DE L'INDUSTRIE FRANÇAISE,

PRÉSENTÉ

À S. E. M. LE COMTE DECAZES,

PAIR DE FRANCE,
MINISTRE SECRÉTAIRE D'ÉTAT DE L'INTÉRIEUR;

RÉDIGÉ PAR M. L. COSTAZ,

Membre de l'Institut d'Égypte, et Rapporteur du Jury central.

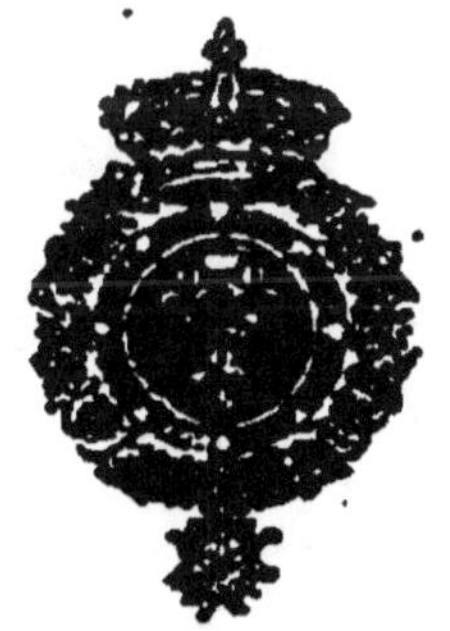

A PARIS,

DE L'IMPRIMERIE ROYALE.

1819.

AVANT-PROPOS.

L'EXPOSITION des produits de l'industrie, qui a eu lieu au Louvre cette année, le jour de la Saint-Louis, est la cinquième que l'on ait vue en France.

Les manufacturiers et les artistes avaient souvent exprimé le vœu du renouvellement périodique de ces solennités où sont couronnés ceux qui ont agrandi le domaine de l'industrie. Il s'était écoulé plus de douze ans depuis la dernière, lorsque M. le comte *Decazes* fut appelé au ministère de l'intérieur; le rétablissement de cette institution, presque tombée en désuétude, fut un des premiers actes de son administration. Le 13 janvier 1819, sur son rapport, le ROI rendit une ordonnance portant qu'il y aurait une exposition des produits de l'industrie à des époques dont les intervalles n'excéderont pas quatre années (1).

____

(1) Les ordonnances, le rapport et les circulaires qui ont préparé l'exposition de 1819, faisant partie essentielle de

Les chefs des établissemens manufacturiers sont les seuls dont le mérite puisse être mis en évidence par l'exposition ; car c'est en leurs noms seuls que les produits des fabriques sont présentés : mais les progrès de l'industrie ne sont pas uniquement le résultat *des lumières, du zèle et de la persévérance des manufacturiers ; ils sont dus aussi au génie inventif des artistes qui ont créé de nouvelles machines, simplifié la main-d'œuvre, amélioré les teintures, perfectionné le tissage* (1). Une ordonnance fut rendue, le 9 avril 1819, pour faire participer aux récompenses publiques les artistes qui, n'étant pas dans le cas d'envoyer des produits à l'exposition, ont cependant bien mérité de l'industrie. Il existait une lacune dans le système d'encouragement suivi jusqu'alors ; l'ordonnance qui l'a remplie honore le Ministre sous l'administration duquel elle a été rendue.

Des jurys formés dans les départemens ont désigné les hommes qu'ils estimaient avoir des droits aux récompenses annoncées par l'ordonnance dont il vient d'être parlé.

---

l'histoire de cette exposition, on a cru devoir les réimprimer à la suite des rapports du jury.

(1) Voyez le rapport, du 9 avril 1819, du Ministre secrétaire d'état de l'intérieur au Roi, *pag. 383.*

Avant d'adopter leurs propositions, le Gouvernement a jugé convenable de connaître l'avis du jury central; celui-ci a fait, pour remplir les vues du ministre à cet égard, un travail particulier qui sera imprimé à la suite du rapport général.

LE 10 mai 1819, le Ministre Secrétaire d'état de l'intérieur nomma, pour composer le jury central,

MESSIEURS:

Le comte BERTHOLLET, *pair de France, grand officier de l'ordre royal de la légion d'honneur, membre de l'académie royale des sciences ;*

Le chevalier BREGUET, *de l'ordre royal de la légion d'honneur, membre de l'académie des sciences ;*

Le chevalier BRONGNIART, *de l'ordre royal de la légion d'honneur, membre de l'académie des sciences, directeur de la manufacture de porcelaines de Sèvres ;*

Le comte CHAPTAL, *pair de France, ancien ministre de l'intérieur, grand officier de l'ordre royal de la légion d'honneur, et chevalier de l'ordre de Saint-Michel, membre de l'académie des sciences ;*

Le chevalier CHRISTIAN, *de l'ordre royal de la légion d'honneur, administrateur du conservatoire des arts et métiers;*

Le baron COSTAZ, *officier de la légion d'honneur, membre de l'institut d'Égypte; membre honoraire du comité consultatif des arts et manufactures, ancien conseiller d'état et ancien directeur général des ponts et chaussées;*

Le chevalier D'ARCET, *de l'ordre royal de la légion d'honneur, inspecteur des essais à la monnaie, membre du comité consultatif des arts et manufactures, membre du conseil général des manufactures;*

Le chevalier D'ARTIGUES, *de l'ordre royal de la légion d'honneur, membre du comité consultatif des arts et manufactures, du conseil général des fabriques et du conseil d'administration de la société d'encouragement;*

Le chevalier FONTAINE, *de l'ordre royal de la légion d'honneur, architecte, membre de l'académie des beaux arts de l'institut de France;*

Le baron GÉRARD, *chevalier de la légion d'honneur et de l'ordre de Saint-Michel, premier peintre du Roi, membre de l'académie des beaux arts de l'institut royal de France;*

Le chevalier HÉRON DE VILLEFOSSE, *de l'ordre royal de la légion d'honneur, maître des requêtes, inspecteur divisionnaire des mines, membre de l'académie des sciences;*

Le chevalier MOLARD, *de l'ordre royal de la légion d'honneur, membre de l'académie des sciences, membre du comité consultatif des arts et manufactures, du conseil d'administration de la société d'encouragement, ancien administrateur du conservatoire des arts et métiers;*

Le duc DE LA ROCHEFOUCAULD, *pair de France, chevalier des ordres du Roi, membre du conseil général des fabriques, inspecteur général du conservatoire royal et des écoles royales des arts et métiers.*

Le chevalier TARBÉ DE VAUXCLAIRS, *de l'ordre royal de la légion d'honneur, maître des requêtes au Conseil d'état, inspecteur général des ponts et chaussées;*

Le chevalier TERNAUX, *de l'ordre royal de la légion d'honneur, membre de la chambre des députés et du conseil général des fabriques et manufactures.*

Secrétaire.

MÉRIMÉE, *secrétaire perpétuel de l'école royale*

des beaux arts, et membre du conseil d'admi-
nistration de la société d'encouragement.

Postérieurement, sur la demande du jury, Son Exc. le Ministre de l'intérieur nomma, pour en faire partie,

MESSIEURS:

Le chevalier ARAGO, *de la légion d'honneur, membre de l'académie royale des sciences et du bureau des longitudes ;*

Le chevalier PERCIER, *de l'ordre royal de la légion d'honneur, architecte, membre de l'académie des beaux arts, de l'institut royal de France;*

Le chevalier WELTER, *de l'ordre royal de la légion d'honneur, chimiste.*

La première réunion du jury eut lieu le 7 juin 1819 : M. *le duc* DE LA ROCHEFOUCAULD y fut nommé président, et M. *le comte* CHAPTAL, vice-président.

Dès les premiers jours du mois d'août, le jury a tenu des séances réglées; il commença à examiner les produits de l'industrie, avant même qu'ils fussent exposés aux regards du public. Il forma plusieurs commissions, dont chacune était spécialement chargée d'une certaine classe d'objets, et devait, par l'organe d'un rapporteur particulier, rendre un compte écrit du résultat de son examen.

Le 23 août, le jury nomma M. Costaz son rapporteur général; il lui confia le soin de rédiger les décisions, et de les réunir dans un rapport qui, en faisant connaître les motifs des jugemens, présentât un tableau méthodique de l'ensemble des opérations.

Les commissions ne se sont pas bornées à un examen théorique; les outils, les instrumens, et généralement tous les objets qui ne pouvaient être bien appréciés que par l'expérience, y ont été soumis.

Lorsque le travail des commissions fut terminé, le jury résolut de faire, en corps, une revue de toute l'exposition: il fit avertir les manufacturiers et les artistes de s'y trouver; afin d'entendre leurs observations, s'ils en avaient à présenter. Dans cette revue, les sections appelèrent son attention sur les choses qu'elles avaient trouvées dignes d'être distinguées. Lorsque le jury se crut suffisamment éclairé, il dressa l'état des fabricans et des artistes qui lui paraissaient mériter des médailles ou quelque autre marque de distinction. S. Ex. le Ministre Secrétaire d'état de l'intérieur en ayant été informé, prit les ordres du Roi, et pria

SA MAJESTÉ de vouloir bien faire connaître le jour où elle daignerait recevoir les fabricans et les artistes, et leur faire remettre les médailles dont ils avaient été jugés dignes. Sa MAJESTÉ fixa le 25 septembre, à midi.

Le jury ayant été introduit, fut présenté au ROI par M. le comte Decazes. M. le duc de la Rochefoucauld, président, prononça, au nom du jury central, le discours suivant :

SIRE,

« Les acclamations publiques, bien mieux que ne pourrait le faire le jury central de l'exposition, ont fait connaître à VOTRE MAJESTÉ la reconnaissance de l'industrie française.

» La paix qui est votre ouvrage, les lois protectrices, vos encouragemens multipliés, les inspirations si puissantes du patriotisme, suffisaient déjà pour animer ses efforts : mais tout-à-coup appelée, par les ordres de VOTRE MAJESTÉ, pour faire de la réunion de ses produits une fête nationale ; invitée, pour ainsi dire, à venir, dans sa riche parure, assiter aux solemnités de la fête de son ROI, l'industrie française n'a plus connu de bornes à son émulation : il s'agissait de gloire nationale et des regards de l'Europe, il s'agissait de répondre à l'auguste appel de Votre Majesté; il fallait que les fabricans, que les ouvriers admis à l'honneur d'étaler le fruit de leurs utiles travaux dans ce magnifique Louvre, le plus beau palais de la terre, se montrassent dignes de cette alliance de l'industrie du peuple avec la grandeur et la majesté du trône.

» Sire, votre attente n'a pas été trompée; le Louvre rajeuni a reçu, par l'heureuse pensée de Votre Majesté, la plus brillante inauguration qu'aucun Prince puisse donner à ses palais. Ses salles, ses portiques, ont présenté le tableau de l'immense marché que la France offre à l'univers, et Votre Majesté a daigné dire qu'elle était fière, qu'elle était glorieuse de nos produits.

» Quel spectacle, Sire! qu'il est à-la-fois plein de magnificence et de douceur! Quelle autre nation pourrait le produire? Quel essor de l'esprit public! quelle source de prospérité pour le présent et pour l'avenir! Et dans le moment même de cette admirable réunion des chefs-d'œuvre de la peinture et des produits des arts industriels, la nature couvrait de ses dons notre sol fertile, et d'abondantes moissons rentrant de toutes parts, récompensaient l'agriculture de ses laborieux travaux.

» Ainsi, Votre Majesté a pu voir, comme d'un seul regard, toutes les richesses de son peuple. Si elle a pénétré de reconnaissance et de joie l'industrie française, par cse paroles touchantes, « *Comptez sur moi,* » l'industrie française, à son tour, s'unissant à la nation entière, ose dire à son Roi, Comptez à jamais, comptez sur elle.

» Oui, Sire, Votre Majesté a donné l'exemple aux princes de fonder le bonheur des peuples et leur respect pour les lois sur des institutions libérales et sages; le peuple français donnera aux autres peuples l'exemple d'un attachement inviolable pour la monarchie, pour le pouvoir royal, pour Votre Majesté, pour son auguste dynastie, comme une conséquence immédiate et nécessaire de vos généreuses concessions.

» Sire, puisse votre règne être embelli de tous les genres de prospérités ! Notre bonheur est étroitement lié au vôtre, et Votre Majesté se plaît aussi à reconnaître le sien dans le bonheur de la France. Nous avons, dans ce moment, le plus doux présage de celui que vos sujets desirent aussi vivement que vous-même. Aucune des faveurs de la providence ne sera refusée aux vœux ardens du monarque et de la nation.

» SIRE, que le ciel accorde à VOTRE MAJESTÉ les plus longs jours ! c'est le besoin du peuple français ; c'est le vœu de tous vos sujets ; c'est le cri qu'on entend répéter d'une extrémité à l'autre de cette belle et excellente France, qui vous doit d'impérissables bienfaits, et qui, pour garans de sa fidélité et de son amour, offre à VOTRE MAJESTÉ une profonde reconnaissance tant méritée, et le sentiment de ce besoin, si généralement éprouvé, de la longue durée de votre gouvernement paternel. »

SA MAJESTÉ répondit :

MESSIEURS,

« JE suis sensible aux sentimens que vous m'exprimez au nom de tous les fabricans de mon royaume. Je reçois avec d'autant plus de plaisir l'expression de ces sentimens, qu'elle m'est présentée par un jury composé d'hommes les plus recommandables et les plus distingués. Je suis sûr qu'avec de pareils hommes, nous aurons bien jugé. Dès mon enfance j'étais jaloux de la prospérité dont l'industrie jouissait chez quelques nations voisines : il était réservé à ma vieillesse de voir l'industrie française s'élever au plus haut degré de gloire, ne le céder à aucune par l'importance de ses perfectionnemens, de ses découvertes, et de n'avoir plus rien à desirer à cet égard. Dites à mes fidèles fabricans qu'ils peuvent toujours compter sur moi, comme je compterai toujours sur eux. »

Les membres du jury entendirent avec une vive et respectueuse sensibilité la réponse du Roi ; ils reçurent l'expression de la satisfaction de Sa Majesté comme la plus belle récompense du zèle avec lequel ils avaient rempli les fonctions importantes et délicates qui leur avaient été confiées.

Les manufacturiers et les artistes furent successivement appelés par le Ministre Secrétaire d'état de l'intérieur, et présentés au Roi. Sa Majesté voulut remettre, de sa propre main, les médailles à ceux qui les avaient méritées : cette faveur, qui ajoutait tant de prix à la récompense, fut toujours accompagnée de paroles pleines de bonté et de grâce.

Le jury, à l'exemple de celui de 1806, a établi cinq degrés de distinctions, afin de pouvoir mieux les proportionner au mérite des concurrens ; ce sont :

1.° La médaille d'or ;

2.° La médaille d'argent ;

3.° La médaille de bronze ;

4.° La mention honorable ;

5.° La simple citation.

Plusieurs établissemens et plusieurs manufacturiers qui avaient reçu des médailles aux expositions précédentes, se sont présentés à celle de 1819 ; le jury n'a pas cru devoir les faire participer à la distribution des médailles, à moins que leur industrie ne se fût exercée sur des objets différens, ou que leurs produits ne prouvassent des progrès suffisans pour faire décerner une récompense d'un ordre supérieur à celle qui avait déjà été obtenue. Il a pensé qu'une industrie demeurée la même ne méritait pas de distinction nouvelle : mais il a toujours vu avec un grand intérêt les productions que ces fabricans ont présentées au concours, et, lorsqu'il a reconnu qu'ils s'étaient soutenus au même degré de perfection, il a eu soin de le déclarer, en rappelant le souvenir de la distinction précédemment obtenue. Enfin, ces fabricans ont été appelés pour avoir l'honneur d'être présentés au Roi, et ils ont été nommés dans le rapport avant ceux qui ont obtenu cette année, pour le même genre, la distinction de l'ordre correspondant.

Le jury, ayant à porter son examen sur cette immense quantité de produits dont quelques-uns sont parfaits, et dont il n'est aucun qui ne soit digne d'attention, n'a pu cependant les nommer tous ; il a dû se borner à désigner ceux qui lui paraissaient avoir le plus de mérite : mais on se tromperait si l'on pensait qu'il refusait son estime aux objets qu'il a passés sous silence ; la simple admission à l'exposition suppose une industrie distinguée, car elle n'est accordée qu'après un examen fait par des hommes éclairés.

Il est possible qu'il se soit trouvé des ouvrages dont l'exécution suppose un esprit inventif, une adresse ou une instruction rares, et sur lesquels, cependant, le jury ait gardé le silence. Le jury ne s'est pas cru appelé à encourager ce que dans les arts on appelle des *tours de force*. L'effet qu'une industrie produit sur le commerce national, et la masse de travail qu'elle met en activité, ont été les principaux élén...ns de ses décisions ; il a pensé que toute production qui ne présentait qu'une difficulté vaincue, sans faire prévoir la naissance d'un art nouveau ou l'agrandissement d'une industrie existante, n'était pas dans ses attributions.

Le rédacteur du rapport général a eu constamment sous les yeux les rapports particuliers dans lesquels les commissions ont présenté les résultats de leur travail. Il s'est efforcé de rendre fidèlement les décisions et leurs motifs. Lorsque la rédaction a été terminée, elle a été soumise au jury, qui a consacré trois séances à en entendre la lecture.

On s'est appliqué à marquer, aussi exactement qu'on l'a pu, les progrès des arts industriels depuis l'exposition de 1806 : quelquefois même on est remonté à des époques plus reculées. L'exposition de 1819 est encore plus belle par ses résultats que par le magnifique spectacle qu'elle a présenté, et qui, quoique prolongé pendant plus d'un mois, n'a jamais lassé le public. Elle a prouvé qu'un mouvement général de perfectionnement continue d'animer toutes les parties de notre industrie. Il ne sera peut-être pas inutile d'arrêter un moment l'attention sur les causes auxquelles il faut attribuer cet état favorable.

On doit placer au premier rang les progrès des sciences exactes, et les nombreuses découvertes faites depuis trente ans en physique, en chimie et en mécanique : ces découvertes déterminent presque toujours la création ou le perfectionnement de quelque branche d'industrie. La culture des sciences, qui est pour la France la source de tant de gloire, est aussi une des causes les plus fécondes de sa prospérité. L'impulsion est donnée par l'Académie des sciences. Cette société illustre renferme dans son sein une grande partie des hommes éminens dont les travaux ont contribué à élever l'édifice actuel des connaissances exactes ; elle sert à-la-fois de modèle, de guide et de but d'émulation.

L'école polytechnique a multiplié les hommes qui joignent le talent de l'exécution à la connaissance des théories mathématiques et physiques les plus profondes. Ces hommes, en se répandant dans les divers emplois de la société, y ont fait connaître les moyens que les sciences peuvent prêter à l'industrie.

La société d'encouragement, dont la fondation ne remonte qu'à 1802, est une des institutions qui ont le plus servi au progrès de tous les arts utiles : le rapport sur l'exposition offre plusieurs fois la preuve qu'il est très-peu de branches d'industrie dans lesquelles elle n'ait encouragé et même provoqué des améliorations importantes. Cette société est une institution volontaire : animée du zèle le plus généreux pour le bien public, elle n'a jamais cherché à recevoir du Gouvernement aucune assistance d'argent. Son capital, assez considérable, et dont elle fait l'usage le plus noble et le plus judicieux, est formé par les souscriptions de ses membres : les hommes distingués qui composent son conseil d'administration n'ont d'autre privilége que d'ajouter le sacrifice de leur temps à leur contribution pécuniaire.

Le Gouvernement et les lois ont aussi exercé une influence favorable pour amener l'industrie française à l'état florissant qui se développe aujourd'hui.

Pendant vingt-cinq ans, une administration persévérante et éclairée s'est appliquée à donner à la France toutes les industries qui lui manquaient ; elle a multiplié les encouragemens sous toutes les formes, et n'a négligé aucune occasion de réunir les lumières qui pouvaient conduire à ce but.

Une législation, fondée sur les principes de la raison et de la justice, a fait régner l'ordre dans les fabriques sans arrêter l'essor de l'industrie ; elle a amélioré les mœurs des ouvriers, en leur donnant intérêt d'avoir une bonne réputation. Elle a détruit parmi eux l'esprit de vagabondage, sans mettre aucun obstacle à la libre circulation du travail. Les salaires sont fixés par des conventions librement consenties; les discussions d'intérêt entre les ouvriers et les chefs d'établissemens, sont jugées paternellement d'après les règles de l'équité, sans aucune considération de la qualité des personnes : aussi avons-nous le bonheur de voir que la France n'est point affligée par ces dissensions qui, dans d'autres contrées, divisent la classe ouvrière et les manufacturiers qui la font travailler.

La réunion d'un grand nombre de fabricans et d'artistes, venus de toutes les parties de la France pour assister à l'exposition, a donné occasion de remarquer que presque tous les chefs des manufactures sont instruits dans les sciences dont dépend le genre d'industrie auquel ils sont adonnés ; il n'est pas rare d'en trouver qui sont profondément versés dans la connaissance des mathématiques, de la physique et de la chimie ; le langage du plus grand nombre d'entre eux annonce une éducation soignée et des sentimens élevés.

Enfin nous ne devons pas passer sous silence l'influence heureuse qu'ont eue sur les progrès des arts les expositions publiques des produits de l'industrie ; il n'en est aucune qui n'ait été marquée par de beaux et utiles résultats : les

efforts que font tous les hommes industrieux
du royaume pour y paraître d'une manière
qui les honore, ont souvent produit des découvertes importantes et des perfectionnemens avantageux. De tous les moyens qu'on
a employés jusqu'ici pour répandre dans la
classe manufacturière la connaissance des découvertes utiles ou des meilleurs procédés de
fabrication, c'est peut-être celui qui a eu les
effets les plus réels et les plus prompts. La so-
lennité avec laquelle les fabricans dont la supériorité a été reconnue, sont couronnés, et
par-là même désignés à la confiance du public,
excite l'émulation la plus vive. Chacun, en
comparant ses produits et ses moyens d'exécution avec ceux de ses concurrens, sent mieux
ce qui lui manque. Les manufacturiers, alors
réunis en grand nombre à Paris, profitent de
toutes les ressources que cette ville présente,
pour augmenter leur instruction et rendre leur
industrie supérieure, ou au moins égale à celle
de leurs rivaux. Ils y trouvent réuni tout ce qui
peut étendre leurs connaissances et agrandir
leurs vues ; des collections consacrées aux
progrès des arts utiles leur sont ouvertes :
ils peuvent consulter les savans les plus
distingués et les artistes les plus habiles,
et observer dans les ateliers les procédés

de l'industrie perfectionnée de la capitale.

Telles sont les principales causes qui ont produit l'état florissant auquel les arts industriels sont parvenus : et comme ces causes subsistent toujours, qu'elles agissent avec une énergie croissante, on peut présager à l'industrie française une destinée brillante et solide.

INDUSTRIE FRANÇAISE.

RAPPORT

DU

JURY DE L'EXPOSITION

DE 1819.

CHAPITRE I.er

LAINAGES.

SECTION I.re

Amélioration des Laines.

A l'époque de l'exposition de 1806, la grande et importante opération de l'amélioration des laines présentait déjà de très-beaux résultats. Le jury de cette exposition remarqua que la laine des mérinos établis en France, depuis plusieurs générations, égalait en finesse et en beauté celle des mérinos nés en Espagne.

A

Il n'osa pas dire qu'elle la surpassait, quoiqu'il eût des raisons de le penser. Il constata que plusieurs manufacturiers de draps superfins faisaient une partie considérable de leur fabrication avec des laines recueillies en France, et il annonça que l'on pouvait prévoir une époque où il ne serait plus nécessaire d'acheter des laines à l'étranger. Le temps a confirmé de la manière la plus positive la justesse de cet aperçu ; des résultats saillans et incontestables marquent les pas que l'amélioration a faits depuis 1806. Malgré les circonstances défavorables qui, pendant quelques années, ont découragé les propriétaires de mérinos, les troupeaux de race pure ou de race améliorée se sont étendus. Il est constaté que la laine des mérinos gagne de la finesse par le séjour de cette race en France. La laine française est employée de préférence dans la fabrication des draps du premier degré de finesse, et la laine espagnole n'est plus admise que dans ceux du second degré.

Il n'y a pas vingt ans que le plus grand nombre des fabricans de draps superfins montraient de la répugnance pour l'emploi des laines d'origine française : ils soutenaient qu'elles ne pouvaient remplacer les laines espagnoles, parce que, disaient-ils, *la laine des mérinos français n'avait pas autant de nerf.* Cependant des draps fabriqués avec des laines françaises ayant été risqués dans le commerce, les consommateurs les accueillirent avec une préférence marquée : dès-lors, les laines mérinos françaises furent généralement employées dans la fabrication des draps superfins ; et l'opinion est si bien fixée sur ce point, qu'une manufacture craindrait d'altérer sa réputation, si elle faisait entrer des laines d'Espagne dans ces sortes de draps. Les fabricans motivent aujourd'hui l'exclusion des laines espagnoles, en disant qu'elles ont *trop de roideur.* Ces deux réponses ne sont opposées qu'en apparence : elles sont l'expression du même fait observé de deux points de vue différens.

Tous les manufacturiers de l'Europe pensent maintenant avec les nôtres que la laine des mérinos nourris en France réussit mieux dans la fabrication des draps superfins que la plus belle laine espagnole. Ce fait, généralement reconnu, a influé avantageusement sur notre commerce ; le prix courant de notre laine mérinos est supérieur à celui de la laine d'Espagne, et, chaque année, la France en vend à l'étranger pour une valeur assez importante. La faveur dont nos laines jouissent est due en premier lieu à leur qualité ; mais le soin qu'on apporte à les laver et à en faire le triage y ajoute beaucoup. Il y a quinze ans qu'il n'existait peut-être pas en France un seul lavoir pour les laines fines : aujourd'hui ils sont nombreux, et peuvent satisfaire à tous les besoins ; on en compte plus de quarante autour de Paris. C'est M. *Ternaux* qui a donné le premier modèle d'un établissement de ce genre.

Le triage est cette opération par laquelle on sépare et l'on classe par sortes les diverses qualités de laine que présente une même toison, de façon que chacune de ses parties peut être employée par le fabricant à l'usage auquel elle est le plus propre. Cette opération, aussi bien que le lavage, s'exécute en France avec une grande perfection.

On peut regarder le lavage et le triage des laines comme une branche d'industrie nouvellement acquise. Cette industrie est importante ; elle facilite la bonne fabrication au dedans, et fait rechercher nos laines au dehors.

Il est pénible d'avoir à remarquer que quelques fabricans croient devoir employer des laines de Saxe dans une assez forte proportion; ils en font sur-tout usage pour la trame. Ils pensent que cette laine ayant le poil plus court et étant plus douce que les laines les plus fines de France, donne un fil moins sec, qui garnit mieux et rend l'étoffe plus moelleuse. Quelques faits semblent prouver que cette opinion est un préjugé destiné à avoir le même sort que celui qui faisait regarder les laines des troupeaux mérinos de France comme impropres à la fabrication des draps superfins. La pratique des fabricans de Louviers est sans doute d'une grande autorité dans cette question. Le public a admiré les draps superfins qui ont mérité des médailles d'or à MM. *Riboulleau-Jourdain* et *Gerdret*, et une médaille d'argent à M. *Sainte-Marie-Frigard.* Ils étaient surtout remarquables par leur moelleux. Ces fabricans ont déclaré au jury central qu'ils n'y ont point fait entrer de laine étrangère, et qu'ils n'en emploient point dans leur fabrication habituelle. Leur déclaration est confirmée par l'attestation du jury départemental de l'Eure. Ces faits méritent toute l'attention des manufacturiers qui croient qu'on ne peut se passer des laines de Saxe pour faire de beaux draps superfins.

Au surplus, s'il existe quelque différence, il est probable qu'elle ne tardera pas à disparaître par l'effet seul du climat : il paraît constant que la température influe sur les qualités et sur l'abondance du poil des animaux. La douceur de la laine des mérinos semble augmenter à mesure qu'on avance vers le nord ; mais cet effet ne devient sensible qu'après plusieurs générations: la souche des troupeaux saxons a été extraite d'Espagne, plus de cinquante ans avant qu'on eût pensé à introduire en France la race des mérinos. Cependant nos laines ont déjà gagné assez de finesse pour être préférées aux laines d'Espagne et pour rivaliser avec celles de Saxe; quelques générations de plus, et l'amélioration sera complétée. Si des climats plus froids sont nécessaires, les montagnes de la France offrent des contrées plus étendues que la Saxe toute entière, et qui ont la même température moyenne.

SECTION II.

Fils de Laine.

LA filature de la laine présente deux problèmes très-distincts, la filature de la laine cardée, et celle de la laine peignée. La laine cardée, qu'on appelle aussi laine grasse, parce qu'elle est huilée avant d'être soumise à l'action de la carde, sert à confectionner toutes les étoffes feutrées ou drapées ; ce sont celles dont on ne voit pas le grain : tels sont par exemple les draps et les casimirs. La laine peignée est employée à la fabrication des étoffes rases, telles que les tissus mérinos pour châles et pour robes, les étamines, les burats, &c.

Les machines à carder la laine et à filer la laine cardée ont commencé à être employées en France vers l'année 1803 : à cette époque M. *Douglas* et M. *Cockerill* établirent des ateliers pour construire ces machines; le premier à Paris, le second à Verviers et à Liége, et plus tard à Reims. Leurs machines ont successivement reçu quelques perfectionnemens par l'influence des manufacturiers qui en ont fait usage , et par celle d'un concours qui fut ouvert sous le ministère de M. le comte *Chaptal.*

On doit à M. *Prosper Bellanger,* mécanicien et filateur de laine à Darnetal près Rouen , d'avoir établi des machines à filer la laine cardée, auxquelles on peut appliquer un moteur hydraulique ou tout autre ; ce qui a permis d'augmenter le nombre des broches, et d'obtenir des produits plus considérables : à cet avantage , le métier de M. *Prosper Bellanger* réunit celui de régler à volonté et avec précision la finesse du fil et le degré de torsion.

La filature de la laine destinée à fabriquer les étoffes rases doit être précédée du peignage : chacune de ces opérations présente, pour être exécutée à la mécanique, plus de difficultés que les deux opérations réunies du cardage et de la filature de la laine grasse. La laine soumise au peigne est complétement dégraissée : le but du peignage est d'extraire les filamens courts, et de disposer les filamens longs parallèlement entre eux ; jusqu'à présent cette opération n'a pu être faite qu'à la main. Les premières recherches de M. *Demaurey* d'Incarville près Louviers , et une annonce récemment faite par M. *Godard* d'Amiens, dont il sera parlé ci-dessous, pourraient donner quelques espérances : mais il est exact de dire qu'on ne connaît, quant à présent, d'une manière certaine, aucune machine qui ait exécuté le peignage en grand. La laine peignée est remise à des fileuses au rouet , qui la convertissent en fil. Tel était, du moins jusqu'à ces dernières années, l'état de cette industrie. Les châles mérinos et tous les tissus ras qui furent présentés à l'exposition de 1806, étaient formés de fils faits à la main. La société d'encouragement proposa, en 1807, un prix de trois mille francs pour une machine à filer la laine peignée; ce prix n'a été décerné qu'en 1815 à M. *Dobo* de Paris. Cet artiste prouva que, dès 1811, ses machines à filer la laine peignée avaient été mises en activité dans la manufacture de M. *Ternaux*, à Bazancourt près Reims, et que leurs produits avaient été employés à la fabrication des étoffes rases appelées alors tissus *Ternaux.*

La filature de la laine et la fabrication des étoffes, qui jusqu'ici avaient été réunies dans les mêmes mains, semblent aujourd'hui vouloir se séparer pour former des branches distinctes. Cette séparation doit être vue avec faveur; elle influera avantageusement sur la perfection du travail, et elle augmentera l'énergie des moyens de production, en permettant à chaque fabricant de porter tout son capital et toute son attention sur un objet plus restreint.

Il existe déjà plusieurs établissemens uniquement affectés à la filature des laines, soit cardées, soit peignées. Nous connaissons celui de Bazancourt près Reims; celui de M. *Chardron*, à Autrecourt près Sedan; celui de Bonsecours (faubourg Saint-Antoine, à Paris), sous la direction de M. *Dobo;* celui que M. *Poupart de Neuflize* a formé à Mouzon, et celui que M. *Prosper Bellanger* dirige à Darnetal: sans doute ils ne sont pas les seuls. Le jury, en distribuant les distinctions, n'a pas pris en considération tous les établissemens qui viennent d'être nommés; il n'a pu avoir égard qu'à ceux de ces établissemens dont les produits ont été vus à l'exposition.

Filature de Bazancourt près Reims, appartenant à MM. TERNAUX de Paris, JOBERT LUCAS et compagnie de Reims.

Cet établissement, uniquement consacré à la filature, travaille dans les deux genres de laine cardée et de laine peignée ; il file pour le public, en même temps que pour les fabriques de tissus de ses propriétaires. Il a exposé des fils de bonne qualité et de la première finesse, entre autres de la laine peignée filée au n.° 80.

. Les flanelles les plus belles et les plus fines qui ont été distinguées par le jury, sont, d'après la déclaration des fabricans, faites avec des laines filées à Bazancourt.

Cette filature a été, en France, le berceau de l'art de filer la laine peignée : elle aurait eu droit à des distinctions d'un ordre élevé, si M. *Ternaux* ne se fût mis hors du concours, en sa qualité de membre du jury.

Médaille M. DOBO, de Paris, rue Charonne, n.° 88,
d'argent.

A présenté de la laine peignée, filée par mécanique depuis le n.° 40 jusqu'au n.° 60. Cette laine est filée avec une grande perfection. M. *Dobo* est l'un des créateurs en France de la filature de la laine peignée par mécanique. Ce n'est pas le seul service qu'il ait rendu aux arts. Il a été désigné par le jury, en exécution de l'ordonnance du 9 avril 1819, comme l'un des artistes qui ont contribué aux progrès de l'industrie française ; il a reçu une médaille d'argent.

M. CHARDRON, à Autrecourt près Sedan,

Médaille de bronze.

A présenté de la laine parfaitement filée à son établissement d'Autrecourt. Cette filature contribue beaucoup à la perfection des casimirs fabriqués à Sedan. Le jury décerne à M. *Chardron* une médaille de bronze.

M. GODARD, mécanicien, à Amiens,

Mention honorable.

A présenté un échantillon de laine que l'on annonce avoir été peignée à la mécanique. Le jury s'est borné à en faire mention honorable. Si l'exécution en grand eût été constatée, le jury aurait décerné une distinction d'un ordre supérieur.

SECTION III.

Étoffes drapées.

ARTICLE I.

Draperie fine et superfine.

LA fabrication de la draperie a fait des progrès véritables pendant les treize années qui se sont écoulées depuis l'exposition de 1806.

Les fabriques se sont multipliées ; des moyens d'exécution plus sûrs et plus expéditifs ont été adoptés ; les produits ont gagné en qualité, et on les a variés avec beaucoup d'art.

Depuis le commencement du siècle, il s'est fait, dans cette branche importante de notre industrie, une amélioration du premier ordre ; c'est l'introduction des machines : cette opération, qui n'était que commencée et pour ainsi dire ébauchée en 1806, est aujourd'hui entièrement consommée. L'adoption des machines est devenue si générale, que le petit nombre d'établissemens qui sont demeurés en arrière ne pourront bientôt plus soutenir la concurrence des autres fabriques ; ils seront obligés d'adopter les mêmes moyens ou de cesser leurs travaux. On reconnaît déjà ces établissemens à la cherté de leurs produits et aux plaintes qu'ils font entendre sur la diminution des demandes.

L'usage des machines a introduit plus d'égalité dans la fabrication ; de sorte que la qualité des draps ne dépend plus autant de l'habileté des fabricans, en ce qui concerne la partie mécanique du travail. Cette habileté n'a conservé toute son influence que pour les opérations très-importantes, à la vérité, du choix et de l'assortiment des laines, de la teinture, du dégraissage et des apprêts.

Depuis long-temps il est reconnu qu'on ne fabrique rien en Europe qui égale les draps superfins de Sedan et de Louviers. Ceux que ces deux villes célèbres ont présentés à l'exposition de 1819, sont de la plus grande beauté. L'amélioration des laines a fourni le moyen d'ajouter à la souplesse du drap et à sa finesse, en même temps que les machines ajoutaient à la régularité de la fabrication.

Tous ces draps sont d'une perfection presque uniforme, et ne diffèrent entre eux que par des nuances peu tranchées ; en sorte qu'il a fallu beaucoup d'attention pour assigner des différences. On remarquera sans doute que le jury n'a pas décerné des médailles de bronze pour des draps fabriqués à Louviers et à Sedan : ce n'est pas qu'il ait jugé indignes d'une telle distinction ceux de ces draps dont il n'a pas parlé ; loin de là, il les a considérés comme étant au-dessus de la classe marquée par la médaille de bronze ; il a mieux aimé les passer sous silence que de les placer dans un rang inférieur à leur mérite.

La fabrique d'Elbeuf ne se borne pas à une seule qualité de drap ; elle opère sur une échelle étendue, de manière à fournir aux besoins d'une classe nombreuse de consommateurs. Les draperies qu'elle a présentées à l'exposition, sont toutes, quels que soient d'ailleurs leur destination et leur prix, remarquables par les qualités essentielles qui caractérisent une bonne fabrication. Dans les prix supérieurs, on trouve la souplesse à un degré qui rapproche ces draps de ceux de Louviers.

On a vu, à l'exposition, des draps d'Abbeville tout-à-fait dignes de la réputation distinguée dont la draperie de cette ville jouit depuis long-temps.

Ce n'est plus seulement à Louviers, à Sedan, à Abbeville et à Elbeuf que l'on fait des draps fins ; il s'est formé à Beaumont-le-Roger, dans le département de l'Eure, une manufacture dont les produits se placent au premier rang avec ceux de Louviers.

On a vu se développer dans les départemens de l'Aude, de l'Hérault, du Tarn et de l'Ariége, dans ceux de l'Isère, de l'Oise, de l'Eure et du Calvados, des manufactures qui donnent des produits supérieurs en perfection aux draps qu'on faisait jadis à Elbeuf, et égalent quelquefois les draperies fabriquées, il y a trente ans, à Louviers, à Sedan et à Abbeville. La masse des produits de ces nouvelles manufactures surpassera bientôt ce qui était mis dans le commerce par les départemens de l'Ourte et de la Roer, aujourd'hui séparés de la France, et qui ne fournissent plus à sa consommation.

C'est principalement dans les départemens de l'Aude, de l'Hérault et du Tarn, que l'on fabrique les draps destinés à être exportés dans le Levant, et qui sont connus sous les noms de londrins, de mahouts, ou draps sérails. Le jury a vu avec une satisfaction particulière les draperies de ce genre présentées à l'exposition par les fabriques de Carcassonne, de Saint-Pons, de Saint-Chinian, de Mazamet et de Clermont (Hérault). Elles sont fabriquées avec intelligence et très-agréablement apprêtées. En soignant ainsi la fabrication, et sur-tout en profitant de l'introduction des machines et de l'amélioration des laines nationales, pour abaisser les prix sans altérer les qualités, ces villes ne peuvent manquer de ressaisir la faveur dont elles ont si long-temps joui dans les Échelles du Levant.

Le jury de 1806 ne jugea pas convenable de décerner des médailles aux manufactures de draperies fines : ce n'est pas qu'il méconnût l'importance de cette magnifique industrie; mais elle lui parut dans un état presque stationnaire et peu différent de celui où elle s'était montrée à l'exposition précédente. Depuis 1806, la fabrication des lainages a fait, dans toutes ses parties, des progrès si considérables, qu'on peut regarder cette industrie comme ayant subi un renouvellement presque total. Le jury de 1819 a cru devoir signaler ce mouvement avantageux, en décernant les distinctions qu'il était en son pouvoir de distribuer.

MM. TERNAUX et fils, place des Victoires, n.º 6, à Paris.

Médailles d'or.

M. *Ternaux* s'est mis hors de concours comme membre du jury. Il a exposé des draps superfins provenant de ses manufactures de Sedan et de Louviers. Le public a pu remarquer que ces établissemens soutiennent la supériorité qui a fait décerner à M. Ternaux la médaille d'or aux expositions précédentes.

MM. RIBOULLEAU et JOURDAIN, de Louviers.

Ces manufacturiers ont exposé des draps superfins d'une grande beauté, et que l'on peut présenter comme un modèle de fabrication.

Les draps fabriqués par cette maison jouissent d'une haute réputation, et sont très-recherchés par les consommateurs.

Le jury a décerné à MM. *Riboulleau et Jourdain* une médaille d'or.

M. GERDRET aîné, de Louviers.

Ce fabricant jouit depuis long-temps de la réputation du premier ordre. Ses produits sont très-estimés des consommateurs. Les draps superfins qu'il a exposés sont de qualité supérieure et dignes de sa réputation.

Le jury a décerné à M. *Gerdret* une médaille d'or.

MM. BACOT père et fils, de Sedan.

La ville de Sedan est renommée depuis long-temps par l'excellence et la beauté de ses draps noirs ; on ne connaît rien de plus parfait, en ce genre, que le drap noir présenté à l'exposition par MM. *Bacot.* Leurs draps bleus sont également d'excellente qualité.

Les mêmes fabricans ont mis à l'exposition du casimir noir de la première beauté, qui réunit toutes les qualités d'agrément et de bonté qu'on recherche dans cette sorte d'étoffe.

Les produits de la fabrique de MM. *Bacot* justifient complétement la faveur qui leur est accordée par les consommateurs.

Le jury décerne à MM. *Bacot* père et fils une médaille d'or.

Médailles d'argent.

MM. PÉTOU (Jean-Baptiste), frère et fils, de Louviers,

Ont obtenu une médaille d'argent aux précédentes expositions ; ils sont toujours dignes de cette distinction. Cette maison a aussi exposé de bons casimirs.

M. DANET, de Beaumont-le-Roger (Eure).

Ce fabricant a exposé des draps de deux qualités. Chacune est excellente dans son espèce, et la fabrication en est très-bonne. La manufacture de M. *Danet* est nouvellement établie, et cependant elle est placée à un des premiers rangs par l'estime des consommateurs.

Le jury a décerné à M. *Danet* une médaille d'argent.

M. SAINTE-MARIE-FRIGARD, de Louviers,

Médailles d'argent.

A présenté des draps d'excellente qualité et très-bien fabriqués.

Le jury lui a décerné une médaille d'argent.

M. POUPART DE NEUFLIZE et fils, de Sedan,

A présenté des pièces de drap bleu et de drap vert qui ont été trouvés fort beaux.

M. *de Neuflize* a aussi présenté deux pièces de casimir noir, l'une teinte en laine et l'autre teinte en pièce. Ces casimirs ont été jugés de première qualité.

Le jury a décerné à M. *Poupart de Neuflize* une médaille d'argent.

Mme veuve LEMAITRE, de Louviers.

Elle a exposé des draps superfins, fort beaux et d'excellente qualité.

Le jury lui a décerné une médaille d'argent.

M. TURGIS (Pierre), d'Elbeuf,

A présenté du drap parfaitement fabriqué et tenant le premier rang dans son genre.

Le jury lui a décerné une médaille d'argent.

M. CHAYAUX, de Sedan,

A présenté des draps noirs très-bien fabriqués et d'un prix modéré.

Le jury lui a décerné une médaille d'argent.

MM. CHAUVET et fils, de Chalabre (Aude).

Ces fabricans ont produit à l'exposition du drap fort qui se fait remarquer par l'excellence de sa fabrication.

Le jury leur a décerné une médaille d'argent.

M. CAPTIER, de Lodève (Hérault).

Le drap exposé par ce manufacturier est très-beau et d'une fabrication excellente.

Le jury lui a décerné une médaille d'argent.

MM. MERLE, PASCAL fils, et PASCAL, de Vienne (Isère).

MM. BADIN frères et LAMBERT, de Vienne (Isère).

Ces deux manufactures ont exposé des draps forts, qui sont travaillés avec soin, et qui présentent tous les caractères d'une bonne fabrication.

Le jury a jugé chacune de ces fabriques dignes d'une médaille d'argent.

M. FAULQUIER, de Lodève,

A présenté du drap bien fabriqué, à des prix modérés.

Le jury lui a décerné une médaille d'argent.

MM. FLOTTE frères, de Saint-Chinian (Hérault),

Fabriquent des londrins, des mahouts ou draps sérails pour le commerce du Levant. Les produits qu'ils ont présentés sont agréables et d'excellente qualité; ils annoncent une fabrication extrêmement soignée.

Le jury décerne à MM. *Flotte* frères une médaille d'argent.

MM. JALVI, SAISSET et GUIRAUT, de Saint-Pons (Hérault).

M. FAGES (Jean-Louis), de Carcassonne (Aude).

M. OLOMBEL, de Mazamet (Tarn).

Ces maisons ont exposé des londrins et des mahouts agréables et bien fabriqués.

Le jury décerne à chacune d'elles une médaille d'argent.

———

LE JURY a décerné des médailles de bronze à chacun des fabricans ci-après nommés :

M. COURBET POULLARD, d'Abbeville,

Qui a exposé du drap de bonne fabrication.

MM. CHAUSSET et AVERTON, d'Abbeville,

Pour des draps fabriqués avec soin.

M. QUESNÉ (Mathieu), d'Elbeuf,

B

MM. Bourdon (Nicolas) et Pétou, d'Elbeuf,

M. Grandin (Louis-Jacq.), d'Elbeuf,

M. Flavigny (Louis-Robert), d'Elbeuf,

Pour les draps bien fabriqués et de bonne qualité qu'ils ont exposés.

M. Vivier, de Chalabre (Aude),

M. Patto, de Chalabre.

Les draps exposés par ces deux manufacturiers sont remarquables par la bonne fabrication.

M. Maurice-Loignon, de Beauvais,

Pour du drap fabriqué avec soin.

MM. Rogues et Roger, d'Emphernel près Vire (Calvados).

Leur manufacture est nouvelle : ils ont exposé du drap dans le genre d'Elbeuf, fait avec intelligence et soin.

M. Dumas, de Lavelanet (Ariége).

M. Dastis, de Lavelanet (Ariége).

Ces deux fabricans ont présenté des draps dans le genre d'Elbeuf, d'une bonne fabrication. Le jury les a vus avec un véritable intérêt.

M. **MARTIN** (Jean), de Clermont (Hérault),

Qui a exposé des londrins bien fabriqués.

Médaille
de bronze.

LE JURY a arrêté qu'il serait fait mention honorable de

Mention
honorable.

MM. **GRAND** frères, de Bédarieux (Hérault),

Pour le drap qu'ils ont exposé.

ARTICLE II.

Draperie moyenne.

La draperie moyenne forme une branche majeure de l'industrie des lainages : ses produits sont assez variés pour satisfaire à tous les besoins; et, par la modération de leurs prix, ils conviennent à un grand nombre de consommateurs. Le jury s'en est occupé avec un vif intérêt; il a reconnu que les progrès de l'art de fabriquer s'y font sentir d'une manière marquée. L'influence de l'amélioration de nos laines communes, par le croisement de la race indigène de bêtes à laine avec les animaux de race pure, est très-sensible. Le jury a voulu seconder ce mouvement, en décernant les distinctions qui vont être spécifiées.

M. **GUIBAL** jeune, à Castres (Tarn).

Médailles
d'argent.

Ce fabricant a exposé, en 1819, un assortiment d'étoffes de laines de sa fabrication, qui comprend de la draperie moyenne, des casimirs, des cuirs-laines, de la draperie commune, des coatings ou castorines. Toutes ces étoffes sont fabriquées avec soin, et prouvent que M. *Guibal* jeune est toujours digne de la médaille d'argent qu'il a obtenue aux expositions précédentes.

MM. ANNE VEAUTE et fils aîné, de Castres (Tarn).

M. GUIBAL-VEAUTE, chef de la maison,

Paraît pour la première fois à l'exposition. Il a présenté des draps doubles croisés, couleur bleue et couleur mélangée, d'une fabrication parfaite : il y avait joint un assortiment des divers produits de sa manufacture, tels que casimirs, molletons, coatings ou castorines. Tous ces objets sont très-bons, chacun dans son genre.

Le jury a décerné à M. *Guibal-Veaute* une médaille d'argent.

MM. AYNARD et fils, FIARD et MARION, de Montluel (Ain),

Ont présenté à l'exposition de la draperie moyenne et de la draperie commune, principalement destinée à l'habillement des troupes. Leurs étoffes sont très-bien fabriquées et d'un prix modéré.

La fabrique de Montluel est de la création de MM. *Aynard, Fiard* et *Marion*, qui ont su lui donner de grands développemens.

Le jury leur décerne une médaille d'argent.

MM. ROSE-ABRAHAM frères, de Tours.

Leur fabrique est nouvellement établie. Ils ont présenté des draps de sorte moyenne, faits avec des laines métis de Beauce, qui sont très-bien fabriqués et de très-bonne qualité, eu égard à leur prix.

MM. *Rose-Abraham* ont aussi présenté de la draperie commune faite avec des laines des environs de Tours; elle mérite les mêmes éloges que la draperie moyenne.

Le jury a décerné à MM. *Rose-Abraham* une médaille d'argent.

M. RACHOU et compagnie, de Montauban,

A envoyé à l'exposition de bon drap, d'une excellente fabrication et d'un prix modéré; il a aussi exposé de la ratine très-belle.

Le jury a décerné à M. *Rachou* une médaille d'argent.

M. TIREL fils, à Blon près Vire (Calvados).

Cette fabrique a présenté des draps d'espèce moyenne d'une bonne fabrication;

Des draps communs blancs, gris et verts, à des prix modérés;

Des couvertures et des étoffes pour le vêtement des classes pauvres, remarquables par leur bas prix.

Le jury a décerné à la fabrique de Blon une médaille d'argent.

MM. GODART père et fils, de Châteauroux (Indre).

Leurs draps sont bien fabriqués; ils ont donné à la contrée qu'ils habitent l'exemple d'employer, dans la fabrique, la machine à vapeur, et ils ont fait, pour

Médaille
d'argent.

le perfectionnement de l'opération du foulage, un emploi heureux de l'eau chaude que la machine fournit.

Le jury décerne à MM. *Godart* une médaille d'argent.

————

Médailles
de bronze.

LE JURY a arrêté qu'il serait donné des médailles de bronze aux fabricans dont les désignations suivent :

MM. VERNY frères, d'Aubenas (Ardèche).

Les draps fabriqués par MM. *Verny*, et présentés à l'exposition, se rapprochent du genre d'Elbeuf commun. Le jury en a trouvé la fabrication bonne.

M. MURET, de Châteauroux (Indre).

Ses draps sont très-bien fabriqués.

M. GARISSON, de Montauban.

Drap uni et drap croisé, bien fabriqués, et à des prix modérés.

————

Mentions
honorables.

LE JURY a arrêté qu'il serait fait mention honorable des fabricans dont les désignations suivent :

M. TOURENGIN (Félix), de Bourges.

Sa fabrique est nouvelle : elle est intéressante pour le Berri, dont elle emploie les laines : elle a exposé du drap bleu de bonne qualité.

M. ARNAUD-POUSSET, de Loches (Indre-et- Loire),

Mentions honorables.

A présenté des étoffes fabriquées avec intelligence et à bas prix : elles ont de la souplesse.

M. SEILLÈRES, de Nancy,

A présenté du drap blanc bien fabriqué, et des draps tricots dont le prix est modéré.

M. TACHARD-REY, de Montauban.

Drap dit *cordelat*, bien fabriqué.

MM. DEMENOU et DELAMBERT, de Paris, rue du Faubourg-Poissonnière, n.° 31.

Drap tricot blanc d'une bonne fabrication.

M. DENIELLE, de Saint-Omer (Pas-de-Calais).

M. LEFEBVRE, de Saint-Omer *(idem)*.

M. PLET, de Saint-Omer *(idem)*.

M. TARTAS-BOYAVAL, de Saint-Omer *(idem)*.

Ces quatre fabricans ont exposé des draperies d'une fabrication louable.

ARTICLE III.

Draperie commune.

La fabrication de la draperie commune fournit le vêtement non-seulement des classes pauvres ou peu aisées, mais encore de cette partie très-nombreuse de la population qui, sans être étrangère à quelque aisance, est placée immédiatement au-dessous de la classe moyenne : elle alimente donc une consommation très-considérable. C'est dans cette partie sur-tout que l'application des machines et des nouveaux procédés a les résultats les plus étendus; les modèles sont tellement répandus dans les diverses contrées de la France, qu'il n'est pas difficile de s'en procurer la connaissance. On peut prédire des succès aux établissemens qui ne tarderont pas à les adopter, et une ruine certaine à ceux qui s'obstineront à n'en pas faire usage.

———

Mentions honorables.　Le jury a décidé qu'il serait fait mention honorable des fabricans dont la désignation suit :

M. Doré, de Dijon.

Drap commun d'un prix modéré.

MM. Ansault, Chauvat et compagnie, de Toucy (Yonne).

Drap commun d'un prix modéré.

M. Bourillon, de Mende (Lozère).

Fabrication louable.

Les fabricans ci-après dénommés de Pratz-de-Mollo (Pyrénées-Orientales) :

MM. Boixot, Palot et compagnie,

M. Bernard-Matillot,

M. Durand-Damien,

M. Pompidor (Louis),

Mme veuve Xatard (Rose),

Fabriquent, à des prix modérés, des draps de qualité commune, bons dans leur genre.

M. Guillemet, de Nantes,

Dont la fabrication est bonne et les prix modérés.

M. Dolley, de Saint-Lô (Manche).

Étoffes dites droguet et finettes bien fabriquées et à des prix modérés.

MM. Didelot-Perrin et Didelot-Regnout, de Vassy (Haute-Marne).

Tiretaines à bas prix et bien fabriquées; la filature est bonne.

M. Simon Lachaume, de Saint-Maixent (Deux-Sèvres).

Serge très-commune, mais très-bien fabriquée et à très-bas prix.

———————

Le jury a arrêté que les fabricans dont les désignations suivent, seront cités au rapport :

M. Maubon-Rupied, de Nancy;

Chardons. M. SENEMAND, de Limoges;

M. CHARPENTIER (Victor), de Saint-Aubin-du-Thennay (Eure);

M. CHARNIER, de Gap (Hautes-Alpes);

MM. CARME frères, d'Alby (Tarn).

Les fabricans ci-après dénommés du département d'Indre-et-Loire :

M. ALLOUARD, de Beaulieu;

M. L'HÉRITIER-TEXIER, de Château-Renaud;

M. JAHAU-L'HÉRITIER, de Château-Renaud;

M. RENARD-L'HÉRITIER, de Château-Renaud.

Les fabricans du département de l'Aveyron ci-après nommés :

MM. CREISSEILS et COT, de Camarez;

M. DUPREZ, de Saint-Geniez;

M. BASTIDE (Antoine), de Saint-Geniez;

M. COURET fils, de Saint-Geniez;

M. GIRAUT, de Saint-Geniez;

MM. THÉDENAT et MURET, de Saint-Geniez;

M. SOLANET, de Saint-Geniez;

M. RECOULÈS, de Rodez;

M. SALÈS, de Rodez;

M. COURET fils aîné, de Saint-Geniez;

M. DUPREZ aîné, de Saint-Geniez.

Les fabricans ci-après nommés, de la ville de Lisieux (Calvados):

M. RIQUIER;

Mme veuve CALLI-GRAND-VALLÉE;

M. BOURSIN;

M. NASSE-DUBOIS.

Les fabricans ci-après dénommés, du département de l'Ariége.

M. FLANDRY, de Pamiers;

M. MAUBY jeune, de Sainte-Croix.

ARTICLE IV.

Casimirs et Cuirs-laines.

La fabrication du casimir a été portée en France à un grand degré de perfection; nos casimirs sont supérieurs à ceux que l'on fabrique à l'étranger, même à ceux de la Belgique, qui ont pu être préférés pendant quelque temps ; les nôtres l'emportent sur-tout par le drapé.

On a d'abord donné le nom de cuir-laine à une étoffe dont la chaîne est en coton et la trame en laine, et dont le tissu est croisé à la manière des casimirs. La maison *Petou* de Louviers est la première qui ait fabriqué cette étoffe, qui a obtenu un grand succès ; depuis on a fait, d'après des principes semblables, dans les départemens du midi, des étoffes entièrement en laine, auxquelles on a aussi donné le nom de cuir-laine : il en a été exposé de très-belles par M. *Guibal-Veaute* et par M. *Guibal* jeune, de Castres ; deux manufacturiers qui ont été jugés dignes de la médaille d'argent pour l'ensemble de leur fabrication. (*Voyez* à l'article *de la Draperie moyenne, pages 19 et 20.*)

La fabrication du casimir ayant, depuis plusieurs années, atteint son degré de perfection, il est très-difficile d'assigner des degrés de supériorité parmi une douzaine de fabricans, tous très-distingués, qui ont exposé des casimirs : cependant le jury a cru devoir marquer son intérêt pour cette industrie et pour celle qui produit les cuirs-laines, par des médailles ou des mentions qu'il a accordées aux fabricans dont la désignation suit :

Médaille d'or.   ## M. GENSSE-DUMINY, d'Amiens.

Ce fabricant a obtenu en 1806 une médaille d'or pour les casimirs. Il a présenté à l'exposition de 1819 des casimirs propres à soutenir sa réputation. Le jury a vu avec satisfaction que les prix de M. *Gensse-Duminy* sont modérés; il le juge toujours digne de la médaille d'or qu'il a obtenue.

MM. MATHIEU, ROMANET et ALAFORT de Limoges,

Médaille d'argent.

Ont produit un cuir-laine remarquable par une bonne fabrication.

Ces fabricans ont aussi exposé de la très-belle flanelle et du patent-coat très-bien fabriqué.

Ces divers produits annoncent des manufacturiers intelligens et familiers avec l'art de la fabrication. Le jury leur décerne une médaille d'argent.

M. MARTIN THISS et compagnie, de Buhl, (Haut-Rhin),

Médaille de bronze.

A envoyé à l'exposition une pièce de casimir mélangé qui annonce un véritable talent de fabrication.

Le jury lui décerne une médaille de bronze.

LE JURY a décidé qu'il serait fait mention honorable des fabricans dont les noms suivent :

Mention honorable.

MM. BRIDIER-frères, de Sedan.

Casimir noir, moelleux et très-bien fabriqué.

M. LEMOINE-DESMARRES, de Sedan.

Casimir noir bien drapé et d'excellente fabrication.

M. TACHARD-REY, de Montauban.

Casimir d'une fabrication louable.

ARTICLE V.

Flanelles, Molletons et Couvertures.

Les flanelles sont une des sortes de tissus où l'effet du perfectionnement de la filature et de l'amélioration de la qualité des laines se fait le plus remarquer.

MM. HENRIOT frère, sœur et compagnie, de Reims,

Ont exposé des flanelles lisses et des flanelles croisées de première qualité et de qualité commune, supérieurement fabriquées.

Le jury leur décerne une médaille de bronze.

M.me veuve HENRIOT l'aîné, de Reims,

A présenté à l'exposition des flanelles lisses et des flanelles croisées très-belles et jugées dignes d'une médaille de bronze.

M. CALENDER, d'Orléans,

A produit de bonnes couvertures à bas prix.

Le jury lui a décerné une médaille de bronze.

M. WATIER, de Lisieux (Calvados),

Fabrique des couvertures de chevaux à très-bas prix. Le jury lui a décerné une médaille de bronze.

LE JURY a arrêté qu'il serait fait mention honorable des fabricans ci-après dénommés :

M. GODARD-MENESSON, de Reims,

Pour de belles flanelles lisses.

MM. DEMENOU et DELAMBERT, de Paris, rue du Faubourg-Poissonnière, n.° 31,

Pour des molletons bien fabriqués.

M. BOURSIN, de Lisieux (Calvados),

Qui a présenté des molletons communs dont le prix est très-modéré.

SECTION IV.

Étoffes rases.

ARTICLE I.ᵉʳ

Tissus mérinos.

Médaille d'argent.

M. D'AUTREMONT, de Villepreux près Versailles,

A exposé douze pièces de tissus mérinos de diverses couleurs. Ces tissus sont tous d'une parfaite égalité. Leur degré de finesse varie depuis douze croisures jusqu'à seize. Les laines y sont si bien assorties, qu'aucune de ces pièces n'a barré à la teinture.

M. *d'Autremont* peut être considéré comme ayant fait faire des progrès à la fabrication de ce genre d'étoffes. Il file lui-même la laine qu'il emploie. Il a présenté des échantillons de filature depuis le n.° 40 jusqu'au n.° 70. Cette filature est soignée, et c'est à sa belle qualité qu'est dû en partie le mérite des tissus mérinos de M. *d'Autremont.*

Le jury lui décerne une médaille d'argent.

Médaille de bronze.

M. FAGES, de Carcassonne.

Le jury lui décerne une médaille de bronze, à raison d'un tissu mérinos d'une belle fabrication.

M. FROMENT, de Rethel (Ardennes),

A présenté un tissu mérinos très-égal et point barré à la teinture.

Il en est fait mention honorable.

ARTICE II.

Serges, Cadis et Étamines.

M. MELY (Pierre), de Mende,

A mérité une médaille de bronze par une pièce de serge parfaitement fabriquée, et par diverses autres étoffes où l'on reconnaît du soin.

MM. LAGRAVÈRE et compagnie, de Montauban.

Le cadis qu'ils ont exposé est très-bien fabriqué. Cette maison a imprimé, par son exemple, du mouvement à l'industrie.

Le jury lui a décerné une médaille de bronze.

Médailles de bronze.

LE JURY a décidé qu'il serait fait mention honorable des trois fabricans dont la désignation suit :

Mention honorable.

M. LEMAÎTRE, du Mans,

Qui a présenté de très-belles étamines.

MM. BALIGOT père et fils, de Reims.

Gazes et toiles, ou étamines en gros et en fin, pour bluteau. Ces objets sont soignés.

SECTION V.

Étoffes de goût et de fantaisie.

LA dénomination de ces sortes d'étoffes exprime leur destination ; elles doivent suivre toutes les variations de la mode, souvent les devancer et même les faire naître, en présentant aux consommateurs de nouvelles combinaisons de matières, de couleurs et de tissus. Ces étoffes n'affectent pas de genre particulier : quelquefois elles sont rases, d'autres fois elles appartiennent au genre drapé ; cela dépend du goût du moment. C'est à Reims que se fabriquent avec le plus de succès les étoffes de fantaisie dans la composition desquelles entre la laine. Cette branche d'industrie est importante, parce qu'elle entretient une grande masse de travail ; elle est rarement stagnante, parce qu'elle sait se modifier de manière à être toujours en rapport avec les goûts les plus mobiles des consommateurs riches.

Le jury a décerné, pour cette partie, les distinctions suivantes :

Médaille d'argent. **MM. JOBERT-LUCAS, de Reims.**

Cette maison a obtenu une médaille d'argent aux expositions précédentes. Elle est hors de concours en 1819, parce que M. Ternaux, l'un des principaux intéressés, est membre du jury. Cependant elle a présenté des produits qui, par leur variété, leur bon goût et leur fabrication, prouvent qu'elle a amélioré toutes les branches de son industrie.

M. Baligot-Remi, de Reims,

A présenté des étoffes pour gilets dont la chaîne est en coton et la trame en laine de mérinos, et qui sont improprement appelés *poils de chèvre;*

Des étoffes brochées, aussi pour gilets, et dites mosaïques, à cause de leur apparence.

Ces deux étoffes sont très-agréables, et tirent leur mérite d'une fabrication dirigée avec intelligence et goût.

M. *Baligot-Remi* a aussi exposé des casimirs agréables bien fabriqués, et des flanelles qui méritent le même éloge.

Le jury a décerné à M. *Baligot-Remi* une médaille d'argent.

CHAPITRE II.

DUVET DE CACHEMIRE.

LA fabrication des châles en laine de mérinos a fait naître le desir de travailler la matière même des beaux tissus de cachemire. M. *Ternaux* se la procura par la voie de Cazan; c'est par cette voie, qu'il a ouverte le premier, que l'approvisionnement de nos manufactures s'opère, et continuera probablement de s'opérer jusqu'à ce que les chèvres qui produisent ce duvet, soient assez multipliées en France pour fournir à toutes les demandes.

L'année 1819 sera remarquable dans l'histoire de l'agriculture française par l'acquisition de cette race de chèvres. Nous en sommes actuellement en possession, grâces aux soins du Gouvernement, au zèle courageux et infatigable de M. *Jaubert*, qui s'est dévoué à toutes les peines et à tous les dangers d'un voyage dans des contrées lointaines et presque désertes, pour procurer à sa patrie cette nouvelle source de richesses, et sur-tout au patriotisme de M. *Ternaux*, qui, le premier, a conçu l'idée de cette importation, qui a fourni les fonds pour l'exécuter, et l'a entreprise à ses risques et périls.

L'extrême lenteur du procédé indien pour la fabrication des châles, est la cause principale de l'élévation de leur prix. En France, où la main-d'œuvre est beaucoup plus chère que dans l'Inde, il fallait, ou se contenter d'un travail qui présentât toute l'apparence extérieure, ou imaginer des moyens économiques d'exécution qui produisissent à meilleur marché des tissus en tout semblables aux châles de cachemire.

On a résolu le premier problème, en employant le procédé du *lancé,* depuis long - temps usité pour la fabrication des étoffes façonnées. L'autre problème présentait plus de difficultés ; et ce n'est que depuis quelques années seulement qu'il a été résolu par M. *Bauson,* dont il sera parlé dans la suite.

Quoique la filature du duvet de cachemire soit moins facile que celle de la laine peignée, on y a cependant réussi, en employant les mêmes mécanismes et les mêmes procédés, modifiés d'après les qualités physiques qui distinguent les deux substances ; on a vu, à l'exposition, de très-beaux fils de cachemire faits à la mécanique.

M. TERNAUX, de Paris, place des Victoires, n.° 6,

S'est mis hors de concours, comme membre du jury ; cependant nous ne devons pas taire que M. *Ternaux* est le premier qui ait fabriqué en France des châles avec la matière de cachemire.

Le public a pu juger que les châles fabriqués, suivant tous les procédés connus, par la maison *Jobert-Lucas,* dont M. *Ternaux* est un des chefs, sont de la première qualité.

SECTION I.

Fils de Duvet de Cachemire.

Médailles d'argent.

MM. HINDELANG père et fils, à Paris, rue des Fossés-Montmartre, n.° 21,

Ont présenté à l'exposition, du duvet de cachemire filé à la mécanique avec une rare perfection. Ils ont aussi présenté des tissus de cachemire de la plus grande finesse.

Le jury leur a décerné une médaille d'argent.

SECTION II.

Châles de Cachemire.

M. BAUSON, rue de Montreuil, faubourg Saint-Antoine, n.° 85,

A imaginé, pour fabriquer les châles, un procédé facile et prompt, qui est exécuté par des enfans, sous la dictée d'une ouvrière exercée.

Les châles fabriqués par M. *Bauson* sont en tout point semblables aux vrais châles de cachemire, et peuvent être livrés au commerce à un prix inférieur.

Le jury lui a décerné une médaille d'argent.

M. LAGORCE, de Paris, rue des Fossés-Montmartre, n.° 16,

A exposé des châles fabriqués au lancé : le tissu

en est très-beau ; les bordures sont d'un bon goût de dessin ; les châles de M. *Lagorce* présentent toute l'apparence des châles de l'Inde. Ils sont estimés dans le commerce.

Le jury a décerné à M. *Lagorce* une médaille d'argent.

———

LE JURY a décidé qu'il serait décerné des médailles de bronze à chacun des trois fabricans dont les désignations suivent : Médailles de bronze.

M. HÉBERT (Frédéric), de Paris, rue Saint-Denis, n.° 374 ;

M. CHANNEBOT, de Paris, rue Neuve-Saint-Eustache, n.° 8,

Pour leurs châles faits au lancé, qui sont fabriqués avec soin et goût, et qui imitent bien ceux de l'Inde.

MM. FOURNIVAL et LEGRAND-LEMOR, de Paris, rue de Cléry, n.° 40,

Qui ont présenté de très-beaux tissus en matière de cachemire.

———

LE JURY a arrêté qu'il serait fait mention honorable des fabricans ci-après dénommés : Mentions honorables.

M. PETITJEAN et Compagnie, de Montataire (Oise).

Très-beaux tissus de cachemire.

M. LIMAGE-PINSON, de Paris, rue du Faubourg-
du-Temple, n.° 88.

Châles fabriqués avec soin.

M. GÂTINE, de Paris, rue Saint-Jacques,
n.° 303.

Châles fabriqués avec soin.

M. SIMONS, de Paris, rue Notre-Dame-des-
Victoires, n.° 9,

A présenté un châle fabriqué avec une matière
indigène.

CHAPITRE III.

SOIES.

—

SECTION I.

Soies gréges.

LES soies gréges exposées cette année présentent deux variétés entièrement distinctes.

La première est la soie jaune ordinaire, que nous possédons depuis plus de deux siècles ; l'autre se fait remarquer par sa couleur, qui est naturellement d'un blanc très-pur. Il n'y a pas long-temps que les Chinois étaient seuls en possession d'en mettre dans le commerce, où elle était connue sous le nom de soie *Sina*. Sa blancheur et sa fermeté la font rechercher pour la fabrication des blondes, des tulles et des crêpes. Il existe, à la vérité, deux procédés pour blanchir notre soie ordinaire, celui qui est connu sous le nom de décreusage, et celui du blanchiment par l'esprit de vin : mais le décreusage, quoiqu'il ait été perfectionné par M. *Roard* en 1809, cause un déchet de vingt-cinq pour cent et détruit la fermeté de la soie ; l'un et l'autre procédés entraînent des manipulations dispendieuses ; et le blanc qu'ils produisent, moins durable que celui de la soie blanche native, tourne, en vieillissant, vers une nuance jaune.

Il y a environ quarante ans que le Gouvernement, frappé des avantages qui résulteraient de l'introduction en France de l'éducation du ver à soie sina, en fit chercher de la graine en Chine; il la confia à des propriétaires connus pour bien entendre la culture de la soie ordinaire. Cependant cette opération n'a pas eu d'abord tout le succès qu'on avait espéré : on croyait même que la semence du ver à soie sina s'était perdue, lorsqu'en 1808 le comité consultatif des arts et manufactures apprit qu'elle avait été conservée à la France par le zèle éclairé de M. *Rocheblave*, d'Alais, de M. *Rattier*, de Chouzy - sous - Blois, département de Loir - et - Cher, de M. *Frachon-Rocoules*, d'Annonay, et de M. *Bouilloux*, de Bourg-Argental, département de l'Ardèche. Dès que ce fait fut connu, l'administration s'appliqua à favoriser la propagation de ce ver précieux. Elle fit distribuer de la graine; elle répandit dans les contrées où l'on récolte la soie, des instructions pour éclairer les propriétaires sur les avantages de la soie sina : des primes furent promises pour exciter à la cultiver.

La société d'encouragement ouvrit en même temps un concours, et proposa un prix de 2,000 francs pour les propriétaires qui auraient entrepris cette culture le plus en grand. Ces mesures ont atteint le but qu'on se proposait. Aujourd'hui l'éducation du ver à soie blanche de Chine est assez étendue pour qu'on puisse la regarder comme définitivement établie en France. Déjà elle fournit des produits de quelque importance à nos manufactures. On a des motifs raisonnables d'espérer que cette culture s'étendra de plus en plus. Cette espèce de soie est recherchée dans le commerce, et payée un plus haut prix que la soie ordinaire : le ver qui la donne n'est pas plus délicat que l'autre, son éducation n'est pas plus difficile ; seulement le tirage demande plus de propreté et quelques attentions pour conserver le blanc dans toute sa pureté.

Les propriétaires qui pourraient avoir le projet d'entreprendre l'éducation du ver sina, doivent être prévenus qu'il faut mettre beaucoup de soin au choix de la graine. On produit, dans l'éducation du ver à soie ordinaire, un assez grand nombre de cocons blancs : il ne faut pas confondre ces produits accidentels avec le cocon blanc sina ; le mélange des deux races donne une race moyenne, dont la soie ne vaut pas celle de la race pure.

La filature de la soie a été perfectionnée dans toutes ses parties.

M. *Gensoul* obtint, en 1806, une médaille d'or pour l'invention d'un appareil au moyen duquel on chauffe, par la vapeur, l'eau des bassines où les cocons sont mis pour être filés. Cet appareil, qui donne de meilleures qualités à la soie et une plus grande propreté, devient d'un usage à-peu-près général.

M. *Bonnard*, de Lyon, a imaginé un procédé de tirage qui lui permet de filer à un seul cocon. Cette soie serait trop fine pour être employée sans être doublée : mais c'est un exemple de la finesse qu'on peut obtenir ; il prouve jusqu'à quel point de perfection les moyens de tirage sont parvenus.

M. POIDEBARD, de Lyon.

Médaille d'argent

La soie qu'il a exposée est de la variété blanche

native ou soie sina ; elle est bien soignée et filée avec une extrême propreté.

M. *Poidebard* est un des propriétaires qui se sont occupés avec le plus de succès de la culture en grand de la soie sina.

Le jury lui a décerné une médaille d'argent.

Médailles de bronze.

MM. CHARTON père et fils, de Saint-Vallier (Drôme).

Ils ont déjà paru à l'exposition de 1806, dans laquelle ils ont obtenu une médaille d'argent de 2.ᵉ classe, équivalant à une médaille de bronze.

Ils ont envoyé des soies gréges jaunes, trois bobines chargées de soie préparée pour la fabrication des crèpes, et quelques mateaux d'organsin ; le tout a été jugé d'un bon travail, et le jury estime qu'ils sont demeurés dignes de la distinction qui leur a été accordée.

M. BODIN (Charles), de Saint-Donat (Drôme).

Ses échantillons consistent en soie blanche grége, filée à deux cocons, et en organsin fabriqué avec cette soie, au titre de 10 deniers; en soie blanche filée à trois cocons avec beaucoup de régularité, et en organsin fabriqué avec cette soie, au titre de 15 deniers; en soie blanche filée à quatre cocons, en organsin à deux bouts fabriqué au titre de 20 deniers. Ces soies sont filées à la Gensoul et d'un bon travail.

Le jury a décerné à M. *Bodin* une médaille de bronze.

M. NOAILLES (Jean-Joseph) fils, de Saint-Remi (Bouches-du-Rhône),

A exposé des échantillons de soie sina, filée à trois cocons et d'un beau blanc; il en a joint de soie ouvrée avec beaucoup de perfection et de propreté.

Le jury lui décerne une médaille de bronze.

M. BREST fils, de Roquevaire (Bouches-du-Rhône);

M. CHAMBON, d'Alais (Gard);

M. DELACOUR, de Tain (Drôme);

M. NOËL CHAMPOISEAU, de Tours;

M. AUDIBERT, de Tonilles (Bouches-du-Rhône).

Le jury a vu avec une satisfaction particulière les soies grèges, ouvrées et organsinées, exposées par ces fabricans; il a décidé qu'il en serait fait mention honorable.

SECTION II.

Fil de Bourre de soie.

LES fabricans de Lyon et ceux de Paris mettent en œuvre une grande quantité de bourre de soie filée. On en fabrique une partie de ces étoffes dites *de goût* ou *de fantaisie*, qui tiennent aujourd'hui une si grande place dans notre commerce de soierie. L'art de filer en fin et par mécanique la bourre de soie seule ou mélangée avec la laine, était, malgré son importance, demeuré étranger à la France, quoiqu'il y eût dans d'autres pays des établissemens très - considérables où cet art était pratiqué.

La société d'encouragement, voulant faire remplir la lacune que présentait cette partie de notre industrie, proposa un prix pour diriger sur ce point l'émulation des mécaniciens. Enfin l'exposition nous a fait connaître un établissement où la bourre de soie est filée avec une perfection qui satisfait pleinement les fabricans de Lyon. Cependant nous en achetons encore au dehors pour des sommes importantes.

———

Médaille d'argent. **M. PASCAL EYMIEU, de Saillant (Drôme),**

A formé un établissement pour la filature de la bourre de soie par mécanique ; il est l'inventeur de toutes les machines qu'il y emploie.

Il a envoyé des échantillons,

1.° De bourre de soie filée à la mécanique jusqu'au n.° 140. Il est le premier qui ait atteint ce degré de finesse ;

2.° Des fantaisies filées au n.° 120 ;

3.° Des fils à brocher mêlés de laine et de soie ;

4.° Des fils communs de filoselle, employés dans tout le midi de la France pour les étoffes communes.

Tous ces objets sont bien traités.

Le jury a décerné à M. *Pascal Eymieu* une médaille d'argent.

SECTION III.

Étoffes de soie.

LE travail de la soie est une des branches les plus importantes de notre industrie, par le commerce qu'il entretient, l'occupation qu'il fournit à une classe nombreuse d'ouvriers, et par l'encouragement qu'il donne aux contrées où le climat permet la culture du mûrier et l'éducation des vers à soie.

Parmi les manufactures de soie, Lyon occupe le premier rang ; nulle part ailleurs, dans le monde entier, on ne trouve un grand corps de fabrique qui réunisse un aussi bel ensemble de moyens divers. Depuis dix ans, cette fabrique a fait des progrès remarquables : tout s'est perfectionné ; l'art de filer la soie, celui de la teindre, et le mécanisme à l'aide duquel sont tissées les étoffes. Les machines qu'on employait autrefois étaient compliquées, chargées de cordages et de pédales ; plusieurs individus étaient nécessaires pour les mettre en mouvement ; ils appartenaient au sexe le plus faible, et souvent à l'âge le plus tendre : ces ouvrières, qu'on désignait sous le nom de tireuses de lacs, étaient obligées de conserver, pendant des journées entières, des attitudes forcées, qui déformaient leurs membres et abrégeaient leur vie. A cet appareil imparfait et compliqué, M. *Jacquart* a substitué une machine simple, au moyen de laquelle on exécute les tissus façonnés, sans avoir besoin du ministère des tireuses de lacs, et avec autant de facilité que si l'ouvrier fabriquait une toile unie. On doit ainsi à cet artiste ingénieux, d'avoir, en perfectionnant les moyens d'exécution, affranchi la population ouvrière d'un travail dont les suites étaient si déplorables.

La fabrique de Lyon est dans un état florissant ; il s'est fait dans son système de travail un changement qui a eu des suites très-heureuses. Sans renoncer à la fabrication des étoffes riches, brochées et façonnées, qui ont rendu cette ville si célèbre dans le monde commerçant, le génie sans cesse actif des Lyonnais a su créer de genres nouveaux pour se conformer aux désirs et aux moyens de toutes les classes de consommateurs : ce sont des étoffes dites de goût et de fantaisie. On a mêlé le coton et d'autres matières à la soie ; on a fait un usage heureux des ressources que présentait une ville aussi industrieuse, pour embellir ces étoffes de tous les agrémens du tissage, du dessin et de la couleur. Ces nouvelles combinaisons ont si bien réussi auprès des consommateurs, que la fabrication de ce nouveau genre d'étoffes occupe plus de la moitié des ouvriers de Lyon, et qu'il a fallu associer les campagnes, dans un rayon de plus de deux myriamètres, à cette branche de la prospérité lyonnaise.

Cette importante industrie n'aurait pu prendre naissance sous le régime des anciens réglemens ; elle supose des combinaisons de matières que ces réglemens prohibaient, et une distribution de travail que les corporations dites *jurandes* n'auraient pas permise.

La fabrique de soieries de la ville de Nîmes se montre tout-à-fait digne de sa grande réputation ; elle a su y ajouter par des perfectionnemens nouveaux. Indépendamment des tissus en soie, ou mélangés de soie, de coton et de laine, qu'elle établit avec une grande perfection, elle a produit une étoffe nouvelle qui a beaucoup de succès; elle est fabriquée sur le métier à bas, et porte le nom de *tricot peluché*; elle est très-recherchée dans le commerce.

La ville de Tours fabrique toujours des étoffes de soie pour meubles : ces étoffes sont estimées ; il y règne un bon goût de dessin.

C'est avec peine que le jury a remarqué que la ville d'Avignon n'a envoyé à l'exposition aucun des produits de ses fabriques de soierie : il sait qu'elles peuvent rivaliser avec les autres pour la perfection du travail; il lui eût été agréable d'être dans le cas d'exprimer son opinion sur le mérite de leurs productions.

———

MM. Mallié et fils, de Lyon.

Médailles d'or.

Ils ont paru à l'exposition de 1806, où ils obtinrent une médaille d'or.

Les produits qu'ils ont exposés en 1819, se font remarquer par le choix des matières, la perfection des tissus et des apprêts, et par le grand éclat des couleurs. Les satins et les velours sont de la plus grande beauté et d'une exécution parfaite.

Le jury leur aurait décerné une médaille d'or, s'ils ne l'avaient déjà obtenue.

MM. Grand frères, de Lyon.

Ils ont exposé des velours chinés et unis de diverses couleurs, des étoffes pour meubles, en soie, or et argent, et du gros de Naples. Tous ces objets sont parfaitement exécutés, d'une grande beauté, de l'effet le plus riche. Les dessins sont exécutés avec une telle précision, qu'on les croirait produits par l'impression et non par le tissage. Le velours chiné, qui présentait les plus grandes difficultés, est sur-tout remarquable par la précision des dessins et la perfection avec laquelle les nuances sont fondues.

Le jury décerne à MM. *Grand* une médaille d'or.

MM. CHUARD et compagnie, de Lyon.

Les étoffes de soie, or et argent, pour tentures, qu'ils ont envoyées, sont d'une fabrication plus parfaite que celles du même genre qu'on exécutait précédemment. Les découpures en sont fines et les dessins bien fondus. On y remarque des médaillons fabriqués avec le tissu, invention heureuse et qui produit un bel effet.

Le jury a accordé une médaille d'or à MM. *Chuard* et compagnie.

MM. DÉPOUILLY et compagnie, de Lyon.

Ces fabricans font des étoffes de goût nouvelles pour toutes les saisons; ils ont exposé plusieurs échantillons en velours simulé, qui est un mélange de soie et de coton; des crêpes dits des Indes, qui sont une fabrication nouvelle; des mouchoirs façon de cachemire, sans être découpés à l'envers, et confectionnés avec une économie telle, qu'ils ne redoutent sur les marchés étrangers la concurrence d'aucune nation.

Ils ont formé, dans les environs de Lyon, un établissement où ils occupent un grand nombre d'ouvriers, et où deux cents métiers sont en activité. On fait dans ces ateliers des essais pour créer des

étoffes nouvelles ou pour perfectionner les genres déjà
connus.

MM. *Dépouilly* emploient le métier dit *à la Jacquart*, qu'ils ont su perfectionner ; leur exemple a
eu une grande influence pour la propagation de cette
machine, qui est adoptée aujourd'hui dans presque
toutes les fabriques.

Le jury leur décerne une médaille d'or.

MM. Beauvais et compagnie, de Lyon,

Ont envoyé des châles, diverses étoffes de soie,
des étoffes mélangées de soie et de coton, de soie
et poil de chèvre, des peluchés velours, des gazes,
des robes tissées d'une manière nouvelle et avec des
bordures imitant la peau, des velours dits *duvets de
cygne*, un manchon peluché, des échantillons d'une
étoffe inventée par eux, qu'ils nomment velours royal,
et une pièce de crêpe en tout pareil au crêpe de Chine,
qui, jusqu'ici, n'avait pas été fabriqué en Europe.
Le travail de tous ces objets est très-agréable et parfaitement soigné.

Il existe entre M. *Beauvais* et M. *Dépouilly*, qui
fait l'objet de l'article précédent, une grande analogie
de talent et d'activité. Ces deux fabricans rendent à
l'industrie des services à-peu-près semblables; ils
entretiennent chacun un grand nombre d'ouvriers;
ils inventent des étoffes nouvelles, et leurs produits,
quoique différens, ont un égal succès. Cette heureuse fécondité, qui suit ou prévient les changemens
de goût, assure aux ouvriers en soie un travail constant, qui n'est plus sujet aux intermittences résultant
des variations de la mode.

Le jury décerne à M. *Beauvais* une médaille d'or.

MM BELLANGÉ et DUMAS-DESCOMBES, de Paris, rue Sainte-Apolline, n.° 13.

Cette maison, une des plus anciennes de Paris, a rendu depuis long-temps des services essentiels à l'industrie par l'art heureux avec lequel, dans toutes les circonstances, elle a réussi à substituer de nouvelles combinaisons de tissus à celles que la mode abandonnait. Elle a ainsi, par ses entreprises et par celles que son exemple a fait naître, créé, pour la classe nombreuse des ouvriers gaziers-tissutiers de Paris, des moyens de travail sans cesse renaissans, à mesure que les anciens moyens venaient à manquer.

Elle a obtenu une médaille d'argent en 1806.

MM. *Bellangé* et *Dumas-Descombes* ont présenté, à l'exposition de 1819, des gazes de soie, des robes en bourre de soie, des châles où la soie est mariée, soit avec la laine, soit avec le duvet de cachemire, de la manière la plus agréable, des châles en bourre de soie, façon de cachemire, d'un très-bel effet ; enfin des châles, chaîne et trame de duvet de cachemire, qui imitent très-bien ce que l'Inde offre de plus beau dans ce genre.

Le jury décerne à MM. *Bellangé* et *Dumas-Descombes* une médaille d'or.

Nota. Ces fabricans ont déclaré que le blanchissage et l'apprêt de leurs produits sont de la maison *Joseph Arnaud et Berthoud.*

M. GUÉRIN-PHILIPPON, de Lyon.

Ce manufacturier a exposé des velours très-beaux,

et une pièce, pour rideaux, de satin *sans envers*, d'une fabrication soignée et qui demande une grande habileté.

Médailles d'or.

Le jury lui a décerné une médaille d'or.

MM. Séguin père et fils, et Yemenis, de Lyon.

Leur fabrique travaille presque exclusivement pour la Turquie et la Perse où elle fait des envois considérables: Les étoffes en dorure, les velours, or et argent, que MM. *Séguin* et *Yemenis* ont présentés à l'exposition, sont d'une rare magnificence. Par la variété et la complication des dessins, ils présentent de grandes difficultés de fabrication vaincues avec habileté.

Le jury leur a décerné une médaille d'or.

— — —

M. Grégoire, de Paris, rue de Charonne, hôtel de Vaucanson.

Médailles d'argent.

Il avait obtenu, en 1806, une médaille d'argent pour des velours de soie imitant la peinture. Son industrie n'a point dégénéré : les objets qu'il a présentés sont exécutés avec une extrême perfection.

Le jury se plaît à déclarer qu'il est toujours digne de la distinction qui lui a été accordée.

M. Ajac (Victor), de Lyon,

Est le premier qui ait établi à Lyon la fabrication des châles faits avec la bourre de soie, et des tissus de la même matière; il a été ainsi le fondateur d'une industrie qui, en s'étendant, est devenue une branche importante du commerce de Lyon. Les articles qu'il a envoyés sont très-bien fabriqués. Il est celui qui a le mieux imité les châles de l'Inde avec la bourre de soie.

Le jury lui a décerné une médaille d'argent.

MM. Couchonnat et compagnie, de Lyon,

Ont exposé des châles en bourre de soie, et des bordures bien réduites et bien conditionnées. Parmi les objets qui composaient leur envoi, on a remarqué un beau châle de satin broché, qui présentait des difficultés qui ont été heureusement vaincues.

MM. *Couchonnat* et compagnie sont des manufacturiers qui réunissent à beaucoup de talent une pratique éclairée.

Le jury leur accorde une médaille d'argent.

M. Ménard cadet, de Nîmes.

Ce fabricant a inventé un nouveau tissu en soie qui porte le nom de tricot velouté, fabriqué avec beaucoup d'intelligence, et d'un effet très-agréable.

Le jury a vu avec satisfaction les produits de cette maison, depuis long-temps distinguée par son industrie, et il a décerné à M. *Ménard* cadet une médaille d'argent.

MM. PILLET aîné et PILLET (Frédéric), de Tours.

Ils ont exposé des étoffes pour meubles. Le tissage est bien exécuté; les dessins qui ont servi de modèle pour fabriquer sont d'un choix excellent, ceux surtout qui ont été employés pour les canapés.

Le jury décerne une médaille de bronze à chacun de ces deux fabricans.

Mme veuve MONTERRAT et fils, de Lyon.

Ces fabricans furent mentionnés honorablement à l'exposition de 1806. Ils soutiennent parfaitement leur réputation. Les étoffes pour meubles en soie, filoselle et laine, avec ornemens de couleur, qu'ils ont exposées, forment un genre intéressant.

Le jury leur a décerné une médaille de bronze.

MM. GRAND (Amable) et compagnie, de Lyon.

Les produits de leur fabrique sont recherchés dans le commerce : elle a exposé un châle de bourre de soie imitant le cachemire, dont le travail ne laisse rien à desirer. Les produits de cette fabrique sont généralement bien traités.

Le jury a décerné à M. *Grand (Amable)* une médaille de bronze.

LE JURY a décidé qu'il serait fait mention honorable des fabricans dont les noms suivent :

MM. ROUX, OLLAT et DESVERNEY, de Lyon,

Pour une peluche de soie chinée, dont les couleurs sont belles et la chinure parfaite.

Mme veuve BOUVARD et compagnie, de Lyon,

Pour une très-belle étoffe destinée à des ornemens d'église, et qui est en fond d'or d'un grand effet.

MM. CRUVILLIER (Louis), et DARBOUX, de Nîmes,

Pour des châles, des robes, des écharpes d'une bonne exécution.

M. NOEL (Jean), de Nîmes,

Pour des châles chinés en tricot fort recherchés.

M. CABANNES, de Nîmes,

Pour des mouchoirs et des écharpes fabriqués avec beaucoup d'intelligence.

Les manufactures de rubans de Saint-Étienne et de Saint-Chamond,

Pour des rubans d'un beau dessin, fabriqués avec

une habileté et une perfection qui ne peuvent qu'ajouter à la haute considération dont ces fabriques jouissent dans le commerce.

SECTION IV.

Crêpes et Tulles.

A l'époque de l'exposition qui eut lieu en l'an 10 (1802), on ne fabriquait encore en France que du tulle à mailles coulantes. M. *Bonnard*, de Lyon, exposa, en 1806, des *tulles à double nœud, à mailles fixes*, fabriqués sur un métier que lui-même avait imaginé en perfectionnant le mécanisme du métier à faire le tricot à mailles fixes.

On a été long-temps sans pouvoir égaler les tulles fabriqués à l'étranger, parce que le métier dont on vient de parler n'était pas connu, et parce qu'on n'avait pas de la soie de Chine convenable sous le rapport de la blancheur, de la finesse et de l'égalité du brin. On doit au même artiste d'avoir surmonté cette seconde difficulté, en perfectionnant la filature de la soie sina. Pour être employée à la fabrication du tulle, cette soie n'a besoin que d'être montée ; M. *Bonnard* est parvenu à lui donner cet apprêt par la même opération qui la tire du cocon. On a déjà eu occasion de dire jusqu'à quel degré de finesse il est parvenu à la filer. Ses travaux ont eu tout le succès qu'on pouvait desirer ; la fabrication du tulle est actuellement établie à Lyon avec une grande supériorité. *La ville de Lyon et ses environs*, dit le jury départemental, *qui réunissent plus de deux mille métiers de tulle en activité, sont devenus le lieu presque exclusif de la fabrication de ce* tissu, soit pour la perfection du travail, soit pour la modicité du prix. C'est pour avoir rendu ces services, que M. *Bonnard* a été présenté, en vertu de l'ordonnance du 9 avril 1819, comme l'un des artistes qui ont le plus contribué aux progrès de l'industrie.

La fabrication du crêpe a été long-temps la propriété exclusive de l'Italie, et spécialement de la ville de Bologne. Deux fabricans de Lyon, MM. *Bance* et *Rast - Maupas* l'ont donnée à la France, en la perfectionnant au point que les crêpes de Lyon obtiennent aujourd'hui, dans le commerce, une préférence décidée.

Médailles d'argent.

MM. BONNARD père et fils, de Lyon.

Leur fabrique fut distinguée à l'exposition de 1806, où elle obtint une médaille d'argent. Elle a présenté, en 1819, des crêpes et des tulles. Ces tissus sont faits avec le plus grand art : le tulle a été l'objet de l'admiration du public, par la régularité de ses mailles et par sa finesse presque aérienne.

Le jury se fait un devoir de déclarer que la fabrique de MM. *Bonnard* père et fils est toujours très-digne de la médaille d'argent qui lui fut décernée en 1806.

MM. BANCE et RAST-MAUPAS, de Lyon.

La pièce de crêpe qu'ils ont envoyée à l'exposition est faite avec une perfection qui met leur fabrique au-dessus de toute concurrence connue.

Le jury leur décerne une médaille d'argent.

CHAPITRE IV.

ÉTOFFES DE CRIN.

LA fabrique des étoffes de crin s'est établie à Paris, il y a une vingtaine d'années, par les soins de feu M. *Bardel.* Les meubles faits avec ces étoffes ont le mérite d'être à bon marché, de se conserver long-temps, et d'être faciles à entretenir propres, de sorte que cette industrie mérite de l'intérêt.

Le jury a distingué les fabricans dont les noms suivent :

M. BARDEL fils, rue du Faubourg-Montmartre, n.° 17, à Paris.

Médaille de bronze.

M. *Bardel* est le fils du fondateur de cette industrie ; la fabrication était déjà sous sa direction lorsque les produits en furent présentés aux expositions de 1802 et de 1806. Ils ont toujours été distingués par la solidité de la teinture, par l'agrément dans les tissus façonnés, et sur-tout parce que ces étoffes ne sont point sujettes à se casser ; le crin est bien couché et ne présente pas d'aspérités. Le jury a reconnu que M. *Bardel* a parfaitement maintenu les qualités qui avaient concilié aux étoffes de crin de sa fabrication l'estime des consommateurs et les suffrages des jurys de 1802 et de 1806, qui l'ont jugé digne de la médaille de bronze.

Le jury de 1819 lui décernerait cette médaille s'il ne l'avait pas déjà reçue.

—————

Le jury arrête qu'il sera fait mention honorable

De MM. Guybert et Joliet, rue de Fourcy, n.° 8, à Paris,

Qui ont présenté plusieurs échantillons d'étoffes de crin, dans lesquelles le jury a reconnu une fabrication soignée.

De Mme veuve Gosset, de Gavray (Manche),

Qui fut citée dans le rapport du jury de 1806, pour ses toiles de crin, propres à faire des tamis; industrie assez importante par son utilité et par son étendue.

CHAPITRE V.

CHANVRE ET LIN.

SECTION Ire

Filature.

On est parvenu à filer le chanvre et le lin par mécanique : mais jusqu'ici on n'a pu réussir à s'élever au-dessus d'un degré de finesse assez borné ; le problème est encore à résoudre pour les fils propres à faire la dentelle ou la batiste ; cependant il a été fait quelques pas dans cette carrière difficile. Le problème a été considéré sous un nouveau point de vue : on a conçu un nouveau système de travail et d'opérations, dont la première application a eu des succès qui en font augurer de plus grands. Le jury a cru devoir encourager cette industrie naissante.

Mme la marquise D'ARGENCE, boulevart des Invalides, n.º 29, à Paris,

Médaille d'argent.

Est inventeur du nouveau système dont il vient d'être parlé, pour filer le lin par mécanique.

Elle a exposé des échantillons de sa filature qui

méritent des éloges, aussi-bien que les dentelles fabriquées avec son fil, qu'elle a mises sous les yeux du public.

Le jury a décerné à Mme la marquise *d'Argence* une médaille d'argent.

———

 LE JURY a décidé qu'il serait fait mention honorable des fabricans dont les noms suivent :

M. LEPERS, de Valenciennes,

A exposé des fils de lin d'une finesse prodigieuse et d'une grande égalité ; ces fils sont l'ouvrage des fileuses du département du Nord que M. *Lepers* fait travailler ;

M. GOUY, de Rouen ;

M. ADELINE fils, de Malaunay près Rouen.

Ces deux fabricans ont exposé des fils de lin d'excellente qualité, faits à la mécanique.

SECTION II.

Batiste.

Nos batistes soutiennent leur supériorité généralement reconnue. Ce genre d'industrie est établi en France dans un haut degré de perfection depuis plusieurs générations. Le jury, imitant la circonspection de celui de 1806, s'abstiendra de décerner, pour cet objet, des distinctions d'un ordre supérieur, qui sembleraient assigner des différences trop marquées entre des fabricans également industrieux, et attribuer à quelques particuliers le mérite d'une perfection de fabrication qui est le résultat de l'habileté de toute la population qui y prend part.

D'après ces considérations, le jury s'est borné à décerner les mentions honorables suivantes :

M. HAMOIR (Edmond), de Valenciennes;

M. HAZARD, de Valenciennes,

Pour des pièces de batiste écrue et blanche, d'une grande finesse et d'une rare perfection.

SECTION III.

Toiles de Lin et de Chanvre.

M. CARON-LANGLOIS, fabricant et blanchisseur de toiles, à Beauvais,

A présenté à l'exposition, de la toile demi-Hollande, qui, par la finesse et la régularité du tissu, est d'une qualité supérieure. La perfection du blanc de ces toiles prouve que M. *Caron-Langlois* est aussi distingué comme blanchisseur que comme fabricant de toiles.

Le jury lui a décerné une médaille d'argent.

———————

M. MAHIEUX, de Rue-Saint-Pierre (Oise).

Ce fabricant s'est montré avec distinction aux expositions précédentes et à celle de 1819.

Les toiles demi-Hollande qu'il présenta à l'exposition de 1802 [an 10], lui méritèrent une médaille de bronze. Il fut jugé digne de la même médaille à l'exposition de 1806.

Les toiles demi-Hollande qu'il a exposées en 1819, prouvent que M. *Mahieux* soutient la bonté de sa fabrication ; le jury déclare avec satisfaction qu'il est toujours digne des distinctions qui lui ont été décernées aux expositions précédentes.

———

Citations.   LE JURY a décidé que les fabricans dont les noms suivent, seront cités au rapport, à raison de la bonne qualité des toiles qu'ils ont mises à l'exposition :

M. RIDEL (François), de Crouptes (Orne).

M. LEMENEUR, de Vimoutiers (Orne).

M. MOULIN, de Vimoutiers.

M. YVER, de Vimoutiers.

M. DELISLE fils, de Vimoutiers.

M. COUTURE-DUBUISSON, de Vimoutiers.

M. DAGUIN, de Vimoutiers.

MM. CARMÉ frères, d'Alby.

M. NAUGUES, de Rohan (Morbihan).

MM. THOREL, de Lisieux (Calvados).

M. BORDEAUX-FOURNET, de Lisieux.

M. ROBERT BENARD, de Lisieux.

M. TOUTAIN, de Lisieux.

M. SECRETAIN-DUPATY, de Laval (Mayenne).

M. DULAURENT, de Laval.

M. GAUTHEUR.

M. SEGUIN, de Château-Gontier (Mayenne).

SECTION IV.

Linge de table damassé.

LE linge damassé de Silésie obtenait une préférence décidée de la part des consommateurs. Sa supériorité tenait à l'usage d'un métier particulier qui donnait au point plus de correction et de solidité. L'époque où la Silésie était occupée par les armées françaises, offrait une occasion favorable pour enrichir l'industrie nationale de ce moyen plus parfait de fabrication. Le Ministre de l'intérieur en profita : il fit apporter en France un modèle du métier silésien, et fit venir, en même temps, un ouvrier assez habile pour montrer à le manœuvrer. Le modèle fut placé au Conservatoire des arts et métiers ; on y forma plusieurs élèves, qui ont porté dans diverses parties de la France la fabrication du linge damassé à la façon de Silésie. Les nombreux échantillons de linge damassé, soit en lin, soit en coton, qu'on a vus à l'exposition, prouvent que cette industrie est parfaitement établie en France.

E

M. DESPIAU, de Laval (Mayenne),

A exposé des serviettes et des nappes fines damassées, d'une parfaite exécution et d'un bel effet, à des prix modérés ; le jury lui décerne une médaille de bronze.

———

LE JURY a décidé qu'il serait fait mention honorable des fabricans ci-dessous dénommés :

M. BÉGUÉ (Pierre), de Pau (Basses-Pyrénées).

Linge de table ouvré, d'une jolie fabrication, solide et d'un beau blanc.

M. PELLETIER (H. F.), de Saint-Quentin (Aisne).

M. DOLÉ fils, de Saint-Quentin.

Ces deux fabricans ont exposé du linge damassé, à figures, d'une grande finesse, et fait avec talent.

———

LE JURY, pour donner une marque de sa satisfaction aux fabricans ci-après dénommés, qui ont exposé des échantillons de linge de table, arrête qu'ils seront cités au rapport.

MM. HEUSSY frères, de Montbéliard (Doubs).

M. CLARISSE PIAT, de Merville (Nord).

SECTION V.

Coutil.

LE JURY arrête qu'il sera fait mention honorable des fabricans dont les noms suivent :

M. Furet-Laboulaye, de Lieurey (Eure).

Coutils et sangles d'une excellente fabrication.

M. Lechevrel, de la Lande-Patry (Orne).

Coutil d'un tissu uni et serré, et jouissant de beaucoup de souplesse.

————————

Le Jury, voulant donner aux fabricans ci-après dénommés une marque de sa satisfaction, ordonne qu'ils seront cités au rapport :

Citations.

M. Thirouin (Adrien), d'Évreux.

M. Dolley, de Saint-Lô (Manche).

M. Fevrier, de Montebourg (Manche).

M. Martinière (Martin), de Coutances (Manche).

M. Perseaux, de Montebourg (Manche).

M. Colombel, à Claville (Eure).

M. Médard, de Montebourg (Manche).

SECTION VI.

Toiles à voile.

M. Leboucher-Villegaudin, à Rennes.

Médaille d'argent.

Ce fabricant a présenté des toiles à voiles d'un tissu uni, parfaitement serré, de manière à ne pas craindre qu'elles se creusent par l'usage.

Le jury a vu avec satisfaction que cette fabrication a fait des progrès dans les ateliers de M. *Leboucher-Villegaudin*, et il lui a décerné une médaille d'argent.

Mentions
honorables.

LE JURY arrête que les fabricans ci-après dénommés seront mentionnés honorablement :

MM. GAU frères, à Strasbourg ;

MM. JOUBERT et BONNAIRE père et fils, à Angers,

Qui ont déjà paru avec distinction à l'exposition de 1806, et qui soutiennent bien leur réputation.

M. DULERAIN (Maurice), à Rennes.

Toiles à voile de bonne qualité.

SECTION VII.

Mouchoirs de fil, façon madras.

Médaille
de bronze.

Mme veuve DELLOYE et fils, à Cambrai.

Ces fabricans ont présenté des mouchoirs-batiste, façon de madras, d'un beau tissu, remarquables par leur finesse, par la solidité des couleurs, et par le bon goût des dispositions. On a vu avec une satisfaction particulière les mouchoirs à carreaux rouges et noisette, dont la teinture est faite par les procédés de M. *Palfrêne*.

Le jury a décerné à Mme *Delloye* et fils une médaille de bronze.

LE JURY a arrêté que les noms des fabricans ci-après désignés seront cités au rapport :

Citations.

MM. PLAICHARD-DUTERTRE frères, à Laval (Mayenne).

Mouchoirs d'une fabrication très-soignée.

M. THAREAU-LABROSSE, à Chollet (Maine-et-Loire).

Mouchoirs fil et coton, façon madras, bien fabriqués.

SECTION VIII.

Rubans de fil et Lacets.

M. BOULEY-FRESNEL, à Saint-Germain-la-Campagne (Eure).

Mention honorable.

Les rubans de fil qu'il a exposés sont d'une grande finesse et parfaitement exécutés.

MM. DÂPRES et AUMONT, à l'Aigle (Orne).

Les lacets de fil qu'ils ont exposés sont remarquables par leur solidité, et par la régularité de la fabrication.

CHAPITRE VI.

COTONS.

SECTION Ire

Cotons filés.

A l'époque de l'exposition de 1806, les filatures françaises, ne fournissaient assez généralement que des fils d'un degré de finesse qui ne dépassait pas le n.° 60; la perfection était assez marquée pour faire regarder l'art de filer le coton comme bien connu en France dans cette limite. L'art ne se présentait pas sous un aspect aussi satisfaisant pour les fils d'une plus grande finesse : cependant quelques essais heureux faisaient augurer que, dans peu d'années, les profits de la filature en fin seraient une portion du patrimoine de l'industrie française. L'exposition de 1819 nous a appris jusqu'à quel point ces espérances se sont réalisées. Les progrès ont été très-considérables depuis 1806.

Les numéros ordinaires, jusqu'à 80 et même jusqu'à 100, sont arrivés à un point de perfection capable de satisfaire les fabricans les plus difficiles de tissus, et ils sont assez abondans pour ne pas leur laisser le desir de recourir aux fils étrangers.

Les conditions qui donnent de beaux fils à ce degré de finesse, ont   si exactement déterminées par l'observation, les procédés ont été si bien fixés, les meilleurs mécanismes sont si généralement connus, qu'un filateur qui veut donner à son travail l'attention et les soins convenables, a tous les moyens de réussir.

Il s'est formé, depuis 1806, plusieurs établissemens de filature qui fournissent des fils assez fins pour entrer dans la fabrication des mousselines de Tarare et de Saint-Quentin. On a vu, à l'exposition de 1819, des échantillons nombreux de cotons filés au-dessus du n.° 120, en allant jusqu'à 200; ils sont beaucoup plus beaux, beaucoup plus forts, et, pour tout dire, mieux filés qu'on ne pouvoit l'espérer en 1806. Il est vrai que, parmi ces échantillons, il en est qui ont été faits avec des soins extraordinaires, pour l'exposition, et qu'on ne peut considérer comme les produits d'une fabrication habituelle; mais il demeure toujours constant que nous avons en France plusieurs établissemens qui font de la filature fine l'objet de leur travail accoutumé, et dont les produits sont employés par les fabricans dont les tissus exigent des fils d'une grande finesse. Les attestations des jurys de départemens, et les déclarations que le jury central a reçues des fabricans de mousseline, ne laissent, à cet égard, aucun doute.

On ne peut cependant se dissimuler que, même après les grands pas que notre industrie a faits dans ce genre, nos filatures en fin ne donnent pas encore une masse de produits égale à la masse des besoins, et que nous serons pendant quelque temps dans la nécessité d'employer des fils fins étrangers. C'est aux filateurs français qu'il appartient de faire cesser cette nécessité. L'art est aujourd'hui parfaitement connu, il ne s'agit que de le pratiquer avec de plus grands développemens. Ceux qui donneront cette direction à leur industrie sont assurés d'un débouché d'autant plus précieux, qu'il est, en France, indépendant de la législation, de l'administration et des combinaisons politiques des autres peuples.

Les chefs des fabriques françaises de mousseline appellent de leurs vœux le moment où ils n'auront plus besoin d'acheter des fils étrangers ; il   entent qu'ils trouveront un grand avantage à employer des fils nationaux, et il est probable que l'industrie qui les leur fournira sera récompensée par de très-beaux profits. Mais les filateurs ne peuvent se flatter d'y avoir part, qu'autant qu'ils s'appliqueront à fournir les meilleurs fils ; ils ne doivent jamais perdre de vue qu'il faut apporter aux préparations les soins les plus exacts, on peut même dire les plus minutieux, parce que la qualité des fils en dépend essentiellement. Il en est de même du choix du lainage : chaque espèce a une destination à laquelle elle est appliquée avec plus de succès ; il ne faut pas faire de mauvais mélanges ; il ne faut pas vouloir filer à des numéros élevés, des cotons qui ne comportent pas ce degré de finesse. On a vu, il est vrai, à l'exposition, des cotons Géorgie courte soie, des Bengales, des Surates, fort bien filés aux n.ᵒˢ 60, 70, et même jusqu'à 100 : ce sont des tours de force ; sans doute ils dénotent dans le filateur une adresse rare ; mais le jury ne pense pas qu'ils doivent être encouragés quant à présent. Pour réussir, ils demandent des soins extraordinaires et dispendieux, qui s'allient mal avec le mouvement d'une grande fabrication, et qu'on peut s'épargner par un choix plus judicieux de la matière première.

Le jury de l'exposition de 1806 a exprimé l'opinion qu'il fallait désormais porter les encouragemens et les récompenses sur la filature en fin. Le jury de 1819 pense, à cet égard, comme celui de 1806, et il s'est appliqué à remplir ses intentions; cependant il n'a pas cru devoir exclure du partage des récompenses, des fabricans qui ne font pas de la filature en fin leur occupation habituelle, mais qui ont exposé des fils de finesse ordinaire. travaillés avec une perfection qui prouve que ces filateurs excellent dans leur art.

M. MILLE (Auguste), à Lille (Nord),

Médailles d'or.

A exposé des échantillons de coton filé, depuis le n.° 180 jusqu'au n.° 200 (1). Son établissement est composé de quarante-une muljennies, filant en fin, mues par une machine à vapeur. Le jury s'est assuré que M. *Auguste Mille* fournit aux fabriques de mousseline de Tarare et de Saint-Quentin, et aux fabriques d'étoffes de fantaisie de Paris..Le fil de M. *Auguste Mille* est beau, égal et fort. Le jury regarde ce fabricant comme remplissant toutes les conditions de la belle et bonne filature en fin. Il lui décerne une médaille d'or.

M. FLORIN (Carlos), de Roubaix (Nord),

A exposé des échantillons de coton filé, dans les finesses depuis le n.° 177 jusqu'au n.° 192. Son fil est beau et très-égal; il fournit à plusieurs fabriques de

---

(1) Les numéros des fils exprimés dans ce rapport sont ceux que le jury lui-même a reconnus par l'essai des fils. Il est possible qu'ils ne soient pas toujours conformes à ceux que les fabricans avaient déclarés.

Saint-Quentin, qui en sont très-contentes. Il fournit aussi aux fabriques de Tarare et à celles de Lyon.

Le jury décerne à M. *Carlos Florin* une médaille d'or.

Médailles d'argent.

M. MILLE (Joseph), de Lille (Nord).

A présenté des produits de sa filature en fin dans les finesses de n.° 190 à n.° 200. Il fournit aux manufactures de Saint-Quentin, de Tarare et de Lyon. Son fil est beau. égal et fort, et peut, en tout point, être mis en parallèle avec celui de M. *Auguste Mille*, son frère ; il aurait eu comme lui droit à la médaille d'or, si son établissement de filature en fin avait eu la même étendue.

Le jury décerne à M. *Joseph Mille* une médaille d'argent.

MM. DAVILLIERS, LOMBARD et compagnie, de Gisors (Eure),

Ont présenté, dans les numéros inférieurs à 60, du fil très-beau sans vrille et bien nourri. Ce grand établissement a aussi présenté des échantillons de filature en fin.

Le jury décerne à MM. *Davillers*, *Lombard* et compagnie, une médaille d'argent.

MM. ARPIN et fils, de Saint-Quentin.

Les fils qu'ils ont exposés sont dans les numéros

de 130 à 160 : ils sont beaux et distingués en tous points.

Le jury décerne à MM. *Arpin* père et fils une médaille d'argent.

M. MOURGUES, à Rouval (Somme),

A exposé des cotons filés dans les n.ᵒˢ 28 à 56. Ces produits sont beaux ; le fil pour chaîne est rond, égal, bien nourri, très-fort, et de première qualité. Le même filateur a présenté de beaux fils très-fins, comme preuve du degré auquel son industrie peut parvenir ; mais il déclare que son intention n'est pas dans ce moment de se livrer à la filature en fin.

Le jury lui décerne une médaille d'argent.

M. FONTENILLAT, au Vast, près de Valognes (Manche).

Les cotons filés dans ce grand établissement ont été trouvés très-beaux et bien conditionnés : ils sont au n.° 30.

Le jury décerne à M. *Fontenillat* une médaille d'argent.

M. LAMBERT, à Lille (Nord).

Ce filateur a présenté des échantillons de filature en fin, depuis le n.° 172 jusqu'au n.° 184. Le jury les a trouvés très-beaux. La filature en fin de M. *Lambert* commence à prendre de l'étendue.

Le jury décerne à M. *Lambert* une médaille d'argent.

M. DELTUF, à la Ferté-Aleps (Seine-et-Oise).

Fils des n.ᵒˢ 52 à 54, très-bien filés, sans échan-
crures, et de bonne qualité.

Le jury décerne à M. *Deltuf* une médaille d'argent.

MM. SCHLUMBERGER et HERGOG, à Loger-bach (Haut-Rhin),

Ont exposé de jolis cotons filés au n.ᵒ 57. Ces
fils sont d'une grande netteté, très-forts, élastiques
et sans torsion apparente.

Le jury décerne à MM. *Schlumberger* et *Hergog*
une médaille d'argent.

MM. GOMBERT père et fils et MICHELEZ, rue et barrière de Sèvres, n.ᵒ 11, à Paris,

Ont exposé un assortiment complet de fils de
coton retors, de diverses couleurs. Les fils à coudre
faits avec le coton, entrent en concurrence avec les
fils à coudre de lin. Ils ont d'abord été fabriqués à
l'étranger : MM. *Gombert* et *Michelez* sont les premiers qui en aient fait en France; leur exemple a
excité l'émulation de plusieurs fabricans. Le bas prix
et la belle qualité de ceux qu'ils fournissent au commerce ne laissent craindre aucune concurrence.

Le jury décerne à MM. *Gombert* et *Michelez* une
médaille d'argent.

LE JURY a décerné des médailles de bronze aux filateurs dont la désignation suit :

M. SELLIER, à Gonneville, près Valognes (Manche).

Coton très-bien filé, aux n.ᵒˢ 32 et 33.

Manufacture de SAINT-MAURICE, à Senones (Vosges).

Bien filé, beaucoup d'égalité dans le fil.

M. ADELINE, à Saleux (Somme).

Filé bien égal.

M. ADELINE fils, à Malaunay près Rouen.

Coton filé au n.ᵒ 80. Bon fil, bien net.

M. GRIVEL, à Auchy-les-Moines (Pas-de-Calais).

Coton filé au n.ᵒ 53, pour chaîne; bonne filature.

POUR marquer aux fabricans ci-après dénommés sa satisfaction de leur bonne filature, le jury arrête qu'il en sera fait mention honorable.

M. DUPONT-BOILLETOT, de Troyes (Aube).

M. FIÉVET, à Lille (Nord).

MM. MARMOD frères, à Domèvre (Meurthe).

M. LEBAILLY fils, à Falaise (Calvados).

MM. FAUQUET (Jacques) frères, à Bolbec
(Seine-inférieure).

MM. LEMAITRE (Jacques) et fils, à Bolbec
(Seine-inférieure).

M. LEPELLETIER, à Paris, rue de Reuilly,
n.° 39.

M. MARQUET, à Paris, rue de la Roquette,
n.° 70.

M. DOYEN, à Paris rue Sainte-Avoye, n.° 47.

M. LOCARD, de la Ferté-sur-Grosne (Saone-
et-Loire).

Ces deux derniers, pour leurs fils retors à coudre
et à broder.

M. POITTEVIN, à Tracy-le-Mont (Oise).

Ce dernier est mentionné pour des chaînes en fil
de coton ayant reçu un apprêt particulier qui en facilite le tissage.

SECTION II.

Calicots, Perkales et Mousselines.

DEPUIS long-temps la France excelle dans l'art du
tissage; la fabrication des soieries et celle des batistes,
dans laquelle nous ne connaissons pas de supérieurs,
nous pouvons même dire d'égaux, supposent des
ouvriers exercés à traiter les fils les plus délicats et

les plus précieux : il semble donc que la nation française aurait dû être des premières à fabriquer des perkales fines et des mousselines ; cependant ce n'est que vers le commencement du siècle actuel, c'est-à-dire, il y a moins de vingt ans, que la fabrication de ces toiles, et même celle des calicots, a commencé à être établie en France avec une certaine étendue. On a déjà remarqué dans le rapport du jury de 1806, qu'il ne fut présenté à l'exposition de 1802 qu'une pièce de mousseline. Elle fut envoyée d'Anvers. Il y avait plusieurs raisons de douter qu'elle eût été fabriquée en France. Ces raisons furent assez puissantes sur l'esprit du jury, pour le déterminer à ne faire aucune mention de cet échantillon, quoiqu'il fût bien pénétré de l'utilité d'encourager ce genre de fabrication.

En l'année 1803, on commença à former à Saint-Quentin des établissemens pour le tissage du coton. Cette ville avait été, avec Cambrai, Péronne et Valenciennes, le centre d'une fabrique de linons et de batistes qui avait fleuri pendant long-temps.

La contrée adjacente était peuplée d'un grand nombre de tisserands exercés à exécuter les tissus les plus délicats. Cette fabrique paraît avoir atteint son plus haut degré de prospérité vers 1786. Peu de temps après cette époque, il se fit un changement dans le goût des consommateurs ; la demande diminua progressivement, et avec elle le nombre des métiers en activité.

Cet état de souffrance dura pendant quelques années. On sentit enfin que des tisserands assez habiles pour faire le linon et la batiste, pouvaient être employés avec succès à la fabrication de tout autre tissu, quelque délicat qu'il fût, et qu'on avait sous la main tous les élémens nécessaires pour fabriquer en grand les tissus de coton auxquels le public accordait le plus de faveur. Cette idée mise en pratique a rendu la vie et le mouvement à l'industrie de ces contrées. L'influence de ce changement a été si heureuse, que, de 1803 au 1.ᵉʳ janvier 1818, la population de la ville de Saint-Quentin a augmenté d'un quart. On commença par fabriquer des basins, et ensuite des calicots pour l'impression ; aujourd'hui on fabrique des perkales, des mousselines et des étoffes de coton d'une grande finesse, façonnées et variées avec beaucoup d'art.

Vers la même époque, il se faisait un mouvement à-peu-près pareil dans l'industrie de Tarare. Depuis long-temps on fabriquait dans cette ville et dans les environs, des toiles de coton de qualité commune et des siamoises. A mesure que les moyens de travail ont été mieux connus, les toiles de coton ont été perfectionnées, leur finesse a été augmentée progressivement jusqu'à la mousseline la plus fine, et jusqu'aux étoffes façonnées qui demandent le plus de délicatesse et de soins. Cette fabrication n'est pas circonscrite dans les murs de Tarare ; elle est disséminée dans les montagnes du Beaujolais ; elle s'allie avec les soins de l'agriculture ; elle occupe les familles dans les intervalles que laissent les travaux des champs, ou lorsque le mauvais temps ne permet pas d'y vaquer.

Les fabriques de Tarare et de Saint-Quentin figurèrent d'une manière remarquable à l'exposition de 1806 ; elles y furent jugées dignes des distinctions les plus élevées : elles ont reparu à celle de 1819, avec de nouveaux avantages, et avec toutes les améliorations que l'on devait attendre au bout de treize ans de travaux dans deux contrées peuplées d'hommes industrieux, entretenus par la concurrence dans un état continu d'émulation, et sans relâche occupés de la recherche des moyens de faire mieux.

―――――――――

M. MATAGRIN aîné, de Tarare (Rhône),

Médailles d'or.

Obtint une médaille d'or à l'exposition de 1806. Il a exposé en 1819 des mousselines claires, unies, superfines, et un échantillon de mousseline brodée. L'exécution de tous ces objets est excellente, et ils sont de la plus belle qualité.

M. *Matagrin* se montre toujours digne de la médaille d'or qui lui a été décernée à l'exposition précédente.

MM. CHATONAY, LEUTNER et compagnie, de Tarare (Rhône),

Ont présenté à l'exposition, des mousselines claires superfines, unies, rayées et brodées ; des jaconats, des nansoucks superfins, des organdis, &c. Ces nombreux tissus annoncent une connaissance complète de toutes les parties de la fabrication ; ils sont de la plus belle qualité, et remarquables par la perfection de l'exécution.

Le jury décerne à MM. *Chatonay, Leutner* et compagnie une médaille d'or.

F

M. ARPIN (Frédéric) et compagnie, de Saint-Quentin.

Ces fabricans ont exposé des perkales superfines de diverses largeurs.

Ils ont aussi présenté du piqué de la plus grande finesse, des guingams rayés et quadrillés; des tissus dits écossais, et des mouchoirs façon de madras.

Le jury a reconnu que tous ces objets sont traités avec la plus grande habileté; que l'exécution en est parfaite, et la qualité supérieure.

Le jury décerne à MM. *Arpin (Frédéric)* et compagnie, une médaille d'or.

Médailles d'argent.

MM. CLÉREMBAULT et LECOQ, à Alençon,

Ont exposé des mousselines claires et doubles, d'une excellente fabrication,

Le jury leur décerne une médaille d'argent.

M. FERDINAND-LADRIÈRE, du Cateau (Nord),

A présenté de la perkale écrue superfine, des calicots écrus, et du linge de table damassé de coton. Tous ces produits annoncent un fabricant distingué.

Le jury lui décerne une médaille d'argent.

M. CHAMBERS-BOURDILLON, à Paris, rue du Faubourg-du-Temple, n.° 93.

Le jury lui décerne une médaille d'argent pour des perkales superfines qui réunissent la solidité à la finesse et à la beauté de l'exécution.

M. LEHOULT, à Saint-Quentin (Aisne),

A exposé des perkales fines faites avec des cotons filés par lui, des basins d'une grande finesse, et divers autres tissus.

Le jury a reconnu dans tous les objets présentés par M. *Lehoult,* une fabrication très-soignée et des qualités excellentes : il lui décerne une médaille d'argent.

Le jury a arrêté qu'il serait décerné une médaille de bronze à chacun des fabricans ci-après dénommés :

Médailles de bronze.

M. MALÉZIEUX, à Templeux (Somme).

Mousselines d'espèces variées, très-bien fabriquées et de bonne qualité.

M. GODEFROY, à Rouen.

Calicots écrus et guinées bleues, de bonne qualité et à bas prix.

Le jury, voulant témoigner sa satisfaction de la bonne fabrication des manufacturiers ci-après nommés, arrête qu'il sera fait mention honorable,

Mentions honorables.

1.º Des perkales mises à l'exposition par

MM. CESBRON fils frères, à Chemillé (Maine-et-Loire),

M. MELLIER-RIBAUCOURT, à Abbeville.

2.º Des calicots présentés par

M. DULUD père, à Carlepont (Oise).

M. FONTENILLAT, au Vast (Manche).

M. DESJARDINS-RENOULT, de Séez (Orne).

M. DESURMONT, à Melun.

MM. FAUQUET frères, à Bolbec (Seine-Inférieure.

M. CAILLE, à Roisel (Somme).

———

Citations. LE JURY a arrêté que les noms des fabricans dont la désignation suit, seront cités au rapport :

M. BLERIOT, à Villers-Faucon (Somme).

M. BALBÂTRE, de Nancy.

Ces deux fabricans ont exposé des mousselines. Ceux qui suivent ont exposé des calicots.

MM. AUBRAYE frères, de Condé sur-Noireau (Calvados).

M. LECORDIER, à Aulnay (Calvados).

M. HUGUENIN aîné, de Mulhausen (Haut-Rhin).

M. CALENGE, de Cerisy-la-Salle (Manche).

M. VIARD, à Rouen.

MM. LEMAITRE (Jacques) et fils, à Bolbec (Seine-Inférieure).

MM. DUCHESNE et TIEULEN, à Yvetot (Seine-Inférieure).

MM. PRÉVÔT et PEUCHET, à Yvetot (Seine-Inférieure).

M. REVEL, à Flers-Canton (Somme).

M. BOULANGER, à Péronne (Somme).

SECTION III.

Piqués, Basins et Velventines.

M. ÉDOUARD SEVENNES, à Rouen.

Médaille d'or.

A l'exposition de 1806, il mérita une médaille d'or.

Il a présenté à l'exposition, des piqués fabriqués à la navette volante double ; il a aussi exposé des turquoises et des satins de coton. Ces objets sont d'une belle fabrication, et prouvent que M. *Édouard Sevennes* n'a pas cessé d'être digne de la distinction du premier ordre.

————

M. ANQUETIL, à Paris, place Royale, n.° 11.

Médailles d'argent.

Une pièce de piqué blanc et divers échantillons d'étoffes du même genre, exposés par ce fabricant, ont paru de première qualité , et ne laisser rien à desirer.

Le jury lui a décerné une médaille d'argent.

M. DUPONT, à Troyes (Aube),

A présenté des basins et des velventines d'une fabrication très - soignée ; il a aussi présenté des perkales et des molletons croisés : tous ces objets annoncent un fabricant distingué.

Le jury le juge digne d'une médaille d'argent.

M. VARDERMERSCH, à Royaumont (Seine-et-Oise),

A présenté des basins et des piqués de bonne qualité et d'une fabrication excellente.

Le jury lui décerne une médaille d'argent.

———

Citations.   LE JURY arrête que les fabricans dont les noms suivent seront cités dans le rapport :

M. THOMAS (Jacques-Nicolas), fabricant de piqué, à Yvetot (Seine-Inférieure).

M. GUILLEMET, fabricant de basin, à Nantes.

M. MOINET (J. B.), fabricant de velventine, à Pont-de-Metz (Somme).

M. ROUSSEL-BLOQUET, fabricant de velventine, à Amiens.

SECTION IV.

Velours de coton.

Le jury arrête qu'il sera fait mention honorable de

Mention honorable.

M. Herbet-de Saint-Riquier, à Amiens,

Pour des échantillons de velours non croisé, d'une fabrication légère et très-soignée.

SECTION V.

Reps. Casimir de coton et Printanière.

Le jury arrête qu'il sera fait mention honorable des fabricans dont la désignation suit :

Mentions honorables.

M. Delrue-Florin, à Roubaix, (Nord),

Pour ses casimirs de coton d'une belle fabrication.

M. Cuvru de Surmont, à Roubaix (Nord),

Pour ses prunelles de coton, qui ne laissent rien à desirer.

M. Delabel de Surmont, à Turcoing (Nord),

Pour l'excellente qualité de ses casimirs de coton.

MM. Teissère et compagnie, à Troyes
(Aube).

Étoffes et casimirs de coton qui annoncent un
bon cours de fabrication.

Citations. Le jury, voulant témoigner la satisfaction avec
laquelle il a vu les produits des fabricans ci-après
désignés, a arrêté que leurs noms seraient cités dans
le rapport :

M. Lemoine, à Condé-sur-Noireau (Calvados),

Pour ses étoffes de coton dites retors.

M. Robline jeune, à Condé - sur - Noireau
(Calvados),

Pour ses reps de coton.

Mme veuve Pellier-Duverger, à Condé-sur-
Noireau (Calvados),

Pour ses reps et retors en coton.

M. Roussel d'Azin, à Roubaix (Nord),

Pour ses casimirs de coton.

M. Basin-Busson, à Condé-sur-Noireau (Calvados),

Pour ses reps de coton.

M. HARDI, à Athis (Orne),

Pour ses casimirs gris de coton.

M. PETIT-JEAN, de Tournus (Saone-et-Loire),

Pour sa printanière de coton.

SECT. VI.

Casimir laine et coton.

M. GROUT, à Rouen,

A exposé du casimir fait de laine et de coton mélangés à la carde, de belle qualité. M. *Grout* est le premier qui ait fabriqué cette étoffe dans le département de la Seine-Inférieure. Le jury lui décerne une médaille de bronze.

Médailles de bronze.

M. DECAEN jeune, à Rouen.

Les casimirs coton exposés par ce fabricant, et les étoffes dites cirsacas, sont les produits d'une fabrication distinguée.

Le jury décerne à M. *Decaen* une médaille de bronze.

SECT. VII.

Étoffes pour gilet.

Mentions honorables. LE JURY arrête qu'il sera fait mention honorable de

M. DE CRESME (Alexandre), de Roubaix (Nord);

GAYDET et DESTOMBES, de Roubaix (Nord).

Ces fabricans ont exposé des étoffes fines pour gilet, remarquables par la régularité du tissu et par le bon goût des dispositions.

Citation. MM. PARENT (Pierre), de Roubaix (Nord).

SECTION VIII.

Mouchoirs, Châles de coton et Rouennerie.

Médaille d'argent. M. GAMBU DE LARUE, à Rouen,

A mis à l'exposition des châles tissus croisés en couleur, remarquables par la régularité de la fabrication, par la vivacité et la solidité des couleurs.

Le jury décerne à M. *Gambu de Larue* une médaille d'argent.

M. FAREL et fils, à Montpellier.

Médailles
de bronze.

Cette maison a exposé des mouchoirs façon des Indes, d'excellente qualité, et qui sont dignes de la réputation dont elle jouit depuis long-temps.

Le jury lui décerne une médaille de bronze.

M. PLUARD aîné, à Rouen,

A présenté des châles en coton broché, imitant les châles en laine; ils sont d'un joli effet, et les couleurs en sont solides.

Le jury décerne à M. Pluard aîné une médaille de bronze.

M. VERDIER, à Montpellier.

Les mouchoirs façon madras de cette fabrique peuvent soutenir la comparaison avec ce qu'il y a de plus estimé en ce genre.

Le jury décerne à M. Verdier une médaille de bronze.

LE JURY a décidé que les fabricans dont les noms suivent seraient mentionnés honorablement, pour avoir produit des mouchoirs façon des Indes, d'une fabrication très-soignée, sous le rapport de la régularité du tissu, sous celui de la solidité des couleurs et de l'agrément des dispositions :

Mentions
honorables.

M. VALAT, à Montpellier.

M. VALLÉE jeune, à Rouen.

M. CHERUEL fils, à Rouen.

M. THOMAS (J. B.), à Montpellier.

————

Citations.   LE JURY arrête que les noms des fabricans dont la désignation suit seront cités dans le rapport.

M. HANNOTIN-GEOFFROY, fabricant de mouchoirs de couleur, à Bar-le-Duc.

M. LALLEMAND (Denis), fabricant de châles en coton et de rouenneries, à Rouen.

M. DUBOC fils, fabricant de châles et de rouenneries, à Rouen.

M. CAPRON, fabricant de châles et de rouenneries, à Rouen.

SECTION IX.

Rubans de coton.

Mention honorable.   M. GOMBERT (Narcisse) fils, à Paris,

Est mentionné honorablement pour les rubans de coton qu'il a exposés.

————

SECTION X.

Linge de table damassé.

M. PELLETIER (H. F.), à Saint - Quentin (Aisne).

Médaille d'argent.

Ce fabricant a paru à l'exposition d'une manière distinguée ; il a présenté du linge de table damassé en coton, unissant des dessins de bon goût à une belle qualité de tissu ; il a aussi présenté des mousselines brochées, en couleur, pour robe, d'un très-bel effet.

Le jury décerne à M. *Pelletier* une médaille d'argent.

MM. CARY frères, à Epchy (Somme),

Mention honorable.

Sont mentionnés honorablement pour avoir présenté du linge de table en coton, d'une fabrication bonne et régulière.

SECTION XI.

Molletons et Couvertures de coton.

M. PUJOL, à Saint-Dié (Loir-et-Cher),

Médailles d'argent.

Obtint la médaille d'argent aux précédentes expositions. Les couvertures et les molletons de coton que ce fabricant a présentés à l'exposition de 1819, ont prouvé au jury qu'il soutient les qualités qui lui ont mérité la distinction qui lui a été accordée, et qu'il est toujours digne de la médaille d'argent.

M. THIBAUT aîné, à Tournus (Saone-et-Loire),

A exposé des couvertures en coton d'un bel aspect, d'un tissu moelleux, léger et bien fourni.

Le jury décerne à M. *Thibaut* aîné une médaille d'argent.

____

Mentions honorables.

LE JURY a décidé qu'il serait fait mention honorable des fabricans dont les noms suivent, qui ont exposé des couvertures de coton de bonne et belle qualité.

M. PERRIER fils, à Paris.

MM. ACCARY et fils, à Tournus (Saone-et-Loire).

MM. BASSECOURT et fils, à Tournus (Saone-et-Loire).

M. BERTHÉ, à Tournus (Saone-et-Loire).

M. MARTOREY, à Tournus (Saone-et-Loire).

____

Citation. M. GUILLEMET, à Nantes,

Pour ses molletons de coton.

____

CHAPITRE VII.

DENTELLES ET BLONDES, BRODERIE SUR TULLE ET SUR MOUSSELINE.

LA fabrication des dentelles et des blondes est fort intéressante. Elle procure, dans les villes et dans les campagnes, des moyens d'existence à un grand nombre de femmes, qui l'allient aux soins qu'exigent leur ménage et leur famille. Les centres de la fabrication des dentelles et des blondes sont *Alençon, Valenciennes, Chantilly, Caen* et *Bayeux.* Elle s'est beaucoup perfectionnée; les dessins sont d'un meilleur goût : cependant la mode les a répudiées, et une foule d'ouvrières, qui n'avaient que ce moyen d'existence, languissent dans la misère. Il est à souhaiter que la mode leur rende quelque faveur.

SECTION I.re

Dentelles et Blondes.

MM. MOREAU et fils, de Chantilly (Oise).

Médaille d'or.

Ces fabricans ont déjà paru à la dernière exposition, où ils obtinrent une médaille d'argent. Ils ont envoyé, cette année, 1.° quatre robes blanches et un mantelet noir, non moins remarquables par la pureté des dessins que par l'élégance des formes; 2.° une pelote contenant les divers points de dentelles que, depuis cent cinquante ans jusqu'à ce jour, leur maison a fait exécuter de père en fils. Tous ces objets prouvent qu'ils continuent de mériter la confiance du public, et que leurs succès sont dus autant à leur zèle pour perfectionner leur industrie et pour former de bonnes ouvrières, qu'à l'émulation qu'ils ont su entretenir parmi elles. Ils en occupent quinze à seize cents.

Le jury décerne à MM. *Moreau* une médaille d'or.

Médailles
d'argent.

M. MERCIER fils, à Alençon.

Ce fabricant a déjà paru à l'exposition de 1806 où il obtint une médaille d'argent. Il a mis à celle de cette année, un voile, point d'Alençon, d'une exécution et d'une correction qui ne laissent rien à desirer.

Le jury reconnaît avec une satisfaction véritable que M. *Mercier* est toujours très-digne de la médaille d'argent qu'il a obtenue en 1806.

M. VANDESSEL, de Chantilly.

Les bas de robes, les fichus, les blondes de moyenne largeur, qu'il a exposés, sont d'un bon goût et parfaitement travaillées. Le jury lui aurait décerné la médaille d'argent, s'il ne l'avait déjà obtenue à l'exposition de 1806.

MM. BONNAIRE (Jean-Baptiste) et compagnie, de Caen.

Médailles d'argent.

Ils ont envoyé des robes, des voiles, des mantelets, d'autres articles en dentelles et en blondes, d'un beau dessin ; des blondes à fond blanc, brodées en diverses couleurs et en fil d'or et d'argent ; tous ces objets sont bien exécutés et annoncent une grande intelligence. La manufacture de MM. *Bonnaire* et compagnie est très-distinguée.

Le jury les a jugés dignes d'une médaille d'argent.

M. DOCAGNE, d'Alençon.

Il a exposé des dentelles de différentes largeurs, et un voile où figure une corbeille de fleurs : le tout est parfaitement exécuté, sur-tout celui de la corbeille de fleurs, qui est d'un travail très-difficile.

Le jury lui décerne une médaille d'argent.

MM. TARDIF fils aîné et sœur, de Bayeux.

La robe, le voile, les bonnets de différentes formes, les tulles festonnés, qu'ils ont mis à l'exposition, sont d'un très-beau travail. La ville de Bayeux leur doit la connaissance des moyens de fabriquer les articles de ce genre, de manière qu'elle rivalise aujourd'hui avec celles de Lille et de Malines.

Le jury leur accorde une médaille d'argent.

M. Assezat, du Puy, département de la Haute-Loire.

Les blondes noires fabriquées par M. *Assezat* ont été distinguées par le jury de l'exposition de 1806, qui lui accorda une médaille d'argent de deuxième classe. Celui de cette année déclare que ce fabricant est toujours digne de la distinction qu'il a obtenue.

M. Lecomte, de Caen.

Il a exposé des robes, des voiles, des mantelets en blonde, et un voile de soie noire d'une très-grande dimension : le tout est d'un beau travail. Les dessins sont aussi d'un bon choix.

Le jury a décerné à M. *Lecomte* une médaille de bronze.

M.me Carpentier, de Bayeux, département du Calvados.

Les robes, les voiles, les dentelles et les autres objets qu'elle a envoyés, sont bien exécutés, et les dessins en sont beaux et variés.

Le jury l'a jugée digne d'une médaille de bronze.

M. Charles Legoux, de la même ville.

Il est inventeur d'une machine au moyen de laquelle on pique les cartes à dentelles. Il a mis à l'exposition, de ces cartes et différens échantillons de dentelles qu'elles ont servi à fabriquer. Le jury a trouvé le travail de ces échantillons régulier et correct, et il a décerné à M. *Legoux* une médaille de bronze.

Le Jury a jugé dignes d'une mention honorable,

Mentions honorables.

M. REMI CARRETE, d'Arras,

Qui a déjà, en 1806, obtenu cette distinction.

M. DELAMARRE (Jean), de Bayeux ;

M. HUVET, de Bayeux ;

M. LEPETON, de Bayeux ;

M. LE BOULANGER, de Bayeux ;

M. LEQUEUX-FOURDIN, de Douai ;

M. THOMASSIN-CORBITT, de Douai ;

Qui ont exposé des dentelles composées avec goût et fabriquées avec soin.

SECTION II.

Broderies sur tulle et sur mousseline.

Le Jury arrête qu'il sera fait mention honorable de

Mentions honorables.

MM. CHENUT et compagnie, de Nancy ;

M. BALBÂTRE, de Nancy,

Pour des broderies parfaitement exécutées, et qui sont l'objet d'un commerce intéressant.

CHAPITRE VIII.

BONNETERIE.

LES manufactures de ce genre ne sont point restées stationnaires ; elles ont fait, depuis la dernière exposition, des progrès assez remarquables. Les matières dont elles se servent ont été particulièrement perfectionnées.

SECTION I.

Bonneterie de laine.

Médailles d'argent.

M. REINE, de Paris, rue des Jeûneurs, n.° 16.

Il a exposé un grand nombre d'objets dans des genres variés. Sa fabrication a été reconnue très-bonne, et les prix qu'il demande sont modérés.
Le jury l'a jugé digne d'une médaille d'argent.

M. COCQUES-VALLE, d'Arras.

Les tricots de sa fabrique se font remarquer par une fabrication extrêmement soignée. Le prix en est modéré.
Le jury lui a décerné une médaille d'argent.

MM. Benoît Merat et Desfrancs, d'Orléans.

Les bonnets turcs établis par cette maison sont destinés au commerce du Levant. Ceux qu'elle a envoyés à l'exposition, égalent, pour le choix des matières, pour le travail et la teinture, s'ils ne les surpassent pas, les articles de même genre fabriqués à Tunis, et qui sont très-recherchés dans le Levant.

Le jury leur a décerné une médaille d'argent.

M. Favereau, de Paris, rue Simon-le-Franc, n.° 13,

Médailles de bronze

Est déjà connu pour avoir ajouté des perfectionnemens au métier à fabriquer les bas de coton. Il a mis à l'exposition des robes et des jupons de tricot de laine sans envers, d'une bonne fabrication, et d'un prix modéré.

Le jury lui a accordé une médaille de bronze.

M. Lefevre-Millet, de Renwez (Ardennes).

Les bas de laine qu'il a envoyés sont d'un prix extrêmement modique et à l'usage de la classe peu riche : ils sont fabriqués dans les campagnes; le travail en est bon.

Le jury a décerné à M. *Lefevre-Millet* une médaille de bronze.

M. VAYSSE, de la Crouzette (Tarn).

Il a exposé des bonnets communs de laine dont la fabrication est bonne, et qu'il vend à bas prix.

Le jury lui a décerné une médaille de bronze.

MM. DELOYNE, BENOÎT, HALLIER et compagnie, d'Orléans,

Fabriquent pour le commerce du Levant des bonnets turcs, façon de Tunis ; ceux qu'ils ont exposés annoncent une fabrication soignée : ils sont de bonne qualité ; la teinture en est solide et d'une bonne nuance.

Le jury leur a accordé une médaille de bronze.

Mentions honorables.

Ont été jugé dignes d'une mention honorable,

M. PERDUCET, d'Annonay (Ardèche);

M. FABRE (André), de Pratz-de-Mollo (Pyrénées-Orientales),

Pour des bonnets de laine d'une bonne fabrication.

Citations.

Le jury a arrêté de citer dans son rapport,

M. VINCENT (Jean) et compagnie, de Marseille,

M. ROSTAN-VIDAL, de Marseille,

Pour des bonnets turcs.

SECTION II.

Soie.

LE JURY a arrêté qu'il serait fait mention hono-
rable de

M. LEAURET, de Ganges ;

M. PANNIER-DARCHES, de Paris, rue du Bac,
n.° 13 ;

M. TURS, de Nîmes ,

Pour la bonneterie de soie qu'ils ont mise à l'ex-
position, dont le travail ne laisse rien à desirer.

Mentions
honorables.

SECTION III.

Bonneterie de fil.

M. DETREY père, de Besançon.

Médaille
d'argent.

Il avait mis à l'exposition de l'an 9 des bas de fil
pour hommes et pour femmes, dont la fabrication fut
trouvée bonne et le prix peu élevé. Le jury lui ac-
corda une médaille d'argent. Ceux qu'il a envoyés cette
année, ne leur cèdent ni en beauté ni en qualité. Le
jury aime à déclarer que M. *Detrey* est toujours digne
de la distinction qu'il a obtenue.

Mention honorable.

M. DUBOST jeune, de Paris, rue de Richelieu; n.° 15,

A exposé des bas en fil à dentelle et des bas de soie à jour qui sont d'un beau travail et d'une grande finesse. Le jury a vu avec satisfaction les efforts de ce fabricant pour perfectionner son industrie, et il a arrêté qu'il en serait fait une mention honorable.

SECTION IV.

Bonneterie de coton.

Médaille de bronze.

M. GUERINOT, de Valençay (Indre);

A envoyé des bas, des bonnets, des pantalons de coton, &c. le tout d'une bonne qualité et d'un prix peu élevé. Le jury a particulièrement remarqué les bas, qui sont d'une grande finesse. Il a décerné une médaille de bronze à M. *Guerinot.*

Mentions honorables.

ONT été jugés mériter une mention honorable pour la bonne qualité de la bonneterie de coton qu'ils ont exposée,

M. DUCHAUSSOY, de Troyes.

M. GODOT, d'Arcis-sur-Aube.

M. BECKER (Denis), d'Arcis-sur-Aube.

M. GUERITE, d'Arcis-sur-Aube.

M. DE LATOUR-SAURAT, d'Arcis-sur-Aube.

M. D'AUTREVILLE, de Châlons-sur-Marne.

———

LE JURY a arrêté que les fabricans dont les noms suivent, et qui ont exposé de la bonneterie de coton, seraient cités dans le rapport :

M. JACOBI-LESOURD, de Tours.

M. GUILLOIS (Léonard), de Tours,
   Qui a aussi exposé des bas de filoselle.

M. TURS, de Nîmes.

M. JOUANNE DE LA ROTHIÈRE, de Troyes.

M. ROIZARD, de Troyes.

M. MOZER-OUDIN, d'Arcis-sur-Aube.

M. DEFFONTIS-GILBERT, de Moulins.

M. VALLARD fils, de Moulins.

M. ANCEL, de Dijon.

MM. FIRMIN et CARDU (François-Thomas),
   de Harbonnières (Somme).

M. GODEFROY, de Caen.

M. DAVOIS, de Falaise (Calvados).

CHAPITRE IX.

CHAPELLERIE.

———

DOUZE fabricans seulement ont exposé des ouvrages de chapellerie. Des maisons de Paris, très-estimées, n'ont point exposé, et ce n'est point par indifférence : depuis peu la mode a éprouvé des variations qui ont occasionné, dans les ateliers de chapellerie, un travail extraordinaire, qui n'a pas laissé à la plupart des fabricans le loisir nécessaire pour préparer des produits dont la perfection satisfît leur amour-propre.

La chapellerie française est estimée ; elle est supérieure en général aux chapelleries étrangères ; elle l'emporte sur la plupart par le feutrage ; elle les surpasse toutes pour les apprêts et sur-tout pour la teinture, quoique cette partie laisse encore quelque chose à desirer. C'est sous ces derniers rapports seulement que la chapellerie s'est perfectionnée depuis 1806 ; quant au feutrage, on avait atteint à-peu-près la perfection.

On a beaucoup de raisons de croire que la chapellerie est au moment de prendre une nouvelle direction, de s'établir sur des principes nouveaux, et de faire des progrès, soit en améliorant la qualité des chapeaux, soit en les produisant à des prix moins élevés. C'est pourquoi le jury a jugé convenable de mentionner honorablement et d'une manière spéciale :

SECTION I.

Chapeaux feutrés.

MM. LOUSTAU et compagnie, fabricans de chapeaux à Paris, rue Geoffroi-Langevin, n.° 4,

Ont présenté des chapeaux fabriqués sur de nouveaux principes, qui ont l'avantage d'être imperméables, et sont d'une belle apparence. Leur prix est de cinquante pour cent au-dessous de la chapellerie ordinaire. Des essais qui en ont été faits, semblent annoncer qu'ils seront d'un bon usage. Si ces essais avaient été plus nombreux et faits pendant plus de temps, la fabrication de M. *Loustau* aurait été susceptible de recevoir des distinctions d'un ordre supérieur.

LE JURY arrête qu'il sera fait mention honorable de

Mentions honorables.

M. GUICHARDIÈRE, fabricant de chapeaux, à Paris, rue Saint-Jacques, n.° 178,

Pour les chapeaux noirs en purs poils de lièvre, et pour les expériences qu'il a faites pour améliorer l'art de la chapellerie.

M. VIAÙ DE MOURCHE, fabricant de chapeaux à Marseille,

Qui a exposé des chapeaux noirs parfaitement bien

fabriqués, ainsi qu'un chapeau gris en poil de lièvre d'Asie, lequel passe pour être difficile à travailler.

SECTION II.

Chapeaux tissus.

Médaille de bronze.

M.lle MANCEAU et compagnie, rue Sainte-Avoie, n.° 57, à Paris,

Ont exposé des chapeaux tissus en soie, et imitant la paille, qui sont légers, d'un effet très-agréable, et de prix modérés. On peut espérer que cette nouvelle branche d'industrie aura du succès, et parviendra à remplacer, au moins en partie, les chapeaux de paille de Toscane, dans la consommation intérieure, et même dans le commerce étranger.

Le jury décerne à M.lle *Manceau* et compagnie une médaille de bronze.

CHAPITRE X.

TEINTURE, APPRÊT ET BLANCHIMENT.

L'ART de la teinture n'a pas fait moins de progrès en France que celui de la filature et de la fabrication des tissus. C'est en examinant avec soin les nombreuses étoffes colorées qu'offre l'exposition, qu'on peut se convaincre de cette vérité.

On a réussi à remplacer, par deux substances différentes, la cochenille, dans la teinture sur laine.

On a porté le bleu de Prusse sur la soie, et on a produit un bleu plus beau que celui que donnaient les moyens anciens.

On a découvert un vert solide pour l'impression des toiles de coton. Le rouge, sur les mêmes tissus, a acquis plus de vivacité.

On fixe sur le fil de lin des couleurs que, jusqu'ici, on n'avait fixées que sur le coton.

On a trouvé le moyen d'extraire et de rapprocher les principes colorans du carthame, de la cochenille, du kermès et des bois de teinture, en sorte qu'on les emploie à l'état de tablettes ou d'extrait; ce qui facilite les opérations, diminue la main-d'œuvre et produit des couleurs plus vives.

SECTION I.

Teinture sur laine.

IL y a quelques années que M. *Gonin*, fameux teinturier de Lyon, a présenté au commerce des pièces de drap teintes en écarlate avec la seule garance : cette belle couleur ne fut pas jugée inférieure à celle qu'on obtient par la cochenille ; mais, exposée, comparativement avec cette dernière, à l'action de l'atmosphère et en plein air, pendant six semaines, l'écarlate de garance se fana peu-à-peu sans perdre toutefois le ton d'écarlate, tandis que celle de cochenille changea de ton, devint vineuse, mais conserva un grand fond de couleur. M. *Gonin* assure aujourd'hui qu'il est parvenu à donner à cette belle couleur toute la solidité desirable. Il a présenté des échantillons de la plus grande beauté.

Le jury eût décerné à M. *Gonin* une distinction du premier ordre, si, en exécution de l'ordonnance du 9 avril, ce teinturier n'eût déjà été présenté au nombre des hommes qui ont contribué aux progrès de l'industrie.

La garance n'est pas la seule substance par laquelle on ait remplacé la cochenille ; on est aussi parvenu à obtenir la couleur écarlate, au moyen de la laque-laque ; le jury s'est empressé d'en témoigner sa satisfaction au teinturier qui a obtenu ce succès, et dont le nom suit :

M. Bᴇᴀᴜᴠɪꜱᴀɢᴇ et compagnie, teinturier à Paris, rue des Marmousets.

Le premier en France il a employé la laque-laque dans la teinture, pour teindre en écarlate sur laine, et il en a perfectionné l'usage. Il a exposé des échantillons d'écarlate qui a été obtenue par ce procédé, et qui a beaucoup d'éclat.

Le jury décerne à M. *Beauvisage* une médaille d'argent.

SECTION II.

Teintures sur soie.

L'ɪɴᴅᴜꜱᴛʀɪᴇ qui s'exerce sur la soie est si importante, notre supériorité en ce genre est si reconnue, que tout ce qui tend à perfectionner encore cette belle branche de nos manufactures doit être accueilli avec reconnaissance et honorablement récompensé. La beauté et la solidité des couleurs ajoutent beaucoup au prix des plus belles étoffes, et contribuent singulièrement à les faire rechercher. Le jury a vu, avec une extrême satisfaction, que la fabrique de Lyon avait non-seulement perfectionné les objets qui avaient fait sa réputation, et créé plusieurs genres nouveaux de tissus, mais encore que l'art de teindre y avait fait des progrès.

La plus importante découverte qui ait été faite dans la teinture des soies, c'est l'emploi du bleu de Prusse en remplacement de l'indigo. La couleur en est plus vive, plus agréable à l'œil, et l'on est parvenu à lui donner toutes les nuances desirables. C'est à M. *Raymond* qu'on doit cette découverte, et la commerce reconnaissant a donné son nom à cette belle couleur, qui n'est plus connue que sous la dénomination de *bleu-raymond*. Ce n'est pas, au reste, le seul service que M. *Raymond* ait rendu à l'art de la teinture, pendant le temps qu'il a professé la chimie à Lyon ; c'est à lui que l'on doit les procédés dont il a été parlé ci-dessus, pour extraire et rapprocher les principes colorans des substances tinctoriales. Le jury, conformément à l'ordonnance du 9 avril, a proposé la première récompense pour M. *Raymond.*

Mentions honorables. Trois élèves, formés à l'école des Gobelins sous la direction de M. *Roard*, ont contribué à perfectionner la teinture des soies dans les fabriques de Tours et d'Avignon. Ils méritent d'être mentionnés honorablement. Ce sont

M. PERDREAU, teinturier à Tours.

Il a présenté des échantillons de bleu-raymond et de vert sur soie, où le jury a reconnu beaucoup de mérite. M. *Perdreau* est un des artistes qui ont été proposés pour les récompenses publiques, en exécution de l'ordonnance du 9 avril 1819.

M. RENARD (César), teinturier à Avignon,

A présenté des échantillons de soie sur laquelle il a fixé, sans cochenille, une couleur ponceau solide et très-belle,

M. BRUNEL (Jean-Baptiste), teinturier à Avignon,

A présenté des nuances de violet sur soie qui sont très-belles et solides.

SECTION III.

Teinture sur Fil de lin.

ON sait que le chanvre et le lin s'imprègnent des principes colorans avec moins de facilité que le coton, et que les couleurs n'y sont jamais ni aussi solides, ni aussi brillantes ; c'est ce qui a forcé jusqu'ici nos fabricans de mouchoirs de fil à employer le coton pour former les bandes et les carreaux rouges, violets, marron, dont on orne ces tissus. Depuis quelques années, l'industrie s'exerce pour trouver le moyen de donner ces mêmes couleurs au fil de lin ou de chanvre. Déjà, à Amiens, à Montpellier, on a obtenu des résultats qui faisaient espérer des succès. Quelques produits présentés à l'exposition réalisent presque nos espérances : on y a vu des échantillons de fils teints en rouge par la garance, qui, sans avoir la beauté de cette teinture sur coton, s'en rapprochent beaucoup le fil est bien couvert ; la couleur est unie et solide, elle a même de l'éclat.

M. DESMAREST, teinturier à Bapaume (Seine-inférieure),

A présenté un échantillon de fil de lin teint en rouge par la garance.

H

M. PALFRÊNE, à Gentilly, près Paris,

A présenté une carte d'échantillons et des mouchoirs de fil dont les couleurs, sur-tout le bleu, sont belles. Les nuances de violet qu'il a portées sur le fil de lin, ont paru pouvoir remplacer les violets sur fil de coton qu'on a employés jusqu'ici dans la fabrication des mouchoirs de fil.

Le jury décerne à chacun de ces fabricans une médaille de bronze.

SECTION IV.

Teinture sur Coton.

IL y a à peine quarante ans que la belle couleur de garance, fixée sur le coton, fut importée en France par des teinturiers grecs qui s'établirent en Languedoc : ils faisaient un secret de leur procédé ; mais les Français le pénétrèrent bientôt, et, dès ce moment, le procédé commença à recevoir des améliorations qui en ont fait une partie importante de notre industrie. L'art ne se borne plus à produire des couleurs très-supérieures à ce qui était alors connu, soit dans le Levant, soit dans l'Inde ; il produit toutes les nuances du rouge, depuis le *rouge enfumé* de Madras jusqu'aux nuances les plus délicates du rose ; il forme depuis le marron le plus foncé jusqu'au lilas le plus clair, et il donne à toutes les couleurs une telle solidité, que les lessives les plus fortes ne peuvent les altérer.

La fabrique de Montpellier a été le berceau de cette industrie : elle fut améliorée dans les ateliers de cette ville ; mais elle passa bientôt à Rouen, et c'est là qu'elle reçut ses perfectionnemens les plus importans. Elle y a fixé et développé cette belle fabrication de tissus de cotons colorés, avec laquelle aucune partie de l'Europe ne peut rivaliser.

L'exposition de 1819 offre de nombreux produits de la teinture de coton en fil: ce qui a sur-tout fixé l'attention du jury, ce sont les perfectionnemens apportés dans les procédés depuis la dernière exposition.

Les opérations longues et difficiles, l'emploi successif et nécessaire de dix à douze substances différentes, toutes jugées indispensables pour donner à ces couleurs l'éclat et la solidité qu'exige le commerce, n'avaient pas permis jusqu'ici de pouvoir se promettre des résultats constans et uniformes. Il paraît, d'après les produits qui ont été envoyés à l'exposition, que le teinturier maîtrise aujourd'hui ses procédés, de manière à faire disparaître les chances défavorables qu'il éprouvait autrefois. L'habitude et les lumières ont rendu sa marche plus sûre et ses succès plus certains.

Un autre résultat qui n'a pas moins frappé le jury, c'est que toutes les couleurs, dans tous les genres, même dans les nuances délicates, présentent une égalité, un uni qu'on n'avait pas obtenu jusqu'à ces derniers temps. Ce problème, dont on sentira toute la difficulté en réfléchissant au nombre des apprêts, à la longueur du travail à la main, et sur-tout à l'avivage forcé qu'on est obligé de donner pour obtenir des couleurs brillantes, paraît aujourd'hui complètement résolu.

Le jury doit ajouter que les nuances de rouge et de violet sont bien plus nombreuses et plus parfaites qu'elles n'étaient il y a quelques années.

H 2

Le jury a d'abord été embarrassé pour déterminer les récompenses entre les habiles teinturiers qui ont soumis leurs produits à son jugement ; mais après un mûr examen, il a cru devoir se fixer sur ceux qui ont présenté un grand ensemble de belles couleurs, ou des résultats frappans par leur beauté.

Les teinturiers auxquels le jury a décerné les distinctions qui vont être spécifiées, ne sont pas les seuls qui aient contribué à améliorer l'art de teindre sur coton. La teinture, dans toutes ses parties, quelle que fût d'ailleurs la matière sur laquelle on se propose de fixer la couleur, a dû beaucoup de progrès à M. *Roard*, ancien directeur de l'école de teinture aux Gobelins, et à M. *Vitalis*, professeur de chimie spéciale à Rouen. Ces deux habiles professeurs ont été présentés, en exécution de l'ordonnance du 9 avril 1819, au nombre des hommes qui ont le plus puissamment contribué aux progrès de l'industrie.

Médaille d'argent

M. GONFREVILLE fils, de Deville près Rouen,

A soumis au jury neuf paquets de coton teint, dont deux en rouge, deux en rose et cinq en divers degrés ou nuances de violet : toutes ces couleurs sont solides, unies et brillantes.

Le jury décerne à M. *Gonfreville* fils une médaille d'argent.

Nota. M. *Gonfreville* fils est élève de l'école de teinture des Gobelins, sous la direction de M. *Roard*.

M. LEFAY, de Rouen,

Obtint à l'exposition de 1806 une médaille d'argent de seconde classe, équivalente à la médaille de bronze.

Il a présenté en 1819 vingt-sept échantillons qui comprennent presque toutes les nuances de couleurs qu'on peut donner au coton par la garance : les rouges et les lilas sont particulièrement distingués. Le jury se plaît à déclarer que cet habile teinturier n'a pas cessé d'être digne de la distinction qu'il a obtenue en 1806.

M. DIETZ, à Barr (Bas-Rhin),

A présenté deux nuances de rouge et une de rose qui ont fixé l'attention du jury ; il a sur-tout distingué le rouge comme l'un des plus parfaits que l'on puisse produire.

Le même teinturier a aussi présenté des nuances de violet qui sont belles, quoiqu'elles n'aient pas le même mérite que les rouges.

Le jury décerne à M. *Dietz* une médaille de bronze.

LE JURY arrête qu'il sera fait mention honorable des teinturiers dont les noms suivent :

M. GAIN, teinturier à Rouen.

Il a exposé une suite de rouges et de roses remarquables par l'éclat des couleurs.

 M. CHERUEL fils, teinturier à Rouen,

Pour un échantillon de rouge enfumé, dont l'emploi est très-étendu pour imiter la couleur des mouchoirs madras.

MM. GUILLAUME ANGRAN frères, de Saint-Léger près Rouen,

Ont exposé deux paquets de coton, l'un rouge, l'autre rose, qui réunissent à la vivacité l'égalité et la solidité.

M. DESMAREST (Guillaume), teinturier à Bapaume, près Rouen.

Il a envoyé de très-beaux cotons rouge et violet.

MM. FAREL et fils, de Montpellier.

Leur fabrique, l'une des plus anciennes de Montpellier, et qui a considérablement contribué à perfectionner la teinture en rouge sur coton, a envoyé des échantillons de rouge et de violet, dont les couleurs sont belles et unies. Cette maison continue à mériter la considération dont elle jouit.

M. LEFRANC-THIRION, teinturier à Bar-le-Duc (Meuse),

A produit de très-belles couleurs en rouge et en rose.

SECTION V.

Blanchiment.

MM. GOMBERT fils aîné, et MICHELEZ, en-trepreneurs de blanchiment, à Saint-Denis,

Ont exposé diverses sortes de toiles de lin blan-chies par le procédé *Berthollien :* leur blanc est éclatant et parfait. Le jury a sur-tout remarqué des mouchoirs façon de Mayenne et de Chollet, dont le fond est parfaitement blanchi et amené à une qua-lité de blanc supérieure à celle du pays, sans que les couleurs des cadres qui forment les bordures aient été altérées.

Ces divers objets prouvent que MM. *Gombert* aîné et *Michelez* connaissent à fond l'art du blanchiment, et même qu'ils lui ont fait faire des progrès.

Le jury leur décerne une médaille d'argent.

M. CARON-LANGLOIS, fabricant et blanchis-seur de toiles, à Beauvais,

A exposé des toiles demi-Hollande, dont le blanc est comparable, pour la perfection, à celui de MM. *Gombert* et *Michelez.*

Ces toiles sont rappelées ici à cause de leur blanc ; elles ont mérité à *M. Caron-Langlois* une médaille d'argent pour toutes leurs qualités réunies. (*Voyez* chapitre V, section III.)

SECTION VI.

Apprêt.

M. JULIEN DELARUE, apprêteur, à Rouen,

A présenté des nankins, des calicots et des mouchoirs auxquels il a donné l'apprêt avec un grand talent.

M *Delarue* a rendu, comme apprêteur, des services multipliés au commerce de la ville de Rouen. Ces services sont assez importans pour que, sur la proposition du jury du département de la Seine-inférieure, le jury central ait présenté, en exécution de l'ordonnance du Roi du 9 avril 1819, M. *Julien Delarue* au nombre des artistes qui ont été utiles à l'industrie.

Médaille de bronze.

M. ANQUETIL-DESMAREST

A exposé des coupons de nankin apprêtés, façon des Indes: ce nankin est une imitation parfaite de celui de l'Inde; il en a la couleur et la solidité.

Le jury a décerné à M. *Anquetil-Desmarest*, une médaille de bronze.

CHAPITRE XI.

IMPRESSION SUR ÉTOFFES.

L'INDUSTRIE qui a pour objet l'impression sur étoffes, emprunte des procédés à la mécanique, à la chimie, et doit une grande partie de ses succès à l'art du dessin. Ses progrès ont été proportionnés à ceux des arts dont elle dépend.

SECTION I.re

Impression sur étoffes de laine.

L'IMPRESSION sur étoffes de laine est connue depuis long-temps : elle a produit ces étoffes gaufrées qu'on a employées pour meubles et même pour vêtemens. On reprochait en général à ces étoffes d'être d'un goût suranné. Les impressions sur drap présentées par M. *Ternaux* prouvent combien le goût peut ajouter de prix à tout ce qui dépend du dessin.

Le procédé des impressions gaufrées est dû à feu M. *Bonvallet*, d'Amiens, qui reçut, à cette occasion, une récompense de la société d'encouragement ; mais ce procédé n'a reçu des développemens de quelque étendue que dans l'établissement de Saint-Ouen, dont les produits ont été vus à l'exposition de cette année.

M. TERNAUX, à Paris, place des Victoires, n.° 6.

Il a exposé des impressions de différentes couleurs, exécutées, dans sa manufacture de Saint-Ouen, sur des draps et sur d'autres étoffes de laine. Les dessins en sont très-variés ; ils font relief et jouent la broderie ; on peut même dire que l'imitation l'emporte sur la broderie réelle par la netteté et par la délicatesse du dessin. Ces étoffes sont propres à faire des ameublemens très-agréables.

M. *Ternaux* s'est mis hors de concours, comme membre du jury.

Médailles de bronze. M. LOFFET, de Paris, boulevart de l'Hôpital, n.° 22,

A exposé un châle mérinos à fond blanc, ayant pour bordure une guirlande de fleurs dont les couleurs ont le plus grand éclat, et qui a été appliquée par impression.

Le jury lui a décerné une médaille de bronze.

MM. DEMENOU et DELAMBERT, de Paris, rue du faubourg Poissonnière, n.° 31,

Ont présenté un tapis tricoté et mis en couleurs par impression. Cet objet mérite d'être distingué.

Le jury a décerné, une médaille de bronze à MM. *Demenou* et *Delambert.*

SECTION II.

Velours d'Utrecht.

LE JURY a décerné des médailles de bronze aux fabricans ci-après dénommés :

Médailles de bronze.

M. LAURENT (Henri), d'Amiens,

Qui a exposé de très-beau velours d'Utrecht.

M. DELAYE-PISSON, d'Amiens ;

M. MORAND, d'Amiens.

Ces deux fabricans entretiennent un grand nombre d'ouvriers ; les produits qu'ils ont envoyés sont très-soignés et d'une bonne qualité.

———

LE JURY arrête qu'il sera fait mention honorable de

MM. LEPRINCE et MASSIAS, d'Amiens,

Mention honorable.

Qui ont exposé du velours d'Utrecht avec ornemens gaufrés en couleur.

SECTION III.

Impression sur toiles de coton.

LA fabrication des toiles peintes a reçu des améliorations nombreuses et remarquables. Le goût du dessin s'est perfectionné, et l'on a trouvé le moyen de produire des couleurs que tous les efforts de l'art n'avaient encore pu obtenir.

M. *Widmer*, de Jouy, a découvert une couleur verte que l'on fixe sur les toiles de coton, et qui se fait en une seule fois, sans avoir besoin de combiner successivement le jaune et le bleu. Les avantages de ce vert sont reconnus dans toutes les fabriques.

On est parvenu à teindre en rouge d'Andrinople les toiles de coton en pièce; et on a donné à cette couleur une égalité et un éclat qu'on n'avait obtenus jusqu'alors que sur le fil de coton.

Les procédés mécaniques d'exécution ont été simplifiés. A l'application lente, successive et souvent inexacte des planches, on a substitué l'action rapide, continue et régulière du cylindre.

On a trouvé des agens chimiques qui ont le pouvoir de modifier la couleur, en la faisant tourner vers des nuances déterminées d'avance, ou de l'enlever tout-à-fait, de manière à reproduire le blanc sans altérer la solidité de l'étoffe. Ces agens chimiques, que, dans le langage des ateliers, on appelle des *rongeurs*, étant appliqués, par le moyen de la planche ou du cylindre, sur des toiles teintes à fond uni, y déterminent des dessins nuancés de diverses couleurs.

Par sa solidité, le rouge d'Andrinople se refusait à cette opération : on doit à M. *Daniel Kœchlin* de Mulhausen la découverte des moyens qui l'y ont assujetti.

Ces nouveaux procédés ont beaucoup contribué à accélérer le travail et à le rendre plus parfait.

M. Émile OBERCAMPF et compagnie, à Jouy.

La célèbre manufacture de Jouy, dont feu M. *Oberkampf* fut le fondateur, n'a point dégénéré dans les mains de ses enfans. Elle a même pris des accroissemens importans.

Le coton entre brut dans les établissemens, et en sort façonné en toiles peintes.

On a vu, à l'exposition, des toiles pour meubles qui, mises en place, produisaient à la vue l'effet des étoffes les plus riches. Cette idée a été heureusement exécutée; il n'y a que des éloges à donner au bon goût du dessin et au bon choix des nuances.

Les cotonnades blanches et le linge de table damassé, fabriqué en coton par la même compagnie dans ses établissemens d'Essone, sont d'une belle exécution et d'un beau blanc.

Le jury décerne à M. *Émile Oberkampf* fils et compagnie une médaille d'or.

MM. GROS-DAVILLIER, ROMAN et compagnie, à Wesserling et à Paris.

La manufacture de Wesserling est une des plus anciennes et des plus importantes du département. Elle réunit la filature et le tissage à l'impression.

Depuis plusieurs années, elle a beaucoup de succès dans les marchés étrangers, et elle y redoute peu de concurrens.

Elle a présenté un assortiment de toiles peintes qui prouvent que l'on y connaît parfaitement tous les procédés de la meilleure fabrication, et qu'on sait les employer avec goût.

Le jury décerne à MM. *Gros-Davillier, Roman et compagnie*, une médaille d'or.

MM. Nicolas KŒCHLIN et frères, à Mulhausen.

Leur fabrique joint à l'impression la filature et le tissage. Elle a envoyé à l'exposition des toiles fond rouge d'Andrinople, des châles en dessins de cachemire, fond noir et lilas, unis, avec palmes sur fond rouge d'Andrinople.

Le jury a remarqué avec un vif intérêt la beauté des rouges d'Andrinople, et l'heureux emploi du procédé d'enlevage de M. *Daniel Kœchlin*, l'un des chefs de cet établissement.

L'art d'imprimer les toiles de coton doit beaucoup de progrès à cette maison: la première manufacture de ce genre qui fut établie à Mulhausen, eut pour fondateur l'aïeul de MM. *Nicolas Kœchlin* et frères.

Le jury leur décerne une médaille d'or.

MM. HEILMANN frères et compagnie, de Mulhausen.

Les châles fond blanc à impression en rouge d'Andrinople, les perses et les foulards à fond blanc et fond jaune, qu'ils ont présentés, ont paru au jury des modèles de la plus belle impression.

Cette maison est la première qui ait fabriqué des châles fond blanc à impression, en rouge d'Andrinople.

Le jury décerne à MM. *Heilmann* frères et compagnie, une médaille d'or.

MM. HAUSSMANN frères, de Colmar.

Ces fabricans ont appliqué les premiers, et avec un plein succès, la gravure lithographique à l'impression sur les étoffes de soie, de laine et de coton. Leurs toiles imprimées se font remarquer par l'éclat et la solidité des couleurs, par la netteté et le bon goût des dessins.

L'art de la teinture et celui de l'impression sur toiles ont dû des progrès aux travaux de MM. *Haussmann.*

Le jury leur décerne une médaille d'or.

MM. DOLFUS-MIEG et compagnie, de Mulhausen.

Cette fabrique, déjà citée pour sa filature, a exposé des châles à fond amarante teint en cochenille, à fond noir garancé, d'une belle fabrication et présentant une grande variété de dessins. Le bon goût des impressions et l'éclat des couleurs justifient le succès que ces objets ont obtenu dans le commerce.

Le jury décerne à MM. *Dolfus-Mieg* et compagnie une médaille d'or.

MM. Jean HOFER et compagnie, de Mulhausen,

Ont exposé de très-beaux châles, sur-tout en couleur lapis, dont les fonds unis sont d'une grande perfection dans différentes nuances ; mérite qui suppose un rare talent de fabrication.

Le jury leur décerne une médaille d'or.

MM. Daniel SCHLUMBERGER et compagnie, de Logelbach, près Colmar.

Leurs impressions en fonds divers et en dessins variés dans ce qu'on appelle le genre lapis, ont paru au jury d'une très-belle exécution.

Il décerne à ces fabricans une médaille d'argent.

MM. KOHLER et MANTZ, de Mulhausen,

Ont présenté divers genres de châles d'un bon goût et bien exécutés.

Le jury leur a décerné une médaille d'argent.

MM. BLECH-FRIÈRES et compagnie, de Mulhausen,

Réunissent la filature, le tissage et l'impression. Les toiles bleu lapis qu'ils ont exposées sont bien exécutées et d'un bel effet.

Le jury leur a décerné une médaille d'argent.

MM. ZIEGLER-GLEUTER et compagnie, de Guebwiller.

Genre de lapis en impression très-bien fait, et châles d'une belle exécution.

Le jury leur décerne une médaille d'argent.

M. Henri BARBET, de Rouen,

A présenté à l'exposition des toiles peintes au cylindre et à la planche. La fabrication en est belle et soignée.

Le jury lui a décerné une médaille d'argent.

M. POUCHET fils, de Bolbec,

A produit des impressions dans le genre lapis, qui sont remarquables par leur beauté.

Le jury lui a décerné une médaille d'argent.

Médaille d'argent.

MM. KETTINGUER et fils, de Bolbec (Seine-inférieure),

Médailles de bronze.

Ont exposé des impressions faites au cylindre, et des toiles pour meubles à la planche. Tous ces objets sont d'une exécution soignée.

Le jury a décerné une médaille de bronze à MM. *Kettinguer* et fils.

MM. DELAHAYE et WILLIOT (François), de Bolbec,

Ont présenté des impressions à sujets, faites au cylindre, que le jury a vues avec intérêt. Il leur a décerné une médaille de bronze.

CHAPITRE XII.

CUIRS ET PEAUX.

SECTION I.re

Tannage.

Il existe en France de beaux et de nombreux établissemens de tannage; cependant peu de tanneurs se sont présentés à l'exposition. Il est à regretter qu'une branche d'industrie aussi importante ait négligé d'exposer ses produits. On a particulièrement remarqué qu'il y avait peu d'échantillons de cuirs forts pour semelles; vingt-trois fabricans seulement en ont présenté : un examen approfondi et comparatif de ces échantillons a fait reconnaître qu'ils sont en général bien tannés, et que quelques-uns le sont parfaitement.

L'art du tannage est fort avancé en France ; cependant il est vrai de dire que si cet art a reçu depuis environ trente ans des améliorations incontestables, elles sont antérieures à la dernière exposition. Les progrès n'ont pas été très-sensibles depuis 1806.

Médailles d'argent.

M. SALLERON (Claude), rue Saint-Hippolyte, n.º 10, à Paris.

La tannerie de M. Claude *Salleron* jouit depuis

long-temps d'une réputation justement méritée. Les cuirs à la jusée qu'il a présentés à l'exposition, sont parfaitement tannés et d'une excellente qualité.

Le jury lui a décerné une médaille d'argent.

M. CORNISSET (Pierre), de Sens.

Ce fabricant est cité par le jury du département de l'Yonne comme ayant trouvé le moyen d'abréger la durée du tannage sans nuire à la bonté du cuir.

Il a envoyé des échantillons de cuir de bœuf de qualité supérieure.

Le jury lui décerne une médaille d'argent.

———

M. SALLERON, de Longjumeau,

A envoyé des échantillons de cuirs à la jusée, de vache, lissés, et de veau blanc.

Le jury les a trouvé de bonne qualité, et a décerné une médaille de bronze à ce fabricant.

———

LE JURY a arrêté de mentionner honorablement

MM. SOUCIN et LAVOCAT, de Troyes;

M. ROUET-TRINCART, de Saint-Aignan,

Dont les produits annoncent des tanneries bien dirigées.

———

Citations.

LE JURY a arrêté que les fabricans dont les noms suivent seraient cités dans le rapport :

M. LIGNIÈRES et compagnie, de Toulouse ;

MM. DESTOUP et BENTALOU, de Toulouse ;

Pour leurs cuirs tannés à la garouille.

SECTION II.

Corroyage.

L'ART du corroyeur est pratiqué avec beaucoup de succès en France, et sur-tout à Paris.

Le jury a regretté que les corroyeurs aient montré aussi peu d'empressement que les tanneurs à mettre sous les yeux du public les produits de leur industrie ; cependant il a été dans le cas de distinguer des fabricans qui ont présenté des échantillons travaillés avec un grand mérite.

Médaille d'argent.

M. BRÉHIER, de Rennes,

A exposé une peau de vache lissée, parfaitement corroyée, et réunissant la beauté du cuir jaune pour sellerie, à la solidité du cuir lissé pour semelle. C'est un des plus beaux produits qu'on puisse obtenir dans ce genre.

Le jury a décerné à M. *Bréhier* une médaille d'argent.

LE JURY a arrêté qu'il serait fait une mention honorable et spéciale de

M. QUENNECHEN, rue des Audriettes, n.° 1, à Paris,

Qui a présenté un cuir corroyé, façon de Russie.

———

LE JURY fait mention honorable des fabriques de corroyage de

MM. PELLETREAU frères, de Château-Renaud (Indre-et-Loire),

M. PELLETREAU (Gratien), *id.*

M. GAUDRON (Emmanuel), *id.*

M. VALIN (Alexandre), *id.*

Pour le bon corroyage des cuirs qu'ils ont présentés.

———

LE JURY a arrêté de citer, dans son rapport,

M. LARGUEZE cadet, à Montpellier,

M. SALVIAT, à Bazas (Gironde),

Pour des peaux de veau bien corroyées.

SECTION III.

Chamoiserie, Mégisserie et Ganterie.

LES échantillons de peaux chamoisées n'ont pas été très-nombreux à l'exposition ; mais ils étaient parfaitement bien préparés. Ils ont été envoyés de la ville de Niort, depuis long-temps renommée pour la bonne chamoiserie.

On a remarqué avec peine que la ville de Grenoble, où la chamoiserie, la mégisserie et la ganterie forment des branches importantes de fabrication, n'a rien envoyé dans ce genre; on a le même regret à exprimer relativement à la ville de Paris, où la ganterie et la peausserie sont fabriquées avec une grande perfection.

Médaille de bronze.

M. MAIN, de Niort,

A exposé des peaux parfaitement chamoisées, et des gants de chamois très-bien faits.

Le jury lui a décerné une médaille de bronze.

Mentions honorables.

LE JURY fait mention honorable de

M. CHRISTIN, de Niort,

MM. TEXIER et BOUCHON, de la même ville,

Qui ont envoyé des gants bien faits, et des peaux bien mégissées.

M. DEGLESNE-COUSIN, d'Annonay (Ardèche),

Pour des gants parfaitement faits.

M. BOUDARD fils, de Chaumont (Haute-Marne),

Pour des gants très-bien teints.

M. Giraud, d'Annonay (Ardèche).

Mention honorable.

Le jury le mentionne honorablement pour des peaux mégissées, travaillées avec soin.

M. Lapaine, d'Annonay (Ardèche),

Citations.

M. Escomel (Pierre), d'Annonay,

M. Guérineau, de Poitiers,

M. Galhot, au Chaylar (Ardèche),

Sont cités pour leurs peaux mégissées.

SECTION IV.

Parcheminerie.

M. Lansot, de Coutances,

Mention honorable.

Fut cité avec éloge lors de l'exposition de 1806 ; il a présenté des parchemins parfaitement préparés, pour lesquels il mérite d'être honorablement mentionné.

SECTION V.

Maroquins.

La fabrication des maroquins s'est établie en France vers le commencement du XIX.ᵉ siècle. MM. *Fauler, Kempff* et compagnie, avaient formé à Choisy-le-Roi une manufacture dont ils présentèrent les produits à l'exposition de l'an 9 [1801].

Ces produits comparés aux plus beaux maroquins du Levant, et à ceux des fabriques d'Europe les plus estimées, furent trouvés supérieurs; en conséquence, une médaille d'or fut donnée à ces fabricans.

Depuis 1801, la fabrication des maroquins s'est propagée : il est facile de voir, à leur beauté et à leur prix, que cet art a fait des progrès véritables, et l'on est autorisé à penser que notre industrie a dans ce genre une supériorité décidée.

Médailles d'or. **M. MATLER, rue Censier, n.° 13, à Paris,**

Parut, pour la première fois, à l'exposition de 1806; ses maroquins lui méritèrent une médaille d'argent. Ceux qu'il a exposés cette année, sont ce qu'on a vu de plus parfait dans ce genre, sous le rapport des couleurs et sous celui de l'apprêt.

La beauté de ces produits est due aux excellens procédés de teinture employés par M. *Matler*, et à la perfection des machines dont il se sert pour donner la régularité au grain de ses peaux.

Les maroquins de M. *Matler* sont préférés par les artistes et les ouvriers qui les emploient, à ce que le commerce étranger fournit de plus beau; cependant ils sont vendus à des prix inférieurs.

Le jury a décerné une médaille d'or à M. *Matler*.

Médaille d'argent. **M. SCHMUCK, rue Censier, n.° 25,**

A exposé de beaux maroquins. Les produits de ce

fabricant sont avantageusement counus dans le commerce, qui a su en apprécier les qualités.

Le jury lui a décerné une médaille d'argent.

LE JURY fait mention honorable de

MM. GLAISER, rue Censier, n.º 37 ;

M. DESCLAUX, de Toulouse ;

M. OURY (Jacques), de Toulouse ;

A cause des maroquins qu'ils ont exposés et que le jury a vus avec satisfaction.

SECTION VI.

Cuirs vernis.

L'ART d'appliquer les vernis sur les cuirs a été créé, en France, depuis le commencement du siècle. Ses produits parurent, pour la première fois, à l'exposition de l'an X [1802]. Ils présentaient déjà un dégré très-satisfaisant de perfection, qui fit accorder une médaille d'argent aux fabricans. Ils reparurent à l'exposition de 1806, où ils furent encore distingués.

L'exposition de 1819 a prouvé que cet art n'a pas cessé d'être cultivé. Ses procédés ont été appliqués à fabriquer des papiers gaufrés ou maroquinés, à faire des tablettes couvertes d'enduits vernissés de couleur jaunâtre ou noire, sur lesquelles on peut écrire des caractères qui s'effacent à volonté et très-aisément. Ces perfectionnemens sont principalement dus à M. *Didier*, qui sera nommé ci-dessous. Il paraît constant que, dans ce genre, comme dans celui de maroquin, nos fabriques ont une supériorité véritable.

Médaille d'argent.

M. Didier, de Paris, rue de Montmorency, n.° 3,

Obtint, dès l'an 10, une médaille d'argent, et la même distinction en 1806.

Les produits de son art qu'il a exposés en 1819, prouvent qu'il en a sensiblement amélioré les procédés. Il a appliqué ses vernis, non-seulement au cuir, mais encore au papier et au feutre. Les ustensiles de ménage en cuir ou en feutre vernis, qu'il a présentés à l'exposition, sont parfaitement fabriqués.

Le jury s'empresserait de lui donner une médaille d'argent, s'il ne l'avait déjà obtenue.

Mention honorable.

Le jury fait mention honorable de

M. Delaloge, rue de Lorillon, n.° 27, à Paris,

Qui a présenté un cuir verni destiné à servir de tapis de table. Ce cuir est d'une souplesse remarquable. La guirlande de roses qui en orne le centre est bien exécutée.

SECTION VII.

Cordonnerie.

M. BOUCHER, rue de la Vrillière, n.° 2, à
 Paris,

Pour ses souliers dits *corte-claves.*

Ces chaussures sont bien faites et parfaitement clouées.

Citation.

CHAPITRE XIII.

PAPETERIE.

SECTION Ire

Papiers.

DE tous les pays de l'Europe, celui où l'art de la papeterie avait le plus de moyens de se développer, était sans doute la France, où la matière première est abondante ; cependant les beaux papiers nécessaires à notre consommation, ont été, pendant long-temps, tirés du dehors.

On reprochait à nos papiers d'être faiblement collés. La macération des chiffons était peut-être poussée à l'excès : cette opération rend le chiffon plus facile à triturer et donne une pâte plus blanche, plus moelleuse et un papier plus propre à l'impression de la gravure en taille-douce; mais, lorsque la macération a été prolongée trop long-temps, le papier est moins fort et plus difficile à coller. Nos papetiers se sont éclairés sur cette pratique ; et sans renoncer aux avantages que procure la macération, ils ont appris à la conduire de manière qu'elle n'influe pas désavantageusement sur la force du papier et sur le collage. Aujourd'hui, les produits de nos premières papeteries offrent une étoffe d'une belle pâte, d'une fabrication plus régulière, et ils sont très-bien collés. On commence, dans quelques fabriques, à coller à la cuve : il est probable que cette méthode, qui épargne de la main-d'œuvre, en augmentant la qualité du papier, se perfectionnera de plus en plus, et finira, avant peu d'années, par être généralement adoptée. Quoi qu'il en soit, les fabricans de papier doivent ne jamais perdre de vue que le collage est une opération de la plus haute importance pour leur réputation, et que c'est sur-tout d'après la manière dont elle a réussi, que leurs produits sont jugés par les consommateurs.

L'introduction en France des papiers superfins étrangers a excité l'émulation de nos fabricans : les prix très-favorables auxquels les consommateurs ont consenti de payer ces beaux produits, donnèrent aux chefs d'établissement l'assurance d'être indemnisés des frais d'une fabrication qui demandait des soins extraordinaires. On atteignit bientôt une perfection égale à celle des plus beaux papiers étrangers. On y parvint d'abord, il est vrai, en faisant des tours de force ; mais par l'effet de la pratique et de l'exercice, ces tours de force sont devenus une fabrication habituelle et courante.

L'art de la papeterie est évidemment dans un état de progression ; chaque année, les papiers que les manufactures mettent dans le commerce, se font remarquer par de meilleures qualités, et les procédés du travail se perfectionnent de jour en jour.

La première idée de faire le papier à la mécanique est née en France en 1798. M. *Robert* prit, à cette époque, un brevet d'invention pour une machine à faire du papier en grande dimension ; il obtint même un encouragement du Gouvernement : ce n'est qu'en 1811 qu'il a été formé un établissement où la fabrication courante est entretenue par des machines. C'est cet établissement dont on a vu au Louvre les papiers en grandes dimensions, qui attiraient l'attention du public, sans doute à cause de la nouveauté ; car la grandeur de dimension n'est pas l'objet principal de l'art.

Les produits de la fabrication par machines n'ont pas encore atteint, pour les qualités superfines, la perfection des papiers faits à la main par les ouvriers les plus habiles ; cependant il est vrai de dire qu'ils sont constamment bons pour les qualités les plus usuelles. Une émulation favorable aux progrès de l'art semble devoir s'établir entre les deux modes de travail. On sait que plusieurs artistes s'occupent avec succès du perfectionnement des machines, ou d'en créer de nouvelles. Il paraît certain, par exemple, que des mécaniciens sont parvenus à faire à la machine, par un procédé simple et sûr, du papier à vergeures. C'est une partie du problème qui n'avait pas été résolue, en France, jusqu'à présent.

––––––––

M. MONTGOLFIER, d'Annonay,

Médailles d'or.

Obtint en l'an 9 une médaille d'or, et reparut à la dernière exposition avec de nouveaux titres à la même distinction.

Il a présenté en 1819 une grande variété de papiers, et s'est montré supérieur dans toutes.

Le jury a sur-tout remarqué les papiers qui ont servi pour les belles éditions qui font tant d'honneur aux presses françaises. Il est demeuré convaincu que ces échantillons ne sont point les produits d'une fabrication extraordinaire, mais qu'ils représentent fidellement la fabrication courante de sa papeterie.

Le jury regarde M. *Montgolfier* comme méritant plus que jamais la médaille d'or qui lui a été décernée.

Médailles d'or.

M. JOHANNOT, d'Annonay.

A la dernière exposition, il obtint une médaille d'or.

Les papiers qu'il a exposés cette année, peuvent être cités avec ce que l'art de la papeterie a jamais produit de plus parfait, soit pour la beauté de la pâte, soit pour le soin de la fabrication et de l'apprêt, soit pour le collage.

Les papiers format tellière, qui ont été présentés comme des chefs-d'œuvre et non comme le produit d'une fabrication courante, ont été remarqués avec le plus grand intérêt; ce sont des échantillons de ce que d'habiles ouvriers peuvent faire avec de la belle matière.

Le jury s'empresserait de décerner à M. *Johannot* la médaille d'or, s'il ne l'avait déjà obtenue.

MM. CANSON frères

Ont envoyé à l'exposition un assortiment complet de papiers superfins, depuis le papier à lettres jusqu'aux papiers grand-aigle pour le lavis : on y a remarqué des papiers de diverses couleurs, des papiers à calquer, faits avec de la filasse ou du chiffon écru ; d'autres, faits avec la même matière, imitant le parchemin, et destinés aux relieurs.

Tous ces papiers, comparés aux plus beaux papiers étrangers, ne le cèdent sur aucun point, et l'emportent sur plusieurs. Les papiers à laver ont été essayés ; on a reconnu qu'ils sont parfaitement collés.

Le jury décerne une médaille d'or à MM. *Canson.*

Médailles d'argent.

MM. BERTE et GREVENICH, propriétaires des papeteries de Sorel et de Saussay (Eure-et-Loir).

Ces manufacturiers font le papier à la mécanique : ils sont les premiers en France, et jusqu'ici les seuls, qui aient établi ce genre de fabrication avec un certain développement ; ils pratiquent le collage à la cuve.

Les papiers de MM. *Berte et Grevenich* sont accueillis dans le commerce pour leurs qualités et leurs prix.

Le jury leur décerne une médaille d'argent.

M. DELAGARDE, propriétaire de la papeterie du Marais (Seine-et-Marne).

Les échantillons envoyés par cette manufacture n'ont pas été regardés comme un produit courant de fabrication ; cependant ils ont attiré l'attention du jury, par leur extrême perfection ; il y a vu la preuve que, si la fabrique du Marais n'était pas déterminée, par des convenances de commerce, à borner sa fabrication aux espèces communes, elle pourrait fournir les plus belles qualités de papiers.

Le jury a jugé ses produits dignes d'une médaille d'argent.

Médailles de bronze.

M. ODENT, de Courtalin.

Cette fabrique obtint, en l'an 9, une médaille de bronze, pour des papiers destinés à des billets de commerce, dont la contrefaçon était très-difficile. Depuis cette époque, elle s'est plus particulièrement adonnée à la fabrication courante ; elle a contribué aux progrès de la papeterie ; elle est une des premières qui aient reconnu la possibilité d'opérer le collage à la cuve, et qui l'aient tenté avec succès.

Le jury juge M. *Odent* toujours digne de la distinction qui lui a été accordée.

M. DÉSÉTABLES aîné, des Vaux-de-Vire (Calvados).

Ce fabricant fournit depuis long-temps aux fabriques de cotonades, pour empaqueter les étoffes, des papiers de couleur bien apprêtés, et qui remplacent ceux qu'on tirait autrefois de la Hollande pour le même service.

Ses papiers à dessiner, de diverses couleurs, sont très-recherchés, à cause de l'égalité de leur teinte, et de la qualité du grain, qui s'est suffisammnt conservée dans l'apprêt.

M. *Désétables* a aussi concouru au perfectionnement de l'art par l'invention d'une machine à faire le papier, particulièrement applicable aux petites fabriques.

Le jury lui décerne une médaille de bronze.

MM. LACOURADE et GEORGEON, au Moulin de la Courade, à Angoulême.

Les fabriques d'Angoulême sont très-recommandables, parce qu'elles fournissent à la consommation les papiers dont on fait le plus d'usage.

MM. *Lacourade* et *Georgeon* ont envoyé des papiers d'une très-belle pâte, bien fabriqués et bien apprêtés.

Le jury leur décerne une médaille de bronze.

K

LE JURY mentionne honorablement,

M. SERVE, au Vernet (Allier),
Pour avoir établi une papeterie.

Les fabricans d'Angoulême, .

M. LACROIX jeune,

MM. GAUDIN aîné et puîné,

M. LAROCHE puîné,

M. BRIEU (Jacques), de Castres,

M. COURT (Pierre), de Saint-Lizier (Ariége),
Pour la bonne qualité du papier qu'ils ont exposé.

SECTION II.

Cartons d'apprêt.

LES cartons dits d'apprêt servent pour donner le lustre au drap : on plie le drap de manière que chacune des parties de sa surface soit en contact avec celle du carton; et à l'aide d'une forte pression donnée à un certain degré de température, le drap reçoit le lustre, qui est le dernier apprêt et une opération essentielle ; car c'est une de celles qui influent le plus sur la détermination des acheteurs. Il n'y a pas plus d'un quart de siècle que nous tirions encore du dehors les cartons d'apprêt nécessaires à nos manufactures de draps. On doit voir avec satisfaction la fabrication de ces sortes de cartons s'établir dans diverses parties de la France.

M. Gentil (Philippe), de Vienne (Isère);

A présenté des cartons d'apprêt en pâte verte parfaitement fabriqués. Plusieurs qui sont faits avec du chiffon écru ou de la filasse, ressemblent à des cartons de parchemin, et peuvent les remplacer.

Le jury décerne à ce fabricant une médaille d'argent.

M. Douzals, de Montauban,

Obtint à la dernière exposition une médaille de troisième classe, pour des cartons très-bien préparés. Il en a présenté de nouveaux d'une grande dimension, parfaitement lisses, et offrant toutes les apparences de la solidité, quoique faits avec du chiffon pourri.

Le jury le juge digne de la même récompense, et lui décernerait la médaille de bronze, s'il ne l'avait déjà obtenue.

M. Caraillon-Gentil, de Nîmes.

Cette fabrique est présentée par le jury du département comme la première qui se soit occupée de la fabrication des cartons d'apprêt.

Le jury a vu avec satisfaction les échantillons envoyés par M. *Caraillon-Gentil.* Ils donnent une idée très-avantageuse de la bonté de sa fabrication.

Le jury lui décerne une médaille de bronze.

CHAPITRE XIV.

TAPISSERIES, TAPIS ET TENTURES.

SECTION I.re

Tapis.

LE prix des tapis ne résulte pas uniquement de la perfection du tissu, de la qualité des laines et de celle des teintures ; ce qui forme la décoration d'un tapis, les peintures plus ou moins riches qu'il représente, augmentent considérablement les frais de fabrication par les difficultés qu'elles apportent à l'exécution du tissage.

Depuis long-temps la France a produit des tapis admirables par leur solidité, par l'éclat des couleurs et par la richesse de leur décoration ; mais on n'arrivait à ces résultats qu'avec des dépenses telles, que ces tapis ont dû être exclusivement affectés à l'ameublement des maisons royales, et qu'il n'eût pas été possible de les mettre dans le commerce avec profit.

L'industrie particulière a cependant formé quelques établissemens où l'on est parvenu à des résultats à-peu-près égaux, par des moyens plus économiques. En même temps que ces manufactures fabriquaient des tapis assez riches pour l'ameublement des palais, elles savaient en produire de très-agréables qui, par la modération de leurs prix, convenaient aux fortunes particulières. Le jury pense cependant que la dépense de fabrication peut encore être diminuée, et il est persuadé que nos manufacturiers réussiront un jour à simplifier le travail et à exécuter plus rapidement les décorations du meilleur goût. Le premier fabricant qui atteindra ce but aura droit d'être distingué par une médaille d'or.

——————

M. SALLANDROUZE, rue des Vieilles-Audriettes, n.º 3,

Obtint en l'an 10 une médaille d'argent, et fut jugé digne de la même distinction à l'exposition de 1806.

Le grand tapis exposé cette année par ce fabricant, égale, pour le tissu et pour l'éclat des couleurs, les tapis de la Savonnerie.

Le jury regarde la manufacture de M. *Sallandrouze* comme la première manufacture particulière de ce genre, pour la variété de ses produits et pour leur perfection. Le jury a pensé qu'il était toujours digne de la médaille d'argent.

M. SANDRIN, rue Saint-Sabin, n.º 14, faubourg Saint-Antoine,

A présenté des étoffes brochées en point de tapisserie, et un métier propre à les exécuter. Ce moyen, qui simplifie considérablement la main-d'œuvre de la tapisserie, a paru important. Le jury a pensé qu'il devait être distingué d'une manière particulière, et il a décerné à M. *Sandrin* une médaille d'argent.

———

M. HECQUET D'ORVAL, d'Abbeville,

Obtint en l'an 10 une médaille de bronze, et, en 1806, fut jugé digne de la même distinction.

Sa fabrique de velours d'Utrecht et de moquettes, l'une des plus anciennes et des plus considérables qui existent en France, est toujours remarquable par l'étendue de son commerce, la bonne qualité et le bon goût de ses produits.

MM. BELLANGER et VAISON, rue d'Anjou-Saint-Honoré, n.° 9,

Ont exposé des moquettes, des tapis de pied, et des meubles en tapisserie imitant celle de Beauvais. Le bon goût du dessin et la perfection du travail déterminent le jury à décerner une médaille de bronze à ces fabricans.

SECTION II.

Papiers peints.

Nos fabriques de papiers peints sont arrivées à un haut degré de perfection. La France doit sa supériorité dans ce genre à la culture du dessin, qui est plus généralement entrée dans l'éducation des classes industrieuses, et dont la connaissance s'est répandue parmi les personnes aisées formant la classe des consommateurs, dont le jugement finit toujours par déterminer la direction que les fabricans donnent à leur travail. Cette supériorité se soutiendra tant que les fabricans continueront à consulter les artistes les plus distingués par la fécondité de leur imagination et la délicatesse de leur goût. Il faut aussi qu'ils sachent se contenir dans les limites prescrites à leur art, par l'espèce même des moyens dont il fait usage, et qui ne lui permettent de rivaliser avec la peinture que dans les imitations qui présentent peu de difficultés.

Une autre condition est imposée à cet art par la nature des matériaux qu'il emploie. Ils sont peu durables et sujets à des renouvellemens fréquens. On aime aussi à changer les tentures de papiers peints, ou parce qu'elles ont perdu leur fraîcheur, ou parce qu'elles sont passées de mode. Que les renouvellemens aient lieu par nécessité ou par choix, il est constant qu'on veut pouvoir les faire souvent; dès-lors il ne faut pas qu'ils entraînent à de trop grandes dépenses; on trouverait, à la longue, qu'il est plus économique d'avoir des tentures plus durables. Il faut donc éviter d'entreprendre les décorations dont l'exécution demande des frais de main-d'œuvre hors de proportion avec la durée du produit.

MM. JACQUEMART, rue de Montreuil, n.º 29.

Médailles d'argent.

Ces manufacturiers sont recommandables par l'excellente direction qu'ils ont donnée à leur fabrication. Le jury a examiné leurs livres d'échantillons; il a reconnu que tout est de bon goût et travaillé avec beaucoup de soin.

Médailles
d'argent.

MM. *Jacquemart* ont paru avec distinction aux expositions précédentes; ils ont obtenu une médaille d'argent à celle de 1806; c'est le plus haut degré de distinction accordé jusqu'ici à ce genre d'industrie. Parmi les perfectionnemens qui se font remarquer dans leurs productions exposées cette année par MM. *Jacquemart*, le jury a distingué un nouveau moyen d'imiter les ornemens en or, qui produit beaucoup d'effet. Il pense que cette fabrique est toujours très-digne de la distinction qui lui a été accordée en 1806.

M. DUFOUR, rue Beauvau, n.° 10,

A porté à un très-haut point de perfection le genre de la plus difficile exécution. Ses tableaux en grisaille ont le mérite d'être bien composés et d'un bon style.

Le jury lui décerne une médaille d'argent.

M. SIMON, rue de Hanovre, boulevart des Italiens,

A présenté des panneaux de diverses décorations composées dans le style antique, d'un très-bon goût et d'un grand effet. Ces décorations sont choisies avec discernement, et ne présentent rien qui excède les moyens de l'art qui doit les exécuter.

M. *Simon* avait déjà mérité une médaille de bronze à la dernière exposition : le jury trouve qu'il a fait des progrès marqués depuis cette époque; il lui décerne une médaille d'argent.

Médaille
de bronze.

M. ZUBER, à Rixheim (Haut-Rhin).

Ce fabricant semble s'être proposé de vaincre les

plus grandes difficultés que présente la fabrication des papiers peints. Il a exposé des paysages coloriés; ils sont très-bien composés, les couleurs en sont brillantes et solides. Le jury a remarqué avec satisfaction que ce mérite se retrouve dans tous les produits de la manufacture de Rixheim ; elle obtiendra les plus grands succès toutes les fois qu'elle emploiera ses moyens dans les limites de son art.

Cette fabrique a obtenu une médaille d'argent de deuxième classe à l'exposition de 1806 ; le jury déclare qu'elle est toujours digne de cette distinction.

— — —

Le jury arrête qu'il sera fait mention honorable des fabricans dont les noms suivent, pour leur témoigner la satisfaction avec laquelle il a vu les papiers peints qu'ils ont exposés : Mentions honorables.

M. Velai, à Paris, rue Lenoir, n.° 10, faubourg Saint-Antoine.

M. Richoud, à Saint-Genis-Laval (Rhône).

CHAPITRE XV.

ARTS MÉTALLURGIQUES.

Nous comprenons dans ce chapitre les arts qui préparent les métaux et les mettent dans un état convenable pour servir de matériaux à d'autres arts, mais sans les affecter à un usage déterminé.

Depuis l'exposition de 1806, les arts métallurgiques ont reçu des améliorations majeures, que le jury indiquera sommairement à mesure qu'il rendra compte des distinctions décernées aux hommes à qui sont dus des progrès aussi importans. Le souvenir de ces progrès, lié à celui de l'exposition de 1819, suffirait pour en faire une époque remarquable dans l'histoire de l'industrie française.

SECTION Ire

Préparation des Métaux.

ARTICLE Ier

Fer.

Cette partie de la métallurgie qui a pour objet le traitement et la préparation du fer, a fait des progrès marqués depuis la dernière exposition.

En 1806, il n'existait qu'une seule usine, celle du

Creusot, où les minerais de fer fussent fondus par le moyen de la houille carbonisée, dite *coke ;* et il n'en était aucune où l'on sût faire usage du fer *carbonaté terreux ,* espèce de minerai qui se trouve dans les houillères, et auquel certaines usines étrangères doivent leur célébrité, l'abondance et le bas prix de leurs produits. Nulle part, en France, ce précieux minerai n'était l'objet d'une exploitation, ni même d'une recherche sérieuse. On a vu à l'exposition, de la fonte grise obtenue en employant, parmi les minerais, du fer carbonaté sorti des houillères du département de la Loire. Cette méthode sera bientôt pratiquée avec plus de développemens dans de grands établissemens qui se forment pour cet objet. Il est également très-probable que bientôt on exécutera en grand, et dans un cours réglé de fabrication, le procédé d'affinage au fourneau de réverbère avec la houille brute, et qui est connu sous la dénomination *d'affinage anglais.* Ces deux innovations sont au nombre des améliorations les plus avantageuses qu'on puisse espérer. D'autres faits, sans avoir la même importance, indiquent un mouvement sensible de perfectionnement dans le travail métallurgique du fer.

Le jury départemental du Jura annonce que MM. *Lemyre,* maîtres de forges à Clairvaux, sont parvenus à obtenir constamment des fers très-doux en n'employant que des fontes aigres, par un procédé qui consiste à mêler avec la fonte une certaine quantité de minerai semblable à celui dont elle provient.

Dans le département de l'Isère, les forges catalanes commencent à remplacer un mode vicieux d'affinage. Dans celui de l'Allier, M. *Rambourg* fabrique des fers qui résistent aux plus fortes épreuves, tant à froid qu'à chaud. M. *Aubertot*, maître de forge à Vierzon, département du Cher, a adapté à ses hauts fourneaux et à ses affineries des fours à réverbères qui sont échauffés par le calorique superflu. A l'aide de cette disposition, ce calorique, qui aurait été perdu, est employé à chauffer les fers et les aciers pour d'autres manipulations.

Dans un grand nombre de forges, les soufflets à piston ont remplacé les anciens soufflets; mais de tous les perfectionnemens donnés aux moyens mécaniques, le plus remarquable, sans doute, est celui qui a été introduit, depuis deux ans, par M. *Dufaud*, ancien élève de l'école polytechnique, dans les forges de Grossouvre, département du Cher.

Au lieu de battre le fer au martinet pour le réduire en barres, on étire la loupe entre des cylindres de laminoir cannelés, suivant la forme que l'on veut donner aux barres. Cet appareil accélère considérablement le travail, et donne une grande précision dans les formes. Mais le procédé ne sera au *maximum* de son effet que lorsqu'on y aura joint des moyens d'affinage dont la célérité réponde à celle du travail mécanique, en sorte que les laminoirs ne soient jamais dans le cas de chômer : l'affinage au fourneau à réverbère, dont nous avons parlé ci-dessus, peut satisfaire à ces conditions. D'après le mouvement favorable qui se développe de tous côtés dans cette partie de l'industrie, il est extrêmement probable que bientôt nous aurons des forges où ces deux moyens puissans et expéditifs de travail seront combinés l'un avec l'autre.

Toute amélioration dans l'art qui a pour objet de préparer le fer, même celle qui pourrait paraître la plus légère, est nécessairement d'un grand intérêt. On compte en France environ trois cent cinquante hauts fourneaux, et quatre-vingt-dix-huit forges catalanes. Chaque année les hauts fourneaux produisent en fonte moulée à-peu-près 145,000 quintaux métriques, et en fer forgé 640,000 quintaux métriques. Les forges catalanes donnent à-peu-près 150,000 quintaux métriques de fer forgé. On sent qu'une amélioration qui fait sentir ses effets dans une aussi grande masse de produits, ne peut avoir que des résultats très-importans.

Des épreuves rigoureuses et multipliées convainquirent le jury de 1806 que la France était plus riche en bons fers qu'on ne l'avait cru jusqu'alors. L'exposition de 1819 offre un résultat aussi satisfaisant. Il faut cependant avouer qu'on reproche à nos fers d'être d'un prix beaucoup plus élevé que ceux des nations voisines; c'est un genre d'infériorité que nos maîtres de forges doivent s'appliquer à faire disparaître. Les progrès des arts métallurgiques en fournissent les moyens, et tout fait espérer que ce résultat ne se fera pas long-temps attendre.

MM. PAILLOT père et fils, et L'ABBÉ, aux forges de Grossouvre (Cher),

Médaille d'or.

Ont exposé un assortiment de fers en barres, et des lames à canons de fusil. Les barres de fer sont bien exécutées; la qualité du métal est très-bonne; il y a une parfaite homogénéité dans la matière. Ces fers ont été fabriqués par le procédé indiqué ci-dessus, qui consiste à étirer la loupe entre des cylindres de laminoir. Ils ont été soumis par le jury à des épreuves variées : on a toujours trouvé qu'ils avaient les mêmes qualités que les fers de la même usine fabriqués au martinet.

Les lames de canon ont été fabriquées au moyen d'une machine : elles sont plus régulières que celles qui sont faites par la méthode usitée. La machine en peut fabriquer mille par jour.

Le jury a décerné à MM. *Paillot* et *l'Abbé* une médaille d'or.

<hr>

Médaille d'argent.

MM. DE BLUMENSTEIN et FREREJEAN , de Vienne (Isère),

Ont présenté à l'exposition du fer affiné au fourneau de réverbère, par le moyen de la *houille* dite *charbon de terre*, suivant le procédé anglais; qui n'était pas encore employé en France, et de la fonte grise de fer obtenue par le moyen de la houille carbonisée dite *coke*, suivant le procédé connu, qui était déjà pratiqué en France dans l'usine du Creusot.

Le jury a trouvé ces produits de très-bonne qualité, et il a décerné à MM. *de Blumenstein* et *Frèrejean*, une médaille d'argent.

<hr>

Mentions honorables.

LE JURY a arrêté qu'il serait fait mention honorable des maîtres de forge dont les noms suivent :

M. RAMBOURG, à Saint-Bonnet-le-Désert, département de l'Allier.

Barres de fer d'une qualité supérieure. Ces fers sont remarquables par leur ténacité.

M. AUBERTOT, à Vierzon, département du Cher.

Fers de très-bonne qualité.

M. ROCHET, à Bèze, département de la Côte-d'Or.

Fers forgés et martinés.

MM. LEMYRE, à Clairvaux, département du Jura.

Fers affinés par un procédé perfectionné, qui a été indiqué ci-dessus.

M. CHAUFAILLE, à Coussac-Bonneval (Haute-Vienne).

Fer doux de très-bonne qualité.

M. DAGUIN aîné, à Auberive (Haute-Marne).

Bandes de fer bien martinées.

M. JACOT, à Bienville (Haute-Marne).

Barres de fer très-bien forgées.

M. IRROY, à Arc (Haute-Saone).

Fers en très-bonne qualité.

MM. ROYER, PAYAN et THÉRIAT, à Nogent-le-Rotrou (Eure-et-Loir).

Verges de fer très-bien fabriquées.

M. POULAIN, à Boutancourt (Ardennes).

Fer métis, fondu, platiné et laminé.

MM. COULEAUX frères, à Barenthal et Gresvillers (Bas-Rhin).

Fer bien fabriqué et de bonne qualité.

ARTICLE 2.

Acier.

Quoique l'art de fabriquer l'acier fût depuis long-temps pratiqué avec succès en Allemagne et en Angleterre, ce n'est, à proprement parler, qu'en 1786 qu'on a commencé à connaître la composition de l'acier, en quoi il diffère du fer, et ce qui constitue l'opération de la formation de l'acier. L'Europe dut cette connaissance à MM. *Berthollet, Monge* et *Vandermonde*, qui publièrent sur cette matière un travail important et qui a fait époque. La France fabriquait, à la vérité, de l'acier naturel; mais jusqu'alors elle était demeurée à-peu-près étrangère à la fabrication de l'acier cémenté et de l'acier fondu. Depuis il a été fait, pour établir cette industrie parmi nous, des entreprises qui ont eu des succès plus ou moins heureux.

On ne vit point d'échantillons d'acier à l'exposition de l'an 9 [1801]; il en fut présenté, mais en petit nombre, à celle de l'an 10 [1802]. Ils furent plus nombreux à l'exposition de 1806 : le jury les fit essayer par des artistes expérimentés dans l'art de la forge et dans l'emploi de l'acier; il fut reconnu qu'ils étaient généralement de bonne qualité, et qu'il y en avait plusieurs d'excellente. On put remarquer que les fabriques d'acier se multipliaient, et qu'elles n'affectaient pas de localité particulière; car on en trouvait dans des départemens qui appartenaient à des contrées éloignées les unes des autres, et faisant partie de l'ancien territoire de la France. On avait donc des motifs d'espérer que cette industrie ne tarderait pas à y être complétement établie; mais elle avait encore d'importans progrès à faire. On desirait que l'art de raffiner, l'acier naturel et l'acier cémenté et d'assortir constamment les différentes qualités pour les différens arts, devînt plus commun, plus sûr et plus économique. En examinant les aciers présentés par les fabricans français, on regrettait de n'y voir aucun échantillon d'acier fondu. On n'a commencé à le fabriquer avec quelque succès qu'en 1809; c'était dans le département de l'Ourte, qui a cessé de faire partie de la France.

L'exposition de 1819 a appris au public que l'important problème de la fabrication de l'acier a été complétement résolu par les fabricans français. Des aciéries établies dans vingt-un départemens, ont envoyé à l'exposition des échantillons d'aciers de toute espèce. Le mérite de ces produits, aussi variés qu'abondans, est constaté par le suffrage et par les commandes multipliées du commerce, aussi bien que par les épreuves auxquelles le jury les a fait soumettre, et dont il n'a pas cru devoir se dispenser, quoique sa conscience fût suffisamment éclairée par les savans rapports qui ont rendu compte des essais déjà faits par les ordres de l'administration des mines.

Aujourd'hui ce ne sont plus de simples tentatives; la fabrication est établie en grand et fournit abondamment aux besoins du commerce. Le jury aura occasion de rendre explicitement justice au mérite des différens établissemens. Il en est cependant un qui mérite de fixer particulièrement l'attention, c'est celui de la Bérardière, près de Saint-Étienne, département de la Loire, appartenant à M. *Milleret.* Cette fabrique, dont les produits sont déjà célèbres sous le nom d'aciers de *la Bérardière*, n'existe que depuis trois ans; elle doit le haut degré de perfection auquel elle est si rapidement parvenue, aux directions de M. *Beaunier*, ingénieur en chef des mines et directeur de l'école des mineurs établie à Saint-Étienne; qui a consacré à sa création une partie de son temps et les ressources qui résultent d'une culture approfondie des sciences, réunie au talent d'observer et de bien faire exécuter.

Le jury s'est félicité d'avoir un grand nombre de distinctions à décerner pour la fabrication des aciers et pour les arts qui en dépendent. L'industrie française présentait une lacune dans cette partie si importante; aujourd'hui cette lacune est remplie.

<table><tr><td>Médailles
d'or.</td><td>M. MILLERET, à la Bérardière, près de Saint-Étienne (Loire).</td></tr></table>

L'aciérie de la Bérardière fabrique toutes les espèces d'aciers connues dans le commerce, et des aciers qui lui sont propres; elle a envoyé à l'exposition un assortiment complet qui présente tous les aciers nécessaires aux arts, depuis l'acier naturel jusqu'à l'acier fondu et à l'acier raffiné propre à faire des burins, des limes et la coutellerie la plus fine.

Tous ces aciers ont été examinés avec soin, et

reconnus éminemment propres aux usages pour les-quels ils sont destinés. L'établissement de la Bérardière fabrique en grand : ses aciers sont recherchés ; il les livre à des prix modérés, et il a fait baisser les prix de quelques aciers précieux de l'étranger.

Le jury a décerné à M. *Milleret* une médaille d'or.

M. IRROY, à Arc près Gray (Haute-Saone) ;

A présenté des aciers de plusieurs variétés. Ces aciers ont été éprouvés et reconnus de qualité supérieure.

M. *Irroy* a été nommé ailleurs pour avoir exposé des limes, des faulx et faucilles, des scies, des aiguilles à coudre et à tricoter ; produits qui sont tous d'un mérite distingué.

Le jury a décerné à M. *Irroy* une médaille d'or.

M. DEQUENNE, à Raveau près la Charité (Nièvre) ;

MM. MONTMOUCEAU et DEQUENNE, à Orléans.

Cette maison a exposé des aciers cémentés qui ont été éprouvés par les ordres du jury, et qui ont été reconnus de très-bonne qualité.

Elle sera ultérieurement rappelée comme ayant fourni de bonnes limes.

Le jury a décerné à MM. *Dequenne* et *Montmouceau* une médaille d'or.

M. GRASSET, aux Forges de la Doué, près la Charité (Nièvre),

A présenté à l'exposition de l'acier naturel de qualité excellente, et qui prouve que ce fabricant est toujours digne de la médaille d'argent qui lui fut décernée par le jury, en 1806.

M. RUFFIÉ, maître de forges à Foix (Ariége),

A exposé des échantillons d'acier de bonne qualité; il sera ultérieurement rappelé pour des faulx et des limes d'une belle fabrication.

Le jury lui a décerné une médaille d'argent.

M. ROCHET, à Bèze (Côte-d'Or).

Ce maître de forges a envoyé à l'exposition de l'acier corroyé assorti, de l'acier brut, des barres d'acier, façon de Styrie, de très-bonne qualité; il y a joint des feuilles de tôle, des limes, tous objets bien exécutés.

Le jury lui décerne une médaille d'argent.

M. RIVALS-GINESTA, à Villemoustausson (Aude).

Le jury lui a décerné une médaille de bronze pour des barres d'acier d'une qualité satisfaisante. Ce fabricant a aussi exposé du fer laminé, des limes, produits en général bien fabriqués, pour lesquels il sera ultérieurement rappelé.

LE JURY a décidé qu'il serait fait mention honorable des fabricans dont les noms suivent :

MM. GARRIGOU, SANS et compagnie, de Toulouse,

Qui ont obtenu une médaille d'or pour la fabrication des faulx, ont aussi exposé de l'acier en barres
de très-bonne qualité.

M. FALLATIEU, à Montureux-lès-Gray (Haute-
Saone),

Qui a obtenu une médaille de bronze pour la fabrication du fer-blanc, a aussi exposé de l'acier corroyé et non corroyé de bonne qualité.

M. ROBIN-PEYRET, de Saint-Étienne (Loire).

Aciers cémentés, corroyés et fondus, bonne qualité,
très-bien appropriés aux divers besoins des arts.

M. GOBLET, aux Forges de Chaume, près la
Charité (Nièvre).

Acier naturel de très-bonne qualité.

M. JUDE DE LA JUDIE, à Champagnac
(Haute-Vienne).

Acier corroyé, d'une bonne fabrication et d'une
bonne qualité.

M. FLEUZAT-LESSART, à Chapelle-Montbran-
deix (Haute-Vienne).

Acier corroyé et naturel.

M. AUBERTOT, à Vierzon (Cher).

Acier d'une bonne fabrication et de bonne qualité.

M. SANS, à Pamiers (Ariége).

Échantillons d'acier de bonne qualité, bien fabriqué.

ARTICLE 3.

Laiton et Zinc.

La fabrication du laiton brut manquait totalement, en 1806, à l'ancien territoire de la France. Cet alliage s'obtient en combinant le cuivre rouge avec le zinc. Ce dernier métal, qui porte le nom de *calamine* quand il est à l'état d'oxide, était l'objet d'une grande exploitation dans les départemens de la Roer et de l'Oarte; mais quoiqu'on connût dans l'ancienne France quelques gîtes de minerai de zinc, nulle part on n'avait songé à les exploiter.

C'est vers l'année 1810 que la fabrication du laiton s'est naturalisée sur l'ancien territoire de la France. Avant cette époque, il avait existé une fabrique de ce genre à Landrichamp, dans les Ardennes; mais elle était sans activité, lorsque celle de Fromelenne fut fondée par M. *de Contamine.* Dans celle-ci, on faisait du laiton, et on traitait le zinc même au laminoir et à la filière; mais on était obligé de faire venir ce métal de Liége.

Aujourd'hui la fabrication du laiton brut est en activité dans plusieurs grandes usines. Néanmoins elle n'est pas encore assez étendue pour satisfaire à tous les besoins des arts français, et nous sommes encore obligés d'en tirer de l'étranger une quantité assez considérable.

Il a été fait, en 1818, des essais pour parvenir à remplacer la calamine, dont la France ne possède plus aucune exploitation, par la *blende* ou zinc sulfuré, que nous possédons en abondance, et dont jusqu'ici on n'avait fait aucun emploi. Ces expériences, entreprises sous les auspices de l'administration des mines, ont eu d'heureux résultats. On a vu, à l'exposition, du laiton brut fabriqué avec la blende en remplacement de la calamine. Le jury a vu ce produit avec une véritable satisfaction. Il a décerné, pour la fabrication du laiton et pour le traitement du zinc, les distinctions suivantes :

M. BOUCHER fils, de Rouen,

Médaille d'or.

Qui sera dans le cas d'être rappelé ailleurs pour du cuivre laminé et pour du fil de laiton, a présenté à l'exposition du laiton brut, noir et poli, produit nouveau en France, et d'une bonne qualité. Il a été fabriqué par M. *Boucher*, en remplaçant la calamine par la *blende* ou zinc sulfuré.

Le jury, en considération de ce résultat et des autres produits qui ont été mentionnés ci-dessus, a décerné à M. *Boucher* fils une médaille d'or.

M. SAILLARD aîné, rue de Clichy, à Paris,

Mention honorable.

A présenté du laiton, du zinc et des clous de zinc préparés dans sa manufacture de Rugles, département

de l'Eure. Il sera encore nommé, à l'article du laminage
et de la tréfilerie, comme ayant présenté des planches
et des fils des mêmes matières, produits pour lesquels
il a obtenu une médaille d'argent.

ARTICLE 4.

Platine.

Le platine réunit plusieurs propriétés qui le font
rechercher. De tous les métaux connus, il est celui dont
les changemens de température font le moins varier
les dimensions. Il s'oxide très-difficilement, et n'est
pas attaquable, par les acides le plus communément
employés dans les arts. Ces qualités le rendent très-
propre à être employé dans la construction des instrumens de précision, et à faire des vases et des creusets
pour les fabriques d'acide, pour les laboratoires de
chimie et pour la cuisine.

Dans l'état où le platine nous est apporté par le
commerce, il se trouve mêlé avec d'autres substances
métalliques qui altèrent sa pureté, et le rendent cassant
et difficile à travailler.

M. *Jeannety* est un des premiers qui aient mis dans
le commerce des ustensiles de platine : il présenta à
l'exposition de l'an 10 [1802]; des bijoux et des instrumens de chimie faits de ce métal ; mais tous ces
objets étaient dans des dimensions assez bornées.

M. *Bréant*, vérificateur des essais à la Monnaie, en
faisant des recherches sur ce métal, a trouvé un procédé de purification qui le rend facilement malléable.
Cette découverte a tellement fait baisser le prix des
ustensiles et des vases fabriqués en platine, qu'ils ont
été mis à la portée des fabricans. En considération de

ce service, M. *Bréant* a été placé par le jury au nombre des artistes qui ont contribué aux progrès de l'industrie.

Tous les objets en platine qui ont été mis à l'exposition de 1819, ont déjà reçu des formes qui les rendent propres à des destinations déterminées ; mais les objets dont il s'agit ont été exposés comme des résultats de l'art de purifier et de préparer ce métal, et comme une preuve du degré d'avancement auquel il est parvenu : c'est sur-tout comme produit de la métallurgie que nous devons les considérer.

___

MM. Cuoq et Couturier, de Paris, rue de Richelieu, n.° 107,

Médailles d'argent.

Ont exposé des vases, des capsules, des creusets et des cafetières en platine, d'une bonne fabrication, des médailles de platine fort belles, et du platine réduit en feuilles aussi minces que les feuilles d'or.

On a remarqué comme produit très-distingué, le grand vase fait en un seul morceau et pouvant contenir 200 litres.

Ils ont aussi présenté un vase de cuivre plaqué en platine parfaitement exécuté.

Ces fabricans ont mis le platine dans le commerce en grande quantité, et à des prix si modérés, que ce métal est aujourd'hui employé pour la construction des appareils dans les manufactures d'acide sulfurique. Ils font préparer en grand, par M. *Bréant*, le platine qu'ils emploient.

Le jury leur a décerné une médaille d'argent.

<table>
<tr><td>Médailles d'argent.</td><td>

MM. Jeannety fils et Chatenay, de Paris ; rue du Colombier, n.º 21,

</td></tr>
</table>

Ont présenté à l'exposition de la vaisselle et des bijoux en platine préparé par eux-mêmes ; on y a aussi vu de grandes règles faites en platine, qui sont destinées à transmettre à la Société royale de Londres et à l'Académie des sciences de Pétersbourg les étalons des mesures françaises.

Le jury a vu avec satisfaction que MM. *Jeannety fils et Chatenay* soutiennent avec honneur la bonne fabrication de platine établie par M. *Jeannety* père, et qu'ils ont amélioré les procédés de préparation qu'il employait.

Le jury a décerné à ces fabricans une médaille d'argent.

———

<table>
<tr><td>Médailles de bronze.</td><td>

M. Michaud-Labonté, de Paris, rue Neuve-Saint-Eustache, n.º 4,

</td></tr>
</table>

A présenté des capsules, des casseroles et d'autres vases plaqués en platine. Ce fabricant est le premier qui ait exécuté des vases de cuivre d'une grande dimension doublés en platine.

Le jury lui a décerné une médaille de bronze.

ARTICLE V.

Étain.

L'exploitation de l'étain est née en France depuis l'exposition de 1806 ; à cette époque la France n'en possédait aucune mine. Sur quelques indices recueillis à Vaulry, dans le département de la Haute-Vienne, et, plus tard, à Piriac, dans celui de la Loire-Inférieure, le Gouvernement y fit faire, à ses frais, par l'administration des mines, les recherches dont le résultat a été l'ouverture de deux mines qui donnent déjà quelques produits. Quand le minerai est traité avec soin, l'étain français ne le cède en rien à ceux de Banca et de Malacca.

Les produits des mines de Vaulry et de Piriac ont été présentés à l'exposition : à côté du minerai et du métal, on avait placé une glace étamée avec une feuille d'étain français ; elle était nette et brillante.

L'étain est un métal dont l'usage est très-répandu, et dont les applications dans les arts sont très-nombreuses et très-importantes ; on doit regarder la découverte de ce métal en France comme une acquisition précieuse. Le corps royal des mines s'est fait un titre réel à la reconnaissance publique en procurant à la France une substance dont on croyait jusqu'ici son sol entièrement dépourvu.

SECTION II.

Laminage.

La fabrication de la tôle avait peu d'étendue en France en 1806 ; aujourd'hui elle est en grande activité dans plusieurs départemens. On a vu à l'exposition des tôles envoyées par des établissemens formés dans les départemens de l'Aude, des Ardennes, de l'Isère, de la Nièvre, du Cher, du Doubs et de la Côte-d'Or. Dans plusieurs des établissemens de ce genre, l'usage du laminoir a été introduit avec le plus grand succès ; les progrès de cette fabrication ont été considérables.

On estimait, il y a cinq ans, que les usines françaises ne fournissaient pas le tiers de la tôle nécessaire à la France; aujourd'hui tout porte à croire que la France fabrique assez de tôle pour sa consommation, et ses produits de ce genre sont aussi recommandables par leur bonne qualité que par leur belle exécution.

A l'époque de la dernière exposition, l'art de fabriquer le fer-blanc n'était pas aussi avancé en France, et sur-tout aussi répandu qu'on pouvait le desirer. Les plus beaux échantillons qui parurent à cette exposition, avaient été envoyés par le département de l'Ourte, qui ne fait plus partie de la France.

Les nombreux échantillons de fer-blanc qu'a réunis l'exposition de 1819, prouvent que cette industrie a fait de très-grands progrès. L'influence de la bonne fabrication de la tôle sur celle du fer-blanc s'y manifeste d'une manière évidente.

Les fers-blancs mis à l'exposition ont été soumis à des examens comparatifs, sous le rapport du brillant, et à des épreuves difficiles à soutenir, sous le rapport de la ductilité. Le jury a reconnu que, sous tous ces rapports, ils sont d'excellente qualité, et que c'est à juste titre que nos manufactures de fer-blanc jouissent de la confiance du commerce.

Cette fabrication a pris un tel développement, qu'elle paraît dès-à-présent suffire aux besoins de la France.

ARTICLE 1.er

Tôles et Fers noirs.

MM. BOIGUES, DÉBLADIS et GUÉRIN, à Imphy (Nièvre).

Médaille d'or.

L'établissement d'Imphy présente un grand développement d'industrie.

Il sera nommé ailleurs pour la belle fabrication des planches de cuivre rouge, d'autres objets du même métal, et pour celle du fer-blanc. Outre ces produits, on y fabrique au laminoir des tôles noires en feuilles fortes et en feuilles légères ; ces dernières destinées à l'étamage. Il a fourni au département de la guerre et à celui de la marine, des tôles à grande dimension, dont le poids était de 100 kilogrammes par feuille.

Le jury a vu avec le plus grand intérêt les tôles exposées par la manufacture d'Imphy ; l'exécution en est belle et soignée, et elles sont de belle qualité : il a donné à MM. *Boigues, Débladis* et *Guérin* une médaille d'or.

M. FOUQUE, du Pont-Saint-Ours (Nièvre),

Médaille d'argent.

A exposé de la tôle laminée d'une bonne fabrication ; fers-blancs ternes, et fers noirs minces, et bien exécutés, par le moyen du laminoir.

Le jury a décerné à M. *Fouque* une médaille d'argent.

Mentions
honorables.

LE JURY a arrêté qu'il serait fait mention honorable des fabricans dont les désignations suivent, et qui ont exposé des tôles :

MM. BLUMENSTIER et FRÈREJEAN ,

Qui ont obtenu une médaille d'argent pour l'affinage du fer, ont aussi présenté à l'exposition des tôles d'une belle exécution.

M. AUBERTOT, à Vierzon (Cher).

Tôle bien fabriquée et de bonne qualité.

MM. SAGLIOT, HUMAN et compagnie, à Audincourt (Doubs).

Tôle laminée d'une belle exécution.

M. ROCHET, à Bèze (Côte-d'Or).

Feuilles de tôle bien fabriquées et de bonne qualité.

ARTICLE II.

Fer-blanc.

Médaille
d'or.

MM. MERTIAN frères , à Montataire (Oise).

Les manufactures de MM. *Mertian,* dont l'établissement est assez récent, ont déjà reçu un grand développement. Ils ont envoyé à l'exposition des fers-blancs unis , planés , exécutés au laminoir, qui sont de la plus belle fabrication et présentent un aspect d'un beau brillant. La ductilité de ces fers-blancs a été constatée par les épreuves les plus exactes; on les a soumis à l'emboutissage. Des feuilles ont été amenées à la forme de calottes hémisphériques, ou de pavillons de trompettes ; elles ont reçu cette forme sans se gercer ni se fendre.

Le jury a décerné à MM. *Mertian* une médaille d'or.

MM. BOIGUES, DÉBLADIS et GUÉRIN, à Imphy (Nièvre),

Qui ont obtenu une médaille d'or pour la fabrication des tôles et fers noirs, ont aussi exposé des fers-blancs qui ont été soumis à des épreuves réitérées qu'ils ont soutenues avec le plus grand succès.

———————

M. FALLATIEU, à Bains (Vosges),

A présenté à l'exposition du fer-blanc d'une exécution satisfaisante, et de bonne qualité.

M. *Fallatieu* est honorablement nommé ailleurs, pour des échantillons de bon acier de sa fabrication, et pour des fils de fer et d'acier.

Le jury lui a décerné une médaille de bronze.

MM. SAGLIOT, HUMAN et compagnie, à Audincourt (Doubs),

Ont exposé du fer-blanc en feuilles de bonne exécution, et de la tôle bien laminée.

Le jury leur a décerné une médaille de bronze.

———————

 LE JURY a arrêté qu'il serait fait mention honorable des fabricans dont les noms suivent :

MM. ROUYER et compagnie, à Carignan (Ardennes).

Fer-blanc d'une exécution satisfaisante, et d'une bonne qualité.

Mme veuve BUYER, à Ailevillers (Haute-Saone).

Fer-blanc d'une belle exécution et d'une bonne qualité.

M. DESPRETZ fils, à la Capelle (Aisne).

Fer-blanc d'une belle exécution et d'une bonne qualité.

ARTICLE 3.
Cuivre laminé.

Médaille d'or. **La fabrique de ROMILLY (Eure),**

A présenté des clous de cuivre et des feuilles à doublage. Parmi ces planches, deux se faisaient remarquer par leurs grandes dimensions, de plus de quatre mètres de long sur plus de deux mètres de large. Leur belle exécution prouve que le laminage du cuivre est poussé, dans cette usine, à un haut degré de perfection.

Le jury lui a décerné une médaille d'or : elle sera très-honorablement nommée ailleurs pour ses fils de laiton.

MM. Boigues, Débladis et Guérin, d'Imphy (Nièvre),

Ont fabriqué et exposé du cuivre rouge, des feuilles de cuivre pour doublage, et autres objets du même métal, qui auraient seuls donné lieu à décerner une médaille d'or, si elle n'était décernée ailleurs pour l'ensemble des fabrications d'Imphy.

M. Boucher fils, de Rouen,

A exposé du cuivre laminé pour le service de la marine et pour la chaudronnerie. La belle exécution de ces planches aurait suffi pour faire décerner à M. *Boucher* la médaille d'or qui lui a été accordée pour l'ensemble de ses produits.

MM. Mazarin père et fils, de Toulouse,

Sont mentionnés honorablement pour des planches de cuivre bien exécutées.

———————

ARTICLE. 4.

Zinc laminé.

M. Saillard aîné, rue de Clichy, à Paris.

Ce fabricant a présenté du zinc laminé à l'établissement qu'il a formé à Rugles, département de l'Eure. Les feuilles, d'une belle exécution, sont très-minces, flexibles, fort également tirées, et leur surface est bien lisse.

Le jury lui décerne une médaille d'argent.

———————

M

ARTICLE 5.

Plomb laminé.

Médaille
de bronze.

M. BOUCHER, de Paris, rue Béthizy, n.° 1.

Ouvrages en plomb laminé, bien exécutés. Feuilles de plomb de neuf pieds de large, d'une belle fabrication.

Le jury lui a décerné une médaille de bronze.

———

Mentions
honorables.

IL est fait mention honorable des fabricans dont les noms suivent :

MM. PAVALIER, à Marseille.

Tuyaux de plomb laminé sans soudure ; produits que les consommateurs préfèrent aux tuyaux soudés.

M. VERHELST, à Lille (Nord).

Tuyau de plomb d'une bonne exécution, fait au laminoir, sans soudure.

SECTION III.

Tréfilerie.

LA fabrication des fils de fer est depuis long-temps établie en France : celle des fils d'acier n'y est pas aussi ancienne ; M. *Mouchel*, de l'Aigle, département de l'Orne, en présenta, pour la première fois, à l'exposition de 1806, un assortiment où l'on trouvait des fils gradués pour tous les besoins des arts.

Les tréfileries françaises jouissent d'une grande réputation : les produits en fils de fer et en fils de laiton, qu'elles ont envoyés à l'exposition de 1819, sont tout-à-fait dignes de cette réputation et propres à y ajouter. Les fils d'acier sont de bonne qualité, et se perfectionnent tous les jours. La fabrication française, dans ce genre, excède les besoins de la consommation, et il s'en exporte à l'étranger.

M. MOUCHEL fils, à l'Aigle (Orne).

Médaille d'or.

A envoyé à l'exposition des fils de fer, d'acier, de cuivre, des aiguilles, et des cordes de piano ; le tout de la plus belle exécution.

La fabrication de M. *Mouchel* fils est considérable ; elle entretient en activité plus de trois cents ouvriers : ses produits sont vendus en France et à l'étranger. L'accroissement que cet établissement a pris prouve qu'il travaille à la satisfaction du commerce. Ses prix sont modérés et ses qualités très-bonnes.

M. *Mouchel* fils fut jugé digne d'une médaille d'argent à l'exposition de 1806. Le jury a trouvé que son industrie a fait des progrès depuis cette époque, et il lui a décerné une médaille d'or.

M.me FLEUR, à Lods (Doubs) ;

Médailles d'argent.

A présenté à l'exposition des fils de fer et de laiton de bonne qualité, qui prouvent que cette fabrication n'a pas cessé d'être digne de la médaille d'argent qui fut décernée par le jury de 1806 à M.me *Fleur.*

Médailles d'argent.

MM. MIGEON et DOMINÉ, maîtres de forges à Morvillars (Haut-Rhin),

Ont envoyé à l'exposition un assortiment complet de fils de fer fabriqués avec beaucoup de soin, sans morsure et d'une bonne qualité.

Le jury a décerné à MM. *Migeon* et *Dominé* une médaille d'argent.

Mentions honorables.

M. BOUCHER fils, à Rouen,

A présenté des fils de laiton dont la belle exécution a contribué à faire décerner une médaille d'or à ce fabricant pour cuivre et laiton. (*Voyez* pag. 167 et 177).

La Fabrique dè Romilly (Eure),

Qui a obtenu une médaille d'or pour des cuivres laminés, a exposé en même temps des fils en fer, en acier et en laiton, qui sont très-bien fabriqués.

M. FALLATIEU, à Bains (Vosges),

Qui a obtenu une médaille de bronze pour la fabrication du fer-blanc, et qui a été ailleurs nommé pour la fabrication de l'acier, a aussi présenté des fils d'acier et de fer, de bonne qualité et bien fabriqués, qui méritent d'être très-honorablement mentionnés.

M. le Baron DE CONTAMINES (Ardennes).

Fils de laiton bien fabriqués et de bonne qualité.

M. SAILLARD aîné, à Rugles (Eure).

Fils de laiton bien fabriqués et de bonne qualité.

CHAPITRE XVI.

FABRICATION D'OUTILS.

SECTION Ire

Limes et Râpes.

LA fabrication des limes n'est pas ancienne en France; il y a moins de quarante ans qu'elle y était à peine connue, et nos produits dans ce genre étaient très-imparfaits. Des tentatives furent d'abord faites pour en établir des fabriques à Amboise et à Soupes près Nemours; mais ces entreprises n'eurent que des succès incertains. Les limes qu'elles produisirent ne furent pas très-recherchées dans le commerce.

M. *Raoul* est le premier qui ait établi en France une fabrication suivie de limes, dont les produits aient joui d'une véritable estime. Il en présenta à l'exposition de l'an 6 [1798], qui furent trouvées d'une excellente qualité; il parut aux expositions de l'an 9 [1801], et de l'an 10 [1802], avec des produits d'une perfection toujours croissante.

A l'exposition de 1806, des limes furent envoyées par les départemens d'Indre-et-Loire, du Calvados, de l'Ourte, et par l'école des arts et métiers alors établie à Compiègne; elles étaient bien taillées et de bonne qualité. Cependant le jury se borna à les distinguer par une médaille d'argent, et par trois mentions honorables. En agissant avec cette réserve, il indiquait assez qu'il attendait de nouveaux progrès. Son attente n'a point été trompée : l'exposition de 1819 a prouvé que la fabrication des limes a pris de grands accroissemens, et qu'elle s'est perfectionnée. La qualité des limes s'est améliorée en proportion des progrès que l'on a faits dans l'art de préparer l'acier, et la taille est devenue plus correcte.

Les limes et les râpes présentées à l'exposition de 1819 ont été envoyées par les départemens de l'Isère, de la Haute-Saone, de l'Aude, du Loiret, de l'Ariége, de la Haute-Garonne, de la Côte-d'Or, d'Indre-et-Loire, de la Loire, de la Marne et de la Seine.

Le jury a fait soumettre toutes ces limes à des épreuves multipliées, et il s'est assuré qu'il n'y en a aucune qui ne soit de très-bonne qualité.

Médaille d'or.

M. SAINT-BRIS, à Amboise (Indre-et-Loire).

On doit à la manufacture d'Amboise d'avoir créé en France l'industrie de la fabrication des limes, il y a environ trente-cinq ans. Les limes et les râpes qu'elle a envoyées à l'exposition de 1819, sont de bonne qualité. Les limes se distinguent par une belle taille. Cet établissement fut jugé digne d'une médaille d'argent à l'exposition de 1806; depuis cette époque, il a presque décuplé ses produits annuels, circonstance qui prouve que leurs qualités conviennent de plus en plus aux consommateurs.

Le jury a décerné une médaille d'or à M. *Saint-Bris.*

MM. MONTMOUCEAU et DEQUENNE, à Or-
léans, Mentions honorables.

Qui ont obtenu une médaille d'or pour la fabrication de l'acier, ont aussi présenté des limes sur étoffes
d'acier fondu, qui sont de première qualité.

MM. GARRIGOU, SANS et compagnie, à Toulouse (Haute-Garonne),

Qui ont obtenu une médaille d'or pour la fabrication des faulx, ont mis à l'exposition des limes de leur
fabrique, qui sont d'excellente qualité.

ÉCOLE ROYALE D'ARTS ET MÉTIERS, à Châlons-
sur-Marne.

Cette école a obtenu une médaille d'or pour l'ensemble de ses produits, parmi lesquels se trouvaient
des limes bien fabriquées.

M. IRROY, à Arc près Gray (Haute-Saone),

Qui a obtenu une médaille d'or pour l'acier, a
aussi exposé de bonnes limes de sa fabrication.

M. RUFFIÉ, à Foix (Ariége),

Qui a obtenu une médaille d'argent pour des aciers
de sa fabrication, a présenté des limes de bonne
qualité.

M. ROCHET, à Bèze (Côte-d'Or),

Qui a obtenu une médaille d'argent pour des aciers

qu'il a fabriqués, a aussi exposé des limes d'une bonne
qualité.

M. RIVALS – GINCLA, à Viliemoustauson (Aude),

Qui a obtenu une médaille de bronze pour des
aciers, a aussi exposé des limes de sa fabrication.

———————

LE JURY a jugé digne de la mention honorable,

M. CONTAMINE, de Paris, rue du Faubourg-Saint-Antoine, n.° 105,

Qui est parvenu à fabriquer des râpes de différentes formes et grandeurs, à l'usage des sculpteurs
statuaires et des sculpteurs en bois. Ses râpes ont la
propriété de résister long-temps, de ne point rayer
en usant les surfaces, et de se ployer quoique trem-
pées, qualité qui leur fait donner la préférence, par
les artistes, aux râpes qu'ils tiraient d'Italie pour le
même usage.

SECTION II.

Faulx et Faucilles.

DEPUIS long-temps on desirait voir s'établir en
France la fabrication des faulx. Quelques efforts pour
obtenir ce résultat furent faits, en 1794 et 1795, par
la commission d'agriculture et des arts. Des faulx
furent présentées à l'exposition de l'an 10 [1802] par
M. *Bornèque* l'aîné, fabricant à Bischwillers, qui

fut honorablement mentionné. Insensiblement cette industrie prenait de l'essor; et la fabrication des faulx, que plusieurs pays étrangers avaient long-temps regardée comme le patrimoine de leurs habitans, commença, en l'année 1806, à offrir des résultats satisfaisans. Les départemens des Vosges, du Jura, du Haut-Rhin, de la Moselle, du Doubs et des Hautes-Alpes, envoyèrent à l'exposition des produits en faulx et faucilles, qui méritèrent d'être distingués par des médailles d'or ou d'argent, et par des mentions honorables. Cependant on ne pouvait se dissimuler que les progrès de l'art de fabriquer les faulx étaient subordonnés à ceux de l'art de faire l'acier. Nous voyons effectivement que ces deux industries sont presque toujours réunies dans les mêmes mains, et qu'elles se sont développées en même temps pour se montrer ensemble, à l'exposition de 1819, sous un aspect également florissant. Les faulx et les faucilles qu'on y a vues ont été envoyées par les départemens de l'Isère, du Calvados, de l'Ariége, de la Haute-Garonne, du Doubs et de la Haute-Saone.

On peut se faire une idée de la rapidité et de la grandeur des accroissemens de cette fabrication, par le fait suivant : on estimait en 1816 et 1817 qu'il ne se fabriquait dans toute la France que soixante-douze mille faulx par an; aujourd'hui la fabrique seule de MM. *Garrigou*, à Toulouse, en fabrique cinquante mille. L'état progressif de cette branche nouvelle d'industrie fait espérer que les fabriques françaises suffiront prochainement à nos besoins, et qu'elles feront bientôt cesser l'importation des faulx étrangères.

MM. GARRIGOU, SANS et compagnie, à Toulouse,

Réunissent la fabrication des faulx à celle des limes et à celle de l'acier : ils ont été précédemment nommés de la manière la plus honorable, à raison de ces deux industries. L'accueil que le public fait aux produits de leur manufacture, lui a permis de prendre un grand développement en peu d'années.

Ils ont présenté à l'exposition des faulx et des faucilles d'une belle exécution, et dont la bonne qualité, constatée par diverses épreuves, justifie l'estime dont elles jouissent dans le commerce.

Le jury a décerné à MM. *Garrigou*, *Sans* et compagnie, une médaille d'or.

M. IRROY, à Arc, près Gray (Haute-Saone),

Qui a obtenu une médaille d'or pour la fabrication de l'acier, et qui a été nommé ailleurs pour la fabrication des limes et des aciers, a aussi exposé une faulx à lame de rechange, qui mérite d'être distinguée.

M. RUFFIÉ, à Foix (Ariége),

Qui a obtenu une médaille d'argent pour la fabrication de l'acier, et qui a été nommé ailleurs pour la fabrication des limes, a aussi présenté à l'exposition des faulx très-bien fabriquées.

Le JURY a décidé qu'il serait fait mention honorable des fabricans ci-après désignés, en témoignage de

la satisfaction avec laquelle il a vu des faulx qu'ils ont Mentions honorables.
exposées, et qui sont très-bien fabriquées :

M. BIRON, à Fourvoierie-en-Chartreuse (Isère).

M. DELANOS, à Saint-Manvieu (Calvados).

MM. BOBILLIERS et NICOD, à la Grand'Combe (Doubs).

SECTION III.

Scies et Outils de fer et d'acier.

ON peut mettre la fabrication des scies au nombre des nouvelles acquisitions de l'industrie française. Comme la fabrication des limes et comme celle des faulx, elle se ressent de la perfection à laquelle on est parvenu, depuis quelques années, dans la préparation de l'acier. On voit la preuve des progrès que la fabrication des scies a faits parmi nous, dans les articles de ce genre envoyés par les départemens de la Haute-Saone, de la Loire et du Bas-Rhin.

Il a été formé, vers la fin de 1817, à Molsheim, dans le département du Bas-Rhin, par MM. *Coulaux* frères, entrepreneurs de la manufacture d'armes de Klingenthal, un établissement dans lequel la fabrication des outils de menuiserie, et d'autres outils en fer et en acier, est unie à la fabrication des scies. Ils ont appelé à Molsheim une colonie d'habitans des pays qui sont en possession de fournir, avec le plus de succès, tous ces objets au commerce. Cette colonie comptait, dans son principe, trente-six maîtres et douze compagnons. Au 10 juillet 1819, elle avait déjà été augmentée de quatre-vingt-dix ouvriers français, précédemment employés dans les manufactures d'armes blanches de Mutzig et de Klingenthal, et qui étaient devenus inutiles par la réduction des commandes d'armes au pied de paix. C'est une opération très-judicieuse que l'établissement, dans le voisinage l'une de l'autre, de deux fabrications, entre les procédés desquelles il existe une grande analogie, dont l'une a sa plus grande activité dans les temps de guerre, et l'autre tire toute la sienne des arts que la paix fait fleurir. Si des changemens de circonstances exigent que l'un des établissemens augmente ou diminue le nombre de ses ouvriers, l'autre pourra lui donner les renforts nécessaires ou recevoir son excédant : ce n'est pas une idée moins heureuse que d'avoir établi une fabrique de coutellerie dans les bâtimens de Klingenthal, devenus vacans par la réduction de la fabrication des armes.

Les outils de Molsheim, qu'on a vus à l'exposition, sont très-bien fabriqués, de bonne qualité, et livrés au commerce à des prix modérés. Cet établissement, ainsi que celui de Klingenthal, sont dignes de toute la protection du Gouvernement.

Médaille d'or.

MM. Coulaux frères, à Molsheim, à Barenthal, à Genswiller et à Klingenthal (Bas-Rhin),

Ont exposé de belles scies très-bien exécutées et d'excellente qualité, fabriquées à leur établissement de Molsheim. Ces fabricans se sont mis, dès l'origine, en état de soutenir la concurrence des industries étrangères les plus renommées dans le même genre.

MM. *Coulaux* ont aussi présenté des armes blanches de diverses sortes et de première qualité; des outils de tout genre, des objets de quincaillerie *grosse et petite* et de coutellerie, dont ils ont récemment établi la fabrication avec le plus grand succès, et qu'ils livrent au commerce à des prix modérés.

MM. *Coulaux* ont obtenu une médaille d'or à l'exposition de 1806 pour la fabrication des armes blanches.

Le jury les a jugés dignes d'une nouvelle médaille d'or pour la beauté des scies et les qualités des objets qui viennent d'être énumérés.

———

M. IRROY, à Arc près Gray (Haute-Saone),

Qui a obtenu une médaille d'or pour la fabrication de l'acier, a aussi exposé des scies bien fabriquées, d'un prix modique.

M. JOURJON, à Saint-Étienne (Loire).

Scies et lames de scies d'acier fondu, d'une belle exécution.

———

SECTION IV.

Outils divers.

Médailles
d'argent. **M. D'HERBECOURT**, de Paris, rue du Monceau, n.° 6, à l'Orme Saint-Gervais,

A présenté des assortimens d'outils de tout genre à l'usage des charrons, des charpentiers, des menuisiers, des ébénistes, des tonneliers, des sabotiers, des jardiniers, &c. &c. Ces outils, provenant de sa fabrique, sont bien exécutés, d'un prix peu élevé et d'une très-bonne qualité.

Le jury lui a décerné une médaille d'argent.

MM. BOILEVIN, de Badonvillers (Meurthe),

Ont présenté à l'exposition des alènes pour cordonniers, &c., d'une bonne fabrication et d'un grand débit.

Le jury leur a décerné une médaille d'argent.

MM. LETIXERANT et compagnie, de Marseille.

Assortiment d'alènes, qui prouve que cette fabrication importante a fait des progrès en France.

Le jury a décerné à MM. *Letixerant* et compagnie, une médaille d'argent.

M. HURET, ingénieur mécanicien du gardemeuble, rue des Grands-Augustins, n.° 5,

A présenté un compas de son invention, propre à

tracer des spirales ou volutes, qui est parfaitement combiné, et forme un instrument nouveau.

Il a aussi exposé des fermetures à combinaisons et à garnitures mobiles, et des serrures de porte-feuilles, qui sont d'une belle exécution et très-bien conçues.

Le jury lui décerne une médaille d'argent.

M. IRROY, d'Arc (Haute-Saone),

Qui a obtenu une médaille d'or pour la fabrication de l'acier, a aussi présenté des aiguilles à coudre et à tricoter, d'une exécution louable et digne d'encouragement.

M. MOUCHEL, à l'Aigle (Orne),

A envoyé à l'exposition des aiguilles à coudre d'une exécution louable. C'est le même fabricant qui a obtenu une médaille d'or pour la tréfilerie en laiton, fer et acier.

Mentions honorables.

CHAPITRE XVII.

ARMES.

SECTION Ire

Armes à feu.

Mentions honorables. LE JURY a décidé qu'il serait fait mention honorable des fabriques et des arquebusiers dont les noms suivent :

LA MANUFACTURE ROYALE, à Tulle (Corrèze).

Fusil de munition, platines de mousqueton et de fusil de munition.

M. LEPAGE, rue de Richelieu, n.º 13 , à Paris.

Fusils à quatre coups et à deux coups, garnis en platine; fusils à percussion, d'une construction particulière. Ces armes sont très-soignées et d'une belle exécution. La fabrique de M. *Lepage* jouit d'une grande réputation.

M. PRELAT, à Paris, rue de la Paix, n.º 26,

A exposé plusieurs fusils, entre autres des fusils à percussion connus sous le nom de *fusils à foudre,* à raison de la rapidité du départ de la décharge et de la figure que décrit le feu. Les armes de M. *Prelat* sont très-recherchées. Mentions honorables.

M. Roux (Henri), boulevart Montmartre, n.° 10.

Il a exposé des fusils de chasse et des pistolets à percussion, connus sous le nom de *fusils à la pauly.* Il les a perfectionnés, et cependant il en a baissé le prix. Il a aussi amélioré la composition de l'amorce.

M. Cessier, de Saint-Étienne (Loire).

Fusils et pistolets avec leurs nécessaires, fort bien exécutés. La fabrication d'armes doit des perfectionnemens à M. *Cessier.*

M. Delamotte, de Saint-Étienne (Loire).

Un fusil remarquable par sa belle exécution.

SECTION II.

Armes blanches.

MM. Coulaux frères, à Klingenthal (Bas-Rhin), Médaille d'or.

Ont envoyé à l'exposition des armes blanches dont la bonne qualité et la belle fabrication prouvent que cette célèbre manufacture, qui fournit en ce genre tout l'armement de l'armée française, n'a pas

N

cessé d'être digne de la médaille d'or qui lui fut décernée en 1806.

MM. *Coulaux* ont mérité une autre médaille d'or
pour la fabrication des scies et des outils.

Médaille de bronze. M. BOGGIO (Marcellin), à Saint-Étienne (Loire),

A présenté des lames de fleuret d'une fabrication
satisfaisante.

Le jury lui décerne une médaille de bronze.

Mention honorable. M.me DE GRAND-GUBJEY, à Marseille,

A présenté des armes blanches en damas d'une
belle exécution.

Il en est fait mention honorable.

CHAPITRE XVIII.

QUINCAILLERIE.

SECTION Ire

Ustensiles en fonte de fer.

M. BARADELLE, de Paris,

A présenté des ustensiles, des outils, des clous, des pièces de machine, des couverts de table &c. en fonte de fer douce; produits qui surpassent tout ce qu'on avait fait jusqu'ici en France dans le même genre.

M. WURTZ, à Strasbourg,

A envoyé à l'exposition des vases de fonte de fer émaillés, qui résistent au feu et aux variations de température.

Le jury a décerné à chacun de ces fabricans une médaille d'argent.

La Forge de Creutzwald (Moselle),

A été jugée digne d'une médaille de bronze, pour des fourneaux, des braisières et d'autres objets en fonte de fer, moulés avec beaucoup de netteté, et d'une bonne forme. Les épaisseurs ont été réglées à la fonte, de manière à être réduites à ce qui est nécessaire pour la solidité.

LE JURY a décidé qu'il serait fait mention honorable des fabricans dont les noms suivent :

M. MEUTZER, à Paris, rue de l'Oursine, n.° 90.

Mortiers en fonte de fer douce, bien traités au tour et d'un beau poli.

M. ROCHET, à Bèze (Côte-d'Or).

Socs de charrue et roues en fonte de fer, d'une bonne exécution.

M. GOUPIL, à Dampierre (Eure-et-Loir).

Ouvrages et ustensiles en fonte de fer, d'une bonne fabrication.

M. DUMAS fils, de Paris, rue Traversière-Saint-Antoine.

Assortiment de roulettes.

Roulettes en fonte faites sur de nouveaux modèles, exécutées avec soin, solides, très-mobiles, et à des prix modérés.

SECTION II.

Clouterie.

M. FONTAINE, d'Authie (Somme).

Médaille de bronze.

Clous de toute espèce et de toutes dimensions, très-bien fabriqués et très-remarquables par la modération des prix.

Le jury lui décerne une médaille de bronze.

MM. LEMYRE, de Clervaux (Jura),

Mention honorable.

Ont présenté un assortiment complet de clous découpés et dont la tête a été frappée à froid par machine.

Le jury en fait mention honorable.

SECTION III.

Serrurerie.

M. OLIVE, aux Escarbotins (Somme), et à Paris, rue de la Tixeranderie, n.° 15.

Médailles d'argent.

Ce fabricant a déjà paru aux expositions de 1801 et de 1806, et toujours avec distinction. A la dernière, il mérita une médaille d'argent.

Le jury de 1806, remarqua que la fabrique des Escarbotins soutenait avec avantage la concurrence des fabriques étrangères, que ses prix étaient inférieurs à ceux d'Allemagne, et ses ouvrages plus parfaits.

Cette fabrique compte un nombre considérable d'ouvriers disséminés dans les habitations rurales ; elle approvisionne la ville de Paris et une grande partie de la France.

Le jury a vu avec une satisfaction véritable la bonté toujours soutenue des ouvrages de cette fabrique, et il s'empresse de déclarer que M. *Olive* lui paraît toujours digne de la médaille d'argent qu'il a obtenue en 1806.

M. RIVERY LE JOILLE, à Woincourt (Somme),

Est un des principaux fabricans des Escarbotins. Il a présenté un assortiment nombreux de pièces de serrurerie, telles qu'entrées, cadenas, verroux, targettes, serrures en bois et serrures en fer de divers modèles et de divers degrés de finesse.

Ces objets ont été fabriqués sous la direction de M. *Rivery*, et quelques-uns sont de son invention. Le jury a reconnu dans ces objets ce qui distingue la fabrication des Escarbotins, une exécution soignée et la modération du prix.

M. *Rivery* a aussi présenté des cardes et des systèmes de cylindres cannelés, bien faits et à des prix modérés.

Le jury a décerné à M. *Rivery* une médaille d'argent.

M. GEORGET, de Paris, rue de Castiglione, n.º 6,

A présenté divers modèles de serrures à combi-

naison, ingénieusement conçues et artistement fabriquées.

Parmi les objets qu'il a exposés, on distinguait un
coffre de fer ciselé, du plus beau travail.

Le jury lui a décerné une médaille d'argent.

M. RÉGNIER, ingénieur-mécanicien, rue du Colombier, n.º 30, à Paris,

A présenté une collection de machines et divers
instrumens dès long-temps connus du public, et adoptés pour un grand nombre d'usages intéressans.

Parmi ces objets se trouvaient des serrures et des
cadenas à combinaison, des serrures de sûreté à petites
clefs et incrochetables, un secrétaire avec une ferme-
ture pour mettre les papiers à l'abri de l'indiscrétion.

Le jury a vu avec satisfaction les produits du génie
inventif d'un artiste dont la réputation est faite depuis
long-temps, et dont toute la vie a été consacrée au
progrès des arts.

Le jury a décidé qu'il serait spécialement et très-
honorablement mentionné au rapport.

M. RIVER aîné, rue Porte-Foin, au Marais,

A été jugé digne d'être mentionné honorablement
pour de nouvelles serrures de son invention, d'un
prix modique, faciles à poser à cause de leur forme
circulaire, et dont la garniture simple, y compris la
clef, est fabriquée, par des moyens mécaniques, avec
une perfection qu'on ne saurait obtenir de la main
des ouvriers les plus adroits.

SECTION IV.

Coutellerie.

Mentions.
honorables. LE JURY a arrêté qu'il serait fait mention honorable des fabricans dont la désignation suit :

M. SIR-HENRI, coutelier de la faculté de Médecine, place de l'Ecole de Médecine, n.° 6, à Paris.

M. GRANGERET, rue des Saints-Pères, n.° 45, à Paris.

M. SÉNÉCHAL, rue des Arcis, n.° 29, à Paris,

Pour l'excellence de leur coutellerie à l'usage de la chirurgie.

M. PEIN, à Châlons-sur-Marne,

Pour des ciseaux fabriqués au moyen du découpoir et du balancier. Ses prix sont inférieurs à ceux des autres fabricans.

Seront mentionnées honorablement, comme soutenant toujours leur réputation déjà constatée par le jury de 1806 :

La Fabrique de THIERS, département du Puy-de-Dôme ;

La Fabrique de coutellerie fine de PARIS ;

La Fabrique de CHÂTELLERAULT (Vienne);

La Fabrique de LANGRES (Haute-Marne).

Comme ayant été citées par le jury de 1806, et ayant de plus en plus mérité cette distinction par leurs ouvrages de coutellerie.

M. GAVET, de Paris, rue Saint-Honoré, n.° 138.

M. GILLET, de Paris, rue de Charenton, n.° 41.

Pour coutellerie fine et coutellerie commune.

MM. COULAUX frères, de Klingenthal (Bas-Rhin).

Mme veuve CHARLES, de Paris, rue du Petit-Lion-Saint-Sauveur, n.° 20.

Mme DE GRAND-GURJEY de Marseille.

M. FRESTEL, de Saint-Lô (Manche).

M. NÉEL, de Saint-Lô (Manche).

M. GOUVÉ, de Caen (Calvados).

M. JULLIEN, de Bourges (Cher).

M. DÉGRAND, de Marseille.

M. PRADIER, de Versailles.

M. BOST-MONBRUN, de Saint-Remi (Puy-de-Dôme).

SECTION V.

Acier poli et Quincaillerie fine.

Médaille d'argent. M. CORDIER, rue des Gravilliers, n.° 28, à Paris,

Qui s'est livré à la fabrication de divers objets en acier poli, est parvenu à façonner au marteau la tôle d'acier fondu de toute dimension, à la ployer d'équerre en conservant l'angle vif, à l'empêcher de se voiler à la trempe, et à lui donner un poli parfait.

Il a présenté à l'exposition des échantillons de diverses dimensions, qui prouvent qu'il a porté ce genre de travail à un grand degré de perfection.

Le jury lui décerne une médaille d'argent.

Mentions honorables. M. LAPIE, de Charleville (Ardennes).

Fourchettes en fer et acier poli, d'une belle exécution.

MM. ROUYER et BERTHIER, de Paris, rue Chapon, n.° 17 *bis.*

Dés à coudre en acier, et doublés en or et en argent, bien exécutés.

M. Dumery, de Saint-Julien-du-Sault (Yonne). *Mentions honorables.*

Fermoirs de sac, en acier poli, d'une belle exécution.

M. Chatelain, de Paris, rue du Faubourg-du-Temple, n.º 91.

Cuirasses d'une bonne fabrication et d'un beau poli.

SECTION VI.

Vis à bois, et objets divers.

MM. Jappy frères ont établi, vers la fin de 1806, à Beaucourt, département du Haut-Rhin, une manufacture où l'on fabrique par machines toutes les espèces de vis à bois, des gonds, des pitons, des boulons à écroux, des poulies et cuivrots, des boucles de sellerie, des cadenas à combinaison, et beaucoup d'autres articles de quincaillerie.

Le jury a remarqué une grande correction d'exécution dans tous les produits que cette manufacture a envoyés à l'exposition ; le bas prix auquel elle les livre au commerce en a promptement répandu la connaissance, et il est, à Paris, très-peu de magasins de quincaillerie un peu considérables où l'on n'en trouve pas des assortimens complets.

La manufacture emploie huit à neuf cents ouvriers, dont les trois quarts au moins sont des femmes et des enfans.

MM. Jappy frères, à Beaucourt (Haut-Rhin). *Mentions honorables.*

Ils ont été jugés dignes d'une médaille d'or pour

Mentions
honorables.

leur manufacture d'horlogerie. La manufacture de quincaillerie dont il vient d'être parlé, aurait suffi seule pour leur donner des droits à une distinction d'un ordre supérieur.

M DEHARME, mécanicien, cour des Petites-Écuries, rue du Faubourg-Saint-Denis, n.° 67,

A présenté à l'exposition un assortiment nombreux d'objets de quincaillerie, tels que fers à repasser, fers à chapeliers, chandeliers en fer battu, des mascarons, rosaces, balustres, grilles d'appui, poignées d'espagnolettes, marteaux de porte, garde-feux, des outils à moulure pour façonner le cuivre; des écroux à l'usage des constructeurs de machines, des charnières, des anneaux en cuivre.

Tous ces objets sont fabriqués avec tout le soin qu'on devait attendre d'un mécanicien ingénieux et soigneux.

SECTION VII.

Toiles métalliques.

Médailles
d'argent.

M. ROSWAG, à Paris et à Schelestadt (Bas-Rhin),

A exposé des toiles métalliques qui, par leur bonne fabrication et l'égalité du tissu, prouvent que M. *Roswag* continue d'être très-digne de la médaille d'argent qui lui fut décernée en 1806.

M. GAILLARD, à Paris, rue Saint-Denis, n.° 228, successeur de M. PERRIN, qui obtint une médaille d'argent à l'exposition de l'an 9 [1801], et qui reparut avec le même mérite à l'exposition de 1806,

A présenté des toiles métalliques fabriquées avec soin, et qui soutiennent la réputation de cette fabrique.

Le jury a décerné à M. *Gaillard* une médaille d'argent.

———

M. STAMMLER, à Strasbourg (Bas-Rhin),

A présenté des objets fabriqués en fil de fer, en fil de laiton et en fil d'argent; des treillages grillés et réseaux métalliques à mailles diverses, d'une belle exécution.

M. SAINT-PAUL, de Paris, petite rue Saint-Pierre, n.° 28.

Les toiles métalliques qu'il a présentées sont d'une belle exécution.

Le jury décerne à chacun de ces deux fabricans une médaille de bronze.

SECTION VIII.

Balles et Plomb à giboyer.

M. PÉCARD, à Tours, (Indre-et-Loire).

Plomb de chasse bien fabriqué.

M. YVER, à Caen (Calvados).

Balles et plomb de chasse d'une fabrication satisfaisante.

CHAPITRE XIX.

ORFÉVRERIE ET ARGENTERIE ; PLAQUÉ D'OR ET D'ARGENT ; BRONZES CISELÉS ET DORURES.

SECTION Ire

Orfévrerie et Argenterie.

LE JURY n'a considéré l'orfévrerie et l'argenterie que sous le rapport du goût et de la beauté de l'exécution. Les procédés métallurgiques pour la préparation de l'or et de l'argent sont depuis long-temps connus. La fidélité du titre est suffisamment assurée par les lois relatives à cette partie de la police publique. Il n'y a donc que le goût des formes, le choix et la disposition des ornemens, et la perfection du travail, qui puissent être considérés comme formant le mérite particulier du fabricant.

M. ODIOT, orfévre de Paris, rue de l'Évêque, n.° I.

Médailles d'or.

A paru aux dernières expositions avec un ensemble d'objets qui lui méritèrent la distinction du premier ordre. Il a présenté cette année un grand service en vermeil, un déjeûner et un encrier : ces objets sont conçus dans le meilleur goût, et exécutés avec une rare perfection.

M. *Odiot* avait aussi exposé des pièces modèles en bronze, dont il a donné la collection au Gouvernement, pour servir à l'instruction des fabricans de bronze et d'orfévrerie. Ces pièces, dont quelques-unes servirent de modèles pour les ouvrages que M. *Odiot* avait exposés en 1806, ont fixé l'attention du public et mérité son suffrage.

Le jury s'empresse de déclarer que M. *Odiot* est toujours très-digne de la médaille d'or.

M. BIENNAIS, orfévre, rue Saint-Honoré, n.º 283;

N'a présenté à l'exposition qu'un seul morceau ; c'est un vase d'argent orné de bas-reliefs en-vermeil. Cet ouvrage est d'une grande perfection ; le dessin en est beau ; les ornemens sont disposés avec art et ciselés avec adresse.

Le jury s'empresse de déclarer que M. *Biennais* est toujours très-digne de la médaille d'or.

M. CAHIER, de Paris, quai des Orfévres, n.º 58.

A présenté différens ouvrages d'orfévrerie. La grande fontaine et le déjeûner en argent et en vermeil sont des ouvrages remarquables : le dessin en est beau, les ornemens sont de bon goût et bien ciselés, et tout est monté avec un grand soin. Les petits bas-reliefs qui décorent un grand plat en argent, et une aiguière pour un service d'église, sont traités avec supériorité.

Le bas-relief représentant la Cène, d'après le dessin
de M. *Lafitte*, exécuté en repoussé, est d'un grand
mérite.

Le jury décerne à M. *Cahier* une médaille d'or.

Médailles
d'or.

SECTION II.

Plaqué d'or et d'argent.

L'Art du plaqué a pour objet de fournir à bas prix
une vaisselle qui fasse le même service que celle d'argent, et présente le même agrément.

Les conditions à remplir par le fabricant du plaqué
sont donc, 1.° des prix accessibles aux fortunes
moyennes ; 2.° une exécution solide et soignée, de
manière que l'usage des vases destinés à contenir des
alimens ne laisse rien à craindre pour la santé ; 3.° éviter le mat, les ciselures et tous les ornemens dont le
nettoyage serait difficile ou exigerait des frottemens
qui en auraient bientôt usé les parties saillantes, et
préférer les surfaces lisses, dont le brillant et l'éclat
sont faciles à entretenir ; 4.° les formes doivent être
choisies avec goût, et les objets doivent avoir toute
la légèreté qui n'est pas incompatible avec leur solidité.

Depuis la dernière exposition, la fabrication du
plaqué d'or et d'argent a fait quelques progrès. La
société d'encouragement avait proposé, pour l'amélioration de cet art, un prix qui fut adjugé le 4 septembre 1811 à MM. *Levrat* et *Papinaud.* Ces fabricans
avaient rempli, de la manière la plus satisfaisante,
toutes les conditions exigées par la société.

O

Médaille d'argent.

MM. LEVRAT et compagnie, de Paris, rue Popincourt, n.º 66.

Les objets exposés par ces fabricans sont de la vaisselle de table, casseroles, plats, soupières, flambeaux, réchauds, &c. Tous ces objets sont exécutés avec un grand soin. Bien qu'ils soient plaqués au 20.ᵉ, ils ne sont pas vendus plus cher que lorsqu'ils ne l'étaient qu'au 40.ᵉ Cette diminution de prix a été rendue possible, parce que MM. *Levrat* et compagnie ont introduit dans leurs ateliers des moyens d'économie sur la main-d'œuvre.

Le jury décerne à MM. *Levrat* et compagnie une médaille d'argent.

Médailles de bronze.

M. PILLIOUD, de Paris, rue des Juifs, n.º 11,

A exposé de la vaisselle d'argent et d'autres objets : le tout est plaqué avec beaucoup de soin.

Le jury a particulièrement remarqué que M. *Pillioud* est le premier qui ait employé dans tous ses ouvrages, et dans toutes leurs parties, la soudure en argent qui, sous le rapport de la solidité, a plus d'avantage que la soudure ancienne.

Il a décerné à M. *Pillioud* une médaille de bronze.

M. CRISTOPHE, fabricant de plaqué or et argent, rue des Enfans-Rouges, n.º 7,

A exposé des boutons en métal, qui sont beaux et d'un travail soigné.

Il a aussi présenté des échantillons de plaqué exécuté à froid : il annonce que son procédé est plus prompt et plus expéditif que celui du plaqué fait à chaud ; et que le plaqué fait à froid peut être donné à meilleur marché.

Le jury regrette qu'il n'ait pas été possible de faire l'essai de ce nouveau plaqué, qui semble offrir plus de solidité que l'autre.

Le jury décerne à M. *Cristophe* une médaille de bronze.

LE JURY a arrêté de faire mention honorable de

M. TOURROT, de Paris, rue Sainte-Avoye, n.º 47.

M. CHATELAIN et compagnie, de Paris, rue du Faubourg-du-Temple, n.º 91,

Pour avoir exposé,

L'un, des ustensiles de table et des objets destinés à l'ornement des églises, emboutis au tour ;

L'autre, des casques, des cuirasses et des ustensiles de table, le tout plaqué avec soin.

Mention honorable.

SECTION III.

Bronzes ciselés et Dorures.

LES bronzes et les ouvrages de dorure forment l'une des branches principales du commerce de Paris. Ces sortes d'ouvrages doivent satisfaire à des conditions de deux ordres différens. Si on les juge comme productions des beaux-arts, on veut que le bon goût se montre dans le choix des sujets, dans le dessin et dans la finesse du travail : mais quand on les considère comme objets de fabrique, on exige que la composition des matières soit bonne, et la fonte soignée ; que les montures soient solides et bien agencées ; que la dorure soit égale et durable. Ces conditions sont si essentielles, que l'inexactitude à les remplir ne serait pas compensée par l'excellence du dessin, de la sculpture et de la ciselure. Il faut avant tout que les ouvrages soient confectionnés de manière à durer ; la négligence sur ce point amènerait bientôt le discrédit, et, par suite, des pertes considérables dans une branche d'industrie où la ville de Paris n'a pas de rivaux.

Le fabricant de bronzes ne peut pas demeurer étranger à l'art du fondeur statuaire. Plusieurs figures en bronze, qu'on a vues à l'exposition, font voir que cet art a fait des progrès parmi nous. On peut citer en preuve la *Vénus* et trois autres statues en bronze, exposées par M. *Dumerat*. Le jury aura occasion de faire remarquer d'autres productions du même genre, en parcourant les ouvrages de bronze sur le mérite desquels il est appelé à prononcer.

L'art du doreur sur métaux a fait récemment l'acquisition d'un procédé désiré depuis long-temps. L'effet de ce procédé n'est pas d'ajouter à la perfection des produits ; il remplit un objet plus important, celui de la conservation des hommes employés à ce travail autrefois si meurtrier. On sait que les vapeurs mercurielles qui s'échappent des fourneaux à dorer, étant respirées par les ouvriers, leur donnent des maladies cruelles, et que toute cette classe d'hommes était

dévouée à une mort prématurée, précédée de souf-
frances horribles. M. *Darcet* a imaginé un appareil
nommé *fourneau d'appel*, qui détermine un courant
d'air ascendant dans la cheminée du fourneau général. Ce courant, constamment alimenté par l'air
extérieur, entraîne les vapeurs de mercure ; il ne
s'en répand plus dans l'atelier, et on n'y respire plus
que l'air ordinaire. L'adoption de cet appareil a entièrement changé la condition des ouvriers doreurs.

MM. THOMYRE et compagnie, de Paris, bou-
levart Poissonnière,

Médaille d'or.

Ont exposé un vase de grande dimension, une
table et un candélabre en malachite, le tout orné de
bronzes et du meilleur goût ; ils ont présenté en outre
un grand candélabre, des girandoles, plusieurs pendules et un surtout de la plus grande richesse.

Les ouvrages de M. *Thomyre* se distinguent par
leur grandeur, leur richesse, le goût et la perfection
du travail, et sont tout-à-fait dignes de la réputation
de cet artiste.

Il a joint à ses ouvrages une copie en bronze de
la statue de *Germanicus*, du Musée, qui prouve que
M. *Thomyre* est aussi très-habile dans l'art du fondeur
statuaire.

Si MM. *Thomyre* et compagnie n'avaient obtenu
une médaille d'or à l'exposition de 1806, le jury se
serait empressé de la leur décerner cette année.

MM. Desnière et Matelin, rue Vivienne, n.° 13, à Paris,

Ont exposé un riche berceau, un vase doré, des girandoles, des candélabres très-riches, et trois lustres de formes nouvelles; plusieurs pendules dorées et non dorées, parmi lesquelles on remarque, pour la netteté de l'exécution, celle de forme architecturale en cuivre sans dorure.

M. Galle, rue de Colbert, n.° 1, à Paris.

Les objets, qui composent l'exposition de M. *Galle*, sont un petit lustre de forme nouvelle, des girandoles, des feux, plusieurs pendules, et un surtout composé de vingt-quatre pièces.

Tous ces ouvrages sont conçus avec goût et bien exécutés; le surtout est très-beau.

M. Lenoir-Ravrio, rue des Filles-Saint-Thomas, n.° 15, à Paris,

A présenté un grand surtout de sept pieds de diamètre, pour une table ronde, une pendule, un vase, un candélabre avec figure, et une statue en bronze, copie moulée sur le *Faune* du Capitole.

Tous ces objets sont faits avec goût; la statue prouve que l'art du fondeur est bien connu et pratiqué avec succès dans les ateliers de M. *Lenoir-Ravrio.*

M. Ledure, à Paris, rue Vivienne, n.° 16,

A exposé plusieurs garnitures de cheminées, deux candélabres et cinq pendules dorées et non dorées.

Les ouvrages de M. *Ledure* sont très-distingués
sous le rapport de la composition du bronze, de
l'ajustement des pièces et de la bonté des dorures.

Médailles d'argent.

M. FEUCHÈRE, rue N. D. de Nazareth, n.º 25, à Paris,

A présenté quatre garnitures de cheminées fort
riches et du meilleur goût, des girandoles, des lustres,
des ornemens pour consoles et dessus de cheminées,
et plusieurs petites statues en bronze ; des modèles
de balcons, parmi lesquels on distinguait celui sur
lequel a été fait le balcon du Louvre qui fait face
au pont des Arts.

Le jury décerne à chacun de ces cinq fabricans
une médaille d'argent.

Mention honorable.

M.ᵐᵉ BOISRICHARD, veuve Raymond,

A présenté deux beaux lustres en cristal de roche
et une cheminée.

Il en est fait mention honorable.

CHAPITRE XX.

BIJOUTERIE ET TABLETTERIE.

SECTION Ire

Bijouterie d'acier.

Médaille d'or.

Mme veuve SCHEY, de Paris, rue des Petites-Écuries, n.° 5, faubourg Saint-Denis.

Cette fabrique jouit depuis long-temps d'une réputation méritée. Fondée par M. *Schey* à une époque où le travail de l'acier était encore dans l'enfance, elle a pris un essor qui l'a placée au premier rang des établissemens de ce genre. Son industrie n'a point dégénéré entre les mains de sa veuve et de ses enfans. Les objets qui ont été mis à l'exposition prouvent qu'ils en maintiennent la perfection : ces objets consistent en parures, en garnitures d'épée, en mouchettes, boucles et autres objets. Le tout est d'une exécution achevée, et de la plus grande beauté connue dans ce genre.

Le jury lui a décerné une médaille d'or.

Médaille d'argent.

M. FRICHOT, de Paris, rue des Gravilliers, n.° 42,

A présenté des ouvrages en acier d'une belle exécution, produits dans lesquels l'acier poli est élevé à une très-haute valeur par une habile main-d'œuvre.

Le jury lui décerne une médaille d'argent.

————

Mention
honorable.

Il est fait mention honorable de

M. PROVENT, de Paris, rue Salle-au-Comte, n.ᵒˢ 4 et 6,

Qui a présenté une parure et d'autres bijoux en acier bien exécutés.

————

SECTION II.

Tabletterie.

Médaille
d'argent.

M. LEMAIRE, de Paris, rue Saint-Honoré, n.° 154,

Avait déjà paru aux expositions de l'an 10 et de 1806, où il lui fut accordé une médaille d'argent. Les objets qu'il a mis à celle de 1819, consistent en nécessaires de plusieurs sortes ; tous sont exécutés avec une rare perfection. Le jury en a remarqué particulièrement un qui, au mérite d'une excellente fabrication, réunit celui d'un ajustement si bien ordonné, qu'il fait de ce nécessaire une espèce de chef-d'œuvre. Il juge M. *Lemaire* toujours digne de la distinction qu'il a obtenue.

————

LE JURY a arrêté de faire mention honorable de

M. PRADIER, de Paris, rue Bourg-l'Abbé, n.° 22,

Pour avoir exposé des nécessaires et des ouvrages en nacre de perle, provenant de sa fabrique de Dourdan, département de Seine-et-Oise, et très-agréablement travaillés.

M. LEFORT, à la Boissière (Oise),

Qui a présenté des cornes transparentes, pour les lanternes, très-bien préparées.

CHAPITRE XXI.

VERNIS SUR MÉTAUX.

L'APPLICATION du vernis sur les métaux est un procédé industriel très-utile. Aux premières expositions, cet art fut encouragé par le jury, comme susceptible d'une application très-étendue. Cette immense quantité de produits variés par leurs formes, et revêtus des couleurs les plus brillantes, que l'on a vus à l'exposition de 1819, attestent que cet art a fait beaucoup de progrès.

Il ne reste plus rien à désirer pour les vernis bruns, sous le rapport de l'éclat et de la solidité ; mais les arts attendent encore un vernis qui préserve complètement les métaux blancs de l'action de l'air, sans altérer leur couleur.

SECTION I.re

Vernis.

LE JURY a distingué, pour être honorablement mentionnés, Mentions honorables.

M. TAVERNIER, rue de Paradis,

Qui a exposé des vases vernis et très-élégamment décorés.

M. GARNIER, rue Saint-Germain-l'Auxerrois, n.° 43,

Qui a présenté des lampes à double courant d'air, construites sur des modèles très-variés et très-élégamment décorées.

SECTION II.

Moiré métallique.

M. ALLARD, rue Saint-Lazare, n.° 11, à Paris.

On doit à M. *Allard* la découverte du moiré métallique qui a eu un si grand succès, et qui a donné un mouvement extraordinaire à la ferblanterie.

M. *Allard* a beaucoup perfectionné ses procédés depuis qu'il en a fait la découverte ; il peut obtenir à volonté les dessins qu'il se propose.

Le jury décerne à M. *Allard* une médaille d'or.

CHAPITRE XXII.

MACHINES, INSTRUMENS ET USTENSILES POUR L'AGRICULTURE.

———

LA formation, à Paris, d'un établissement consacré à la construction des instrumens agricoles perfectionnés, est un événement intéressant. C'est le moyen le plus assuré de propager l'usage des meilleurs instrumens déjà connus en France ou à l'étranger, mais non assez répandus, et de ceux qui seront nouvellement inventés. Un pareil établissement manquait à l'agriculture : il eût été assez difficile, par exemple, de se procurer des charrues en fer fondu ; et c'est sûrement la cause pour laquelle elles sont encore si peu employées dans notre agriculture ; malgré l'avantage d'avoir une durée plus grande que les charrues de bois, d'être moins sujettes à réparation, et d'être d'un emploi plus facile dans le labourage.

———

M. MOLARD (F. E.) jeune, sous-directeur du Conservatoire des arts et métiers, Médaille d'argent.

A exposé des charrues de quatre constructions différentes, et un araire.

Ces instrumens, faits à l'imitation des charrues employées dans les pays où l'agriculture a eu le plus de succès, sont combinées de manière à répondre à tous les cas que peut présenter l'opération du labourage. Leur construction varie suivant l'espèce de travail qu'on veut leur faire exécuter, et suivant la nature des terres auxquelles elles sont destinées. Les moyens pour régler l'entrure, pour maintenir le soc de niveau, pour tirer le plus grand parti du tirage, sont simples et bien conçus; l'ensemble présente beaucoup de solidité. Les versoirs et les ceps sont en fer fondu; il y a des socs en fonte avec le bout en acier : la fabrication est soignée dans toutes ses parties.

M. *Molard* avait aussi exposé une machine à couper par tranches les racines servant à la nourriture des troupeaux.

C'est par l'influence et d'après les directions de M. *Molard* jeune, sous-directeur du Conservatoire des arts et métiers, que l'établissement pour la construction des instrumens agricoles perfectionnés a été formé.

Le jury lui décerne une médaille d'argent.

Nota. La fabrication a lieu, sous la direction de M. J. *Molard* neveu, dans l'atelier du S.ᵣ *Cambray*, rue Neuve Saint-Laurent, quartier du Temple.

 M. GUILLAUME, de Paris, rue du Faubourg-Saint-Martin, n.° 27,

A présenté la charrue qui porte son nom, et qui a remporté un prix au concours ouvert par la société royale d'agriculture; il l'a perfectionnée. Il y a joint divers autres instrumens, d'une exécution simple et solide, pour biner et butter, et un moulin à bras dont les meules sont en fonte susceptible d'être repiquée au marteau comme la pierre. Ce moulin est encore en expérience.

Le jury fait mention honorable de tous ces objets.

M. CROCHARD, de Stenay,

Médaille d'argent.

A exposé des tonneaux faits à la mécanique. Ce procédé, nouvellement importé, abrége le travail et donne des tonneaux parfaitement égaux entre eux. Cette égalité rendant le jaugeage plus certain et plus facile, est un avantage réel pour le commerce des liquides.

Le jury a décerné à M. *Crochard* une médaille d'argent.

M. MAUPASSANT DE RANCY, rue Saint-Jacques, n.° 24, à Paris,

Médaille de bronze.

A exposé des bouchons de liége fabriqués par machine. Le liége est coupé bien franchement, dans des formes très-correctes et des dimensions uniformes pour une même sorte de bouchons.

Cette nouvelle fabrication sera utile au commerce des vins et autres liquides, et à l'économie domestique.

Le jury a décerné à M. *Maupassant de Rancy* une médaille de bronze.

LE JURY a décidé qu'il serait fait mention honorable des fabricans dont la désignation suit:

M. MOURGUES (Scipion), propriétaire manufacturier à Rouval près Douliens (Somme),

Qui a exposé un semoir à graines rondes perfectionné.

M. MOUSSÉ, tonnelier, à Chezy-l'Abbaye (Aisne),

Pour un moulin à vanner et cribler le blé, muni d'un assortiment complet de grilles et de cribles pour séparer toute sorte de graines.

M. BURETTE, mécanicien, rue des Marais-Saint-Martin, n.° 9,

Pour une presse à exprimer le jus des végétaux par des cylindres dont le mouvement est continu, et qui sont munis d'un manchon de tôle criblé de trous. Perfectionnement de la presse à cylindre et à toile sans fin, décrite dans le Bulletin de la société d'encouragement; et pour sa râpe à pommes de terre, connue et employée avec succès.

CHAPITRE XXIII.

MACHINES MANUFACTURERIÈRES ET MÉCANISMES DIVERS.

SECTION Ire

Machines de filature.

ARTICLE Ier

Cardes.

M CALLA, mécanicien, rue du Faubourg-Poissonnière, n.° 92.

Ce mécanicien fut jugé digne d'une médaille d'or à l'exposition de 1806. Il fut désigné par le jury comme l'un des constructeurs de machines les plus utiles aux manufactures, et il a été présenté, en exécution de l'ordonnance du 9 avril 1819, au nombre des artistes qui ont contribué aux progrès de l'industrie française.

Il a exposé, en 1819, des plaques et des rubans de cardes qui sont très-bien fabriqués et dignes de la réputation de M. *Calla.*

La Fabrique de Liancourt

A présenté des cardes pour coton et pour laine. Cet établissement, l'un des plus anciens qui existent

P

en France pour la fabrication des cardes, a paru avec distinction aux expositions de l'an 10 [1802] et de 1806, où elle fut jugée digne de la médaille de bronze.

En examinant les produits qu'elle a exposés en 1819, le jury a reconnu qu'elle soutient parfaitement sa réputation, et qu'elle mérite toujours les distinctions qu'elle a précédemment obtenues.

Mention honorable. LE JURY a décidé qu'il serait fait mention honorable de

M. le Baron DE GENCY, à Meulan (Seine-et-Oise),

Pour une bonne fabrication de cardes.

ARTICLE II.

Peigne.

Médaille d'argent. M. DECLANLIEUX, ingénieur mécanicien, à Paris;

A perfectionné le peigne sans fin, instrument d'une grande importance pour la filature des lainages dont les filamens sont d'une grande longueur.

Le jury lui a décerné une médaille d'argent.

SECTION II.

Instrumens de tissage.

M. ALMEYRAS, de Lyon,   Médaille de bronze.

A présenté à l'exposition des rots perfectionnés de sa fabrication.

Le jury lui décerne une médaille de bronze.

————

LE JURY a arrêté qu'il sera fait mention hono-   Mentions honorables.
rable des fabricans dont les noms suivent:

M. VIOU, à Tours,

Pour peigne perfectionné pour les étoffes.

M. OMOUTON, à Ivetot (Seine-Inférieure),

Pour des rots perfectionnés.

M. THOMAS (Jacques–Nicolas), à Ivetot (Seine-Inférieure),

Rots perfectionnés.

M. JOURNÉE, à Rouen,

Pour des rots faits en un alliage qui lui est particulier.

————

SECTION III.

Lainage et Tonte de Draps.

M. le Baron POUPART DE NEUFLIZE, manufacturier à Sedan, Louviers et Elbœuf;

M. SEVENNE (Auguste), négociant à Paris;

M. COLLIER (John), ingénieur mécanicien,

Ont exposé une machine à tondre les draps, nommée *la tondeuse*. Cette machine est mise en action par un moteur appliqué à une manivelle; elle peut être mue à bras, ou par un manége, ou par un cours d'eau, ou par une machine à vapeur. Le drap est tondu par une action continue et sans interruption. L'opération de la tonte est exécutée avec une célérité extraordinaire.

Le jury a sous les yeux les déclarations délivrées par dix manufacturiers d'Elbœuf qui empioient la tondeuse dans leur fabrication. Depuis qu'ils connaissent cette machine, ils ont renoncé à tous les autres moyens de tonte; ils se louent de la célérité de son travail et de la bonté de l'ouvrage qu'elle exécute:

Le jury a décerné à MM. *de Neuflize, Sevenne et Collier*, une médaille d'or.

M. HENRAUX jeune, rue Saint-Médéric, n.° 46, à Paris.

Il est fait mention honorable des chardons métalliques dont il est l'inventeur, et qui remplacent les chardons végétaux pour le peignage du lainage des draps.

SECTION IV.

Mécanismes divers.

M. CAILLON, rue de Vaugirard, n.° 36, à Paris ,

 A présenté une machine à canneler et à raboter le fer, qui peut être très-utile pour le travail du fer.
 Le jury lui a décerné une médaille d'argent.

M. GATTEAUX, rue Bourbon, n.° 35 , à Paris ;

 A présenté une machine de son invention , au moyen de laquelle on peut copier les sculptures les plus compliquées, et qui peut servir à *mettre au point* avec plus de précision que tous les moyens connus.
 Le jury lui a décerné une médaille d'argent.

Médailles d'argent.

M. DOBO , mécanicien ,

 A présenté le modèle d'un encliquetage nouveau de son invention , qui peut être appliqué au mouvement de rotation et au mouvement rectiligne. Cet encliquetage ne fait aucun bruit et n'a pas de recul.
 Ce mécanisme élémentaire est susceptible d'un grand nombre d'applications. M. *Vagner* l'a employé dans les mouvemens des phares.

Mentions honorables

M. *Dobo* a déjà été distingué comme l'un des créateurs de l'art de filer par mécanique la laine peignée; et, en exécution de l'ordonnance du Roi du 9 avril 1819, il a été présenté comme l'un des artistes qui ont contribué aux progrès de l'industrie française.

M. ARNAUD-HAUCISZ

A exposé un carrosse dont l'avant-train et les roues sont disposés d'une manière nouvelle.

Au moyen de cette disposition, le timon peut être mis dans toutes les directions sans que les roues cessent de porter sur quatre points toujours également écartés l'un de l'autre; d'où il résulte qu'elle est moins sujette à verser que les voitures ordinaires, lorsque l'avant-train fait un quart de conversion.

M. HANIN, mécanicien à Paris, rue Neuve Notre-Dame, n.° 23.

Cet artiste fut mentionné honorablement à la dernière exposition pour les pesons à ressort et à cadran, qui portent son nom. Il continue à mériter cette distinction.

M. LAURENT, machiniste du théâtre Feydeau.

Il est fait mention honorable d'un lit utile pour les blessés et les autres malades, au moyen duquel on peut leur faire prendre toutes les positions que l'on veut, par l'effet seul du mécanisme du lit.

CHAPITRE XXIV.

MACHINES HYDRAULIQUES.

M. le Baron Caignard de la Tour, à Paris, rue du Rocher, n.° 36.

Médaille d'argent

A présenté,

1.° Une vis d'Archimède pneumatique, dont l'effet est de porter les gaz sous un liquide quelconque. Cette machine, qui a été exposée sous le nom de *Caignardelle*, est déjà utilement employée dans la manufacture de céruse, à Clichy;

2.° Un appareil dit *machine à explosion*, où la vapeur est employée d'une manière nouvelle à faire le vide et à produire l'ascension de l'eau;

3.° Un instrument dit *la Syrène*, au moyen duquel on peut compter le nombre de vibrations qui correspond à un son déterminé.

Le jury a décerné à M. *Caignard de la Tour* une médaille d'argent.

Le jury a décidé qu'il serait fait mention honorable de

Mention honorable

M. Gailard, garde-magasin du bataillon des Sapeurs-pompiers de Paris, au Marché-Neuf, n.° 20.

Pour avoir amélioré la construction des pompes à

incendie en usage à Paris. Les perfectionnemens introduits par M. Gailard, rendent les réparations de ces machines faciles et en augmentent les effets. M. Gailard a en outre rendu ces appareils propres à être transportés avec quatre hommes, par des chevaux, à de grandes distances.

M. GODIN, rue de Poliveau, n.º 21, à Paris.

Il a présenté deux modèles de leviers hydrauliques perfectionnés.

Le levier hydraulique est destiné à l'arrosement des prairies; son principe a été imaginé par feu M. *Conté*. M. *Godin* l'a simplifié et perfectionné, et il en a rendu le service plus sûr.

M. QUETTIER fils, à Corbeil.

Il a exposé des tuyaux en toiles de chanvre, sans coutures, pour le service des pompes à incendie. Ces tuyaux ont l'avantage d'être plus légers, plus flexibles et plus économiques que les tuyaux en cuir, et n'ont pas l'inconvénient de ceux-ci, dont la couture est sujette à manquer quelquefois pendant le service.

CHAPITRE XXV.

HORLOGERIE.

SECTION I.re

Horlogerie de fabrique.

LA branche d'industrie qui est désignée sous le nom *d'horlogerie de fabrique*, fournit des ébauches de mouvemens pour montres et pendules, ou simplement des matériaux préparés pour le service des horlogers, comme ressorts, fils d'acier pour pignons, &c. ; elle produit aussi des ouvrages finis, mais dans le genre commun, et les verse dans le commerce par assortimens plus ou moins nombreux.

Les fabriques d'horlogerie qui ont envoyé leurs produits à l'exposition, sont situées dans les départemens du Doubs, du Haut-Rhin et de la Seine - Inférieure. La plus étendue de toutes est celle de MM. *Jappy*, à Beaucourt, département du Haut - Rhin. Elle fut fondée, il y a environ quarante ans, par le père des propriétaires actuels. On y fabrique des ébauches de mouvemens de montres par machines, avec une telle économie de main-d'œuvre, que les mouvemens bruts, qui coûtaient autrefois 6 à 7 francs pièce, sont livrés aujourd'hui au commerce à des prix qui varient depuis 1 franc 40 centimes jusqu'à 2 francs : c'est une réduction de plus de 71 pour cent sur les prix qui résultaient des anciens procédés. Cette intéressante manufacture fut détruite de fond en comble, le 1.ᵉʳ juillet 1815, par un incendie qu'y allumèrent les troupes étrangères ; mais elle a été relevée de ses ruines. Dans son état actuel, elle emploie de neuf cents à mille ouvriers , qui fabriquent par mois quatorze cents à seize cents douzaines d'ébauches de montres. La dixième partie seulement de ces produits est employée en France ; le surplus est vendu à l'étranger.

Le département du Doubs possède un autre établissement où l'on fabrique par mécanique des ébauches de mouvemens de montres. Il a été formé à Seloncourt, près Montbéliard, par MM. *Beurnier* frères. Il est moins étendu que celui de Beaucourt. Il produit environ trois cent quarante douzaines par mois. Les prix varient depuis 19 francs 50 centimes la douzaine jusqu'à 20 francs 50 centimes, ou depuis 1 fr. 63 centimes jusqu'à 1 franc 71 centimes la pièce. La vingtième partie seulement de ces produits est vendue en France.

En 1793, une colonie d'horlogers suisses, attirée par les encouragemens du Gouvernement, s'établit à Besançon et y fonda une fabrique de montres, qui compte actuellement à-peu-près huit cents ouvriers des deux sexes. Cette population industrielle, subsistant encore après un laps de vingt-six ans, prouve que cette fabrication a pris racine, et qu'elle est définitivement établie. Les horlogers n'y sont pas réunis en un corps unique de fabrique ; les ouvriers des divers genres travaillent, dans leurs habitations particulières, pour des établisseurs, ou pour des comptoirs qui re-

çoivent les produits et les versent dans le commerce :
les ébauches sont tirées de Beaucourt ou de Seloncourt ; les montres sont finies à Besançon. On en fabrique annuellement environ trente mille avec leurs
boîtes en or , en argent, ou en cuivre, ou en similor.

Le finissage est la partie du travail de l'horlogerie qui suppose l'industrie la plus distinguée , et
qui est la plus lucrative. On voit avec regret que
les fabriques de finissage soient si peu étendues ,
qu'elles sont à peine suffisantes pour employer la
dixième partie des mouvemens bruts qui se fabriquent
en France. Il est à desirer que nos horlogers n'aban-
donnent pas plus long-temps une aussi grande masse
de travail aux étrangers.

Nous avons aussi des fabriques pour ébauches de
mouvemens de pendules à la mécanique.

MM. *Jappy* frères en ont établi une dans le département du Doubs, à Badevel près Montbéliard. On
y fait annuellement quatre mille huit cents mouvemens
de pendules , dont les trois quarts sont vendus aux
horlogers de Paris.

Il y a environ un siècle qu'une fabrique de mouvemens bruts de pendules fut fondée à Saint-Nicolas
d'Aliermont, dans le département de la Seine-inférieure :
Elle occupait à-peu-près trois cents ouvriers. Leur
industrie n'avait point participé aux progrès communs ;
elle était demeurée au même état où elle se trouvait
au moment de sa fondation. Les moyens de travail
étaient si imparfaits et les résultats si peu estimés ,
qu'ils ne pouvaient soutenir la concurrence étrangère,
et leur vente ne procurait plus aux ouvriers un salaire
suffisant pour leur subsistance : la fabrique était, en
1807, au moment de s'éteindre, lorsqu'un administra-

teur éclairé, M. *Savoye de Rolin*, appela et fixa à Saint-Nicolas-d'Aliermont M. *Honoré Pons*, habile horloger de Paris, qui avait mérité une médaille d'argent à l'exposition de 1806. M. *Pons* a établi dans cette fabrique un autre système de travail. Des machines de son invention, au nombre de huit, sont employées pour les différentes opérations qui, avant lui, s'exécutaient péniblement à la main ou avec des instrumens imparfaits. La dextérité des ouvriers, aidée par ces nouveaux moyens, a donné des produits de meilleure qualité, et, dans le plus grand nombre des ateliers, ils ont été décuplés. Cette fabrique est aujourd'hui entièrement relevée. Les mouvemens qu'elle fait sont vendus aux premiers horlogers de Paris pour être finis.

M. *Pons* a été désigné par le jury, en exécution de l'ordonnance du 9 avril 1819, comme l'un des artistes qui ont concouru aux progrès de l'industrie; et il a reçu une médaille d'argent.

L'horlogerie de fabrique est importante; elle entretient une grande masse de travail, et particulièrement dans les campagnes, où ses ateliers sont presque toujours situés; une branche assez considérable de commerce lui doit son existence. Le jury a décerné, pour cette partie, diverses distinctions qui vont être spécifiées.

Médaille d'or.

MM. JAPPY frères, à Beaucourt (Haut-Rhin);

Ont exposé des ébauches de mouvemens de montres fabriqués dans la manufacture d'horlogerie par mécanique dont ils sont les chefs.

Le jury a vu avec le plus grand intérêt ces produits, qui sont livrés au commerce à des prix extraordinairement modérés. Il félicite MM. *Jappy* des efforts qu'ils ont faits pour étendre cette manufacture et pour en perfectionner les procédés, et des succès qu'ils ont obtenus sous ces deux rapports.

MM. *Jappy* ont déjà été mentionnés de la manière la plus honorable, pour avoir formé une manufacture de vis à bois et autres articles de quincaillerie.

Le jury décerne à MM. *Jappy* une médaille d'or.

La Fabrique d'horlogerie de Saint-Nicolas-d'Aliermont, dirigée par M. PONS,

Médailles d'argent.

A présenté des mouvemens de pendule bruts et en blanc, qu'elle fait pour être vendus aux horlogers finisseurs, et sur-tout à ceux de Paris. Le jury a reconnu qu'ils sont travaillés avec soin et d'après de bons principes.

L'amélioration des produits de cette fabrique est due à M. *Pons.* Il a reçu pour cet objet une médaille d'argent qui lui est personnelle.

Le jury voulant témoigner plus particulièrement la satisfaction avec laquelle il a vu les produits de l'industrie des horlogers de Saint-Nicolas-d'Aliermont, leur décerne une médaille d'argent, qui sera remise à M. *Pons,* et par lui déposée à la mairie de Saint-Nicolas-d'Aliermont.

M. MATHEY-DORET, fabricant d'horlogerie, à Besançon.

A présenté à l'exposition dix montres en or et dix

montres en argent faites par les ouvriers de la fabrique de Besançon.

Tous ces ouvrages sont bons dans leur genre, et sont établis à des prix modérés, eu égard à leur qualité et à la valeur des matières dont la boîte est formée.

M. *Mathey-Doret* est un des fabricans en grand de l'horlogerie de Besançon. Le jury lui décerne une médaille d'argent qui lui sera personnelle.

Le jury voulant témoigner d'une manière plus directe la satisfaction avec laquelle il a vu les produits des horlogers de Besançon, leur décerne une médaille d'argent, qui sera déposée à la mairie de Besançon.

MM. BEURNIER frères, à Seloncourt près Montbéliard (Doubs),

Ont présenté des ébauches de mouvemens de montre, fabriquées dans leur manufacture, et qu'ils établissent à des prix extrêmement modérés. Le jury a vu ces produits avec une satisfaction particulière : il décerne à MM. *Beurnier* une médaille d'argent.

MM. BLONDEAU frères, à Saint-Hippolyte (Doubs),

Dirigent une grande manufacture d'outils d'horlogerie en fer et acier poli.

Le jury leur décerne une médaille de bronze.

MM. PEUGEOT frères, à Hérimoncourt (Doubs),

Fabriquent un acier excellent pour les ressorts de montres et de pendules.

SECTION II.

Horlogerie fine à l'usage civil.

ON comprend sous cette dénomination les pièces d'horlogerie d'un travail soigné, et qui sont employées, soit comme pendules d'appartemens, soit comme montres de poche. Les pendules sont presque toujours encadrées dans des supports plus ou moins décorés, pour former des meubles élégans ; mais on ne les considère ici que sous le rapport du mécanisme.

Cette espèce d'horlogerie est quelquefois combinée de manière à mettre en mouvement des jeux de musique ou des scènes d'automates. Quoique ces effets n'appartiennent qu'indirectement à l'horlogerie proprement dite, les machines qui les produisent méritent d'être prises en considération ; elles sont l'objet d'un commerce suivi, et leur production occupe un assez grand nombre d'ouvriers intéressans.

MM. BREGUET père, membre de l'académie des sciences, et BREGUET fils, quai de l'Horloge, n.° 79, à Paris,

Ont présenté à l'exposition vingt objets d'horlogerie, nouveaux et perfectionnés, parmi lesquels il en est huit qui sont destinés à l'usage civil. Chacune de ces pièces est remarquable par des combinaisons ingénieuses et un travail parfait.

Les montres donnent l'heure avec une grande exactitude.

L'attention du public s'est particulièrement fixée

sur la composition à laquelle M. *Breguet* a donné le nom de *pendule et montre sympathiques.* C'est une horloge marine qui règle une montre et la met à l'heure.

M. *Breguet* avait obtenu une médaille d'or aux précédentes expositions ; il s'est mis hors de concours à celle de 1819, comme membre du jury.

M. BOURDIER , rue Saint-Sauveur, n.º 14, à Paris.

Cet artiste est distingué par le goût et la beauté de ses ouvrages et par les ressources de son imagination, qu'il a déployées dans des effets d'horlogerie compliqués. Il a perfectionné les jeux de flûte employés dans l'horlogerie. Il a imaginé, pour fendre les roues, des outils particuliers très - utiles, dont l'usage a été adopté par les horlogers.

Le jury lui décerne une médaille d'argent.

M. FAVERET , de Jussey (Haute-Saone) ,

A présenté une pendule et un outil de son invention.

La pendule présente un bel ensemble. L'outil, qu'il appelle *cylindri - métrique,* a pour objet de faire à coup sûr des pivots comme on les desire. Tout ce que M. *Faveret* a présenté est exécuté avec précision.

Le jury a vu avec une satisfaction particulière une aussi belle exécution, qui ferait honneur aux meilleurs horlogers de la capitale.

Le jury lui décerne une médaille d'argent.

M. LORY

A présenté, comme à la précédente exposition, des ouvrages bien exécutés, et dans lesquels on remarque des efforts soutenus, des recherches heureuses et des améliorations utiles.

Le jury lui décerne une médaille de bronze.

M. DESTIGNY, à Rouen (Seine-inférieure),

A introduit dans les ouvrages du commun, des perfectionnemens jusqu'alors réservés pour les pendules plus particulièrement soignées.

Le jury lui décerne une médaille de bronze.

———

LE JURY se plaît à citer

M. DUCHEMIN, quai de l'Horloge, n.° 75, à Paris;

M. TAVERNIER;

M. OUDIN, au Palais-royal, n.° 52, à Paris.

Le premier joint à l'instruction un grand esprit d'observation et de recherche.

Le second a perfectionné l'échappement dit de Sully.

Le troisième est auteur d'une montre à équation, dont la disposition est ingénieuse.

SECTION III.

Horlogerie astronomique.

ON ne comprend pas sous cette dénomination les machines par lesquelles on se propose de repré-

Q

senter les mouvemens des corps qui composent le système solaire.

Des artistes ont souvent consumé leur temps à produire des machines de ce genre, qui supposaient une force de tête rare, un esprit fécond en ressources et une grande habileté de la main. Le jury ne croit pas que l'on doive encourager les artistes à marcher dans cette route. Les plus parfaites de ces machines ne donnent qu'une idée incomplète et souvent fausse de la marche des corps célestes ; elles sont toujours plus compliquées que le grand mécanisme qu'elles prétendent représenter ; elles ne sont pas comprises par ceux qui ignorent l'astronomie, et n'attirent pas même les regards de ceux qui la savent. Enfin, il n'est point d'éphémérides qui ne contiennent des notions plus précises et plus complètes sur la position des astres à un instant donné : de plus, ces machines ne sont pas l'objet d'un commerce suivi.

Le véritable objet de l'horlogerie est de donner exactement la mesure du temps par les moyens les plus simples, les plus solides et les moins sujets à réparation, et tels que la marche de la machine ne soit pas troublée par les variations de température, par les changemens de position ou par le transport.

M. *Breguet*, et feu M. *Louis Berthoud*, présentèrent aux expositions de 1802 et de 1806 des horloges marines et des garde-temps d'une exactitude qui égalait celle des instrumens les plus parfaits connus. Cet art, important et difficile, a fait des progrès depuis 1806. Ces progrès seront constatés par le compte qui va être rendu des objets de ce genre qui ont été exposés, et qui placent M. *Breguet* à la tête de son art en Europe.

MM. BREGUET père, membre de l'académie des sciences, et BREGUET fils, quai de l'Horloge, n.° 79, à Paris.

M. *Breguet*, comme membre du jury central, s'est mis hors de concours. Le public, qui s'est toujours porté en foule auprès des brillans produits de ses fabriques, aura pu juger par lui-même combien est méritée la haute réputation dont jouit l'horlogerie de cet artiste célèbre.

Les personnes qui s'intéressent aux progrès de la navigation et des arts, nous ajouterons même à la gloire de la France, nous pardonneront d'être entrés dans quelques détails pour prouver que les mêmes ateliers où se fabriquent les montres et les pendules de luxe destinées aux souverains, et celles que se disputent à l'envi les plus riches particuliers de l'Europe, fournissent aux marins et aux voyageurs instruits, des chronomètres supérieurs en exactitude à tout ce qui a été exécuté de plus parfait à l'étranger.

Nous allons d'abord rapporter la marche de deux *garde-temps*, numérotés 3303 et 3033, qui figuraient à la dernière exposition.

Marche du Chronomètre n.° 3303.

		Avance diurne.				Avance diurne.
Du 24 au	25 mai 1819	+ 2″,1.	Du 2 au	3 juin		+ 1″,9.
25	26	2 ,2.	3	4		2 ,0.
26	27	2 ,4.	4	5		2 ,0.
27	28	2 ,3.	5	6		2 ,5.
28	29	2 ,2.	6	7		2 ,2.
29	30	2 ,0.	7	8		2 ,7.
30	31	1 ,9.	8	9		2 ,7.
31	1.er juin	2 ,3.	9	10		1 ,6.
1.er	2	1 ,6.	10	11		1 ,7.

Du	au	Avance diurne.
11	12 juin	+ 2″,2.
12	13	1 ,8
13	14	1 ,9
14	15	2 ,1
15	16	2 ,1
16	17	2 ,1
17	18	1 ,6
18	19	1 ,6
19	20	1 ,7
20	21	1 ,7
21	22	1 ,9
22	23	2 ,0
23	24	2 ,0
24	25	2 ,2
25	26	1 ,4
26	27	1 ,7
27	28	1 ,4
28	29	1 ,5
29	30	1 ,6
30	1.er juillet	1 ,8
1.er	2	2 ,0
2	3	2 ,6
3	4	1 ,4
4	5	1 ,0
5	6	0 ,6
6	7	0 ,4
7	8	0 ,3
8	9	0 ,3
9	10	0 ,4
10	11	0 ,8
11	12	0 ,7
12	13	0 ,5
13	14	0 ,6
14	15	0 ,8
15	16	0 ,8
16	17	0 ,8
17	18	1 ,0
18	19	1 ,0
19	20	0 ,8
20	21	0 ,9
21	22	1 ,0
22	23	1 ,0
23	24	0 ,9
24	25	1 ,3

Du	au	Avance diurne.
25	26 juillet	+ 1″,2.
26	27	1 ,4
27	28	1 ,0
28	29	0 ,7
29	30	0 ,8
30	31	0 ,6
31	1.er août	0 ,4
1.er	4	0 ,7
4	5	1 ,1
5	6	0 ,9
6	7	0 ,6
7	8	0 ,5
8	9	0 ,5
9	10	0 ,6
10	11	0 ,7
11	12	1 ,0
12	13	0 ,7
13	14	0 ,7
14	15	0 ,8
15	16	0 ,6
16	17	0 ,6
17	18	0 ,9
18	19	1 ,0
19	20	1 ,1
20	21	0 ,7
21	22	1 ,0
22	23	0 ,8
23	24	0 ,7
24	25	0 ,8
25	26	0 ,9
26	27	0 ,9
27	28	1 ,0
28	29	0 ,7
29	30	0 ,7
30	31	0 ,7
31	1.er septembre	0 ,9
1.er	2	1 ,1
2	3	1 ,0
3	4	1 ,0
4	5	1 ,3
5	6	1 ,1
6	7	1 ,0
7	8	1 ,0
8	9	2 ,5

		Avance diurne.				Avance diurne
Du 9 au	10 septembre..	+ 2",0.		Du 13 au	14 septembre..	+ 1",1
10	11............	2 ,0.		14	15............	1 ,8.
11	12............	1 ,7.		15	16............	1 ,0.
12	13............	1 ,8.		16	17............	0 ,8.

Marche du Chronomètre n.° 3033, appartenant à M. Hottinguer.

		Avance diurne.
Du 4 au	8 février 1819.	+ 6",5.
8	10............	5 ,7.
10	11............	6 ,5.
11	13............	6 ,3.
13	14............	6 ,7.
14	17............	6 ,5.
17	20............	6 ,2.
20	24............	6 ,1.
24	26............	5 ,9.
26	28............	5 ,9.
28	2 mars............	6 ,0.
2	3............	6 ,1.
3	5............	5 ,9.
5	7............	5 ,8.
7	11............	5 ,8.
11	14............	5 ,7.
14	16............	5 ,6.
16	18............	5 ,3.
18	22............	5 ,8.
22	26............	5 ,7.
26	29............	6 ,1.
29	2 avril............	5 ,9.
2	5............	6 ,6.
5	7............	5 ,8.
7	9............	6 ,0.
9	15............	6 ,3.
15	20............	6 ,3.
20	26............	6 ,3.
26	27............	5 ,9.
27	2 mai............	6 ,3.
2	7............	6 ,7.
7	9............	6 ,7.
9	17............	6 ,8.
22	26............	6 ,7.

Le 16 mai, le chronomètre a été remis à M. *Hottinguer*, qui l'a gardé jusqu'au 16 juillet. L'avance sur le temps moyen, ce jour-là, a été comparée à l'avance le 26 mai; ce qui a donné pour avance diurne moyenne,

		Avance diurne.
Du 26 au	16 juillet.....	+ 6",6.
16	17............	5 ,5.
17	18............	5 ,5.
18	19............	6 ,0.
19	20............	6 ,5.
20	21............	6 ,5.
21	22............	6 ,3.
22	23............	6 ,0.
23	24............	6 ,0.
24	25............	5 ,6.
25	26............	6 ,2.
26	27............	6 ,2.
27	28............	6 ,0.
28	29............	6 ,4.
29	30............	6 ,1.
30	31............	6 ,0.
31	1.er août............	5 ,5.
1	2............	6 ,4.
2	3............	6 ,0.
3	4............	6 ,1.
4	5............	6 ,0.
5	6............	6 ,0.
6	7............	6 ,0.
7	8............	5 ,5.
8	9............	6 ,5.

		Avance diurne.			Avance diurne
Du 9 au	10 août......	+ 6″,5.	Du 16 au	17 août......	+ 6″,8.
10	11............	6 ,0.	17	18............	6 ,7.
11	12............	6 ,5.	18	19............	6 ,5.
12	13............	6 ,0.	″	″	″ ″
13	14............	6 ,0.	23	24............	6 ,8.
14	15............	6 ,2.	″	″	″ ″
15	16............	6 ,8.	16	17 septembre..	6 ,4.

Les comparaisons des mois de février, mars, avril et mai, ont été faites à l'Observatoire royal. La marche du chronomètre, pour les mois de juillet, août et septembre, se fonde sur des observations méridiennes faites par MM. *Breguet* eux-mêmes, avec l'instrument des passages qu'ils ont établi dans leur demeure, quai de l'Horloge.

Les deux chronomètres n.ᵒˢ 3303 et 3033, dont nous venons de rapporter la marche, sont restés à poste fixe à l'Observatoire ou dans les ateliers de MM. *Breguet*. Le *chronomètre de poche* dont nous allons maintenant nous occuper, a été déplacé et soumis à de fortes épreuves : le propriétaire, sir *Thomas Brisbane*, général anglais, l'a transporté plusieurs fois en poste et à cheval, de Valenciennes à Paris et à Cambrai, et sur plusieurs points de la frontière septentrionale du royaume. Les observations dont la marche qui suit a été déduite, sont du général *Brisbane* lui-même.

		Retard journalier.
Du 1.ᵉʳ juin 1817 au	7............	— 0″,77.
7	16............	1 ,08.
16	24............	1 ,24.
21	26............	1 ,55.
26	7 juillet............	3 ,12.
7 juillet	20............	1 ,72.
20	27............	2 ,48.
27	5 août............	2 ,67.
5 août	17............	0 ,90.
17	26............	0 ,84.

		Retard journalier.
Du 26 août	au 7 septembre	— 0″,83.
7 septembre	19	0 ,75.
19	3 octobre	0 ,29.
3 octobre	9	0 ,54.
9	7 novembre	0 ,04.
7 novembre	22	0 ,16.
22	5 décembre	0 ,71.
5 décembre	17	0 ,46.
17	25	0 ,83.
25	2 janvier 1818	0 ,76.
2 janvier	18	0 ,13.
18	16 février	0 ,08.
16 février	28 mars	0 ,58.
28 mars	5 avril	0 ,84.
5 avril	14	0 ,67.
14	29	0 ,69.
29	8 mai	0 ,67.
8 mai	20	0 ,91.
20	26	0 ,56.
26	12 juin	0 ,55.
12 juin	21	0 ,68.
21	4 août	0 ,89.
4 août	12	1 ,37.
12	31	1 ,46.
31	11 septembre	1 ,10.
11 septembre	20	1 ,34.
20	6 octobre	1 ,46.
6 octobre	15	1 ,54.

On voit, par cette table, qu'en seize mois le retard diurne de la montre de MM. *Breguet* n'a guère varié que d'une seconde et demie, et qu'à partir du mois de mars 1818, et jusqu'en octobre de la même année, c'est-à-dire dans une période de huit mois consécutifs, ce retard s'est maintenu entre 0″,55 et 1″,54. On remarquera encore que les mois les plus chauds ont correspondu aux plus forts retards : en sorte que les variations que nous venons de noter, toutes légères qu'elles sont, ne tiennent qu'à un petit défaut dans la compensation.

En calculant d'une manière analogue les observations de la marche des chronomètres d'*Émery*, que M. le comte *de Bruhl* a publiées, nous trouverons plus d'une seconde d'*avance* journalière moyenne en janvier, et environ une seconde et demie *de retard* en juin : ce qui donne dans la marche, en six mois, une variation totale de 2″,5. Dans les premières épreuves, avec ce même chronomètre, le retard qui, en mars, n'était guère que de 2″,5, s'était déjà élevé, en juillet, à plus de 7°.

Si nous passons maintenant aux chronomètres du célèbre horloger anglais *Earnshaw*, nous trouverons, en ne tenant même compte que des épreuves qui ont valu à cet artiste une récompense nationale, les résultats suivans :

Le garde-temps n.° 1 *retardait*, en septembre, d'environ 2″,5 : dans le mois de janvier suivant, l'*avance* moyenne diurne était de plus de 1″.

Le n.° 2 offre des variations plus fortes. Ces deux garde-temps avaient donc une marche moins régulière que la montre de poche du général *Brisbane*, quoique celle-ci ait été portée, et que les deux chronomètres d'*Earnshaw* soient constamment restés à l'observatoire royal de Greenwich.

Par un *bill* relatif à la détermination des longitudes en mer, le parlement d'Angleterre promettait une récompense de 10,000 livres sterling [10,000 louis] à l'artiste qui exécuterait des chronomètres assez parfaits pour donner la longitude, au bout de six mois, sans une erreur de *deux minutes de temps*. Les conditions de ce prix, qui jusqu'ici n'a point été décerné, sont parfaitement remplies par le chronomètre de M. *Breguet*, dont nous allons rapporter la marche ; car dans les combinaisons les plus défavorables, l'avance diurne d'un mois ne donnerait guère, au *bout de six mois,* qu'une erreur d'*une seule minute.* Ce chronomètre appartient au capitaine *Bigot,* de la marine royale, et a été suivi par lui à bord de *la Pallas,* en rade de l'île d'Aix.

Marche du Chronomètre du capitaine Bigot.

		Avance diurne.
Du 15 septemb. 1810 au 22		+ 3″,0.
22	4 novembre	2 ,8.
4 novembre	13	3 ,0.
13	20	2 ,7.
20	23	2 ,6.
22	26	2 ,8.
26	1.er décembre	2 ,5.
1.er décembre	4	2 ,4.
4	17	2 ,6.
17	23	2 ,8.
23	28	2 ,7.
28	5 janvier 1811	2 ,5.
5 janvier	9	2 ,4.
9	12	2 ,3.
12	18	2 ,5.
18	26	2 ,8.
26	4 février	2 ,6.
4 février	27	2 ,7.
27	12 mars	2 ,8.
12 mars	23	2 ,6.
23	6 avril	2 ,3.
6 avril	20	2 ,5.
20	9 mai	2 ,4.
9 mai	25	2 ,6.
25	7 juin	2 ,3.
7 juin	12	2 ,3.
12	23	2 ,4.
23	14 juillet	2 ,3.
14 juillet	2 septembre	2 ,5.
2 septembre	8	2 ,3.
8	17	2 ,4.
17	4 octobre	2 ,2.
4 octobre	25	2 ,5.
25	12 novembre	2 ,5.
12 novembre	24	2 ,3.
24	12 décembre	2 ,6.

MM. BERTHOUD frères, rue de Richelieu, n.° 103, à Paris,

Ont exposé trois pièces d'horlogerie, où l'on retrouve le mécanisme et le soin d'exécution qui distinguaient les ouvrages de feu M. *Louis Berthoud* leur père, si justement célèbre par la perfection à laquelle il était parvenu dans la construction des horloges marines.

Le jury a vu avec une satisfaction particulière les ouvrages exposés par MM. *Berthoud* frères; ils font espérer qu'ils marcheront sur les traces de leur père, et qu'ils soutiendront la haute réputation attachée à son nom.

Médailles d'argent.

M. LEPAUTE fils, rue Saint-Thomas-du-Louvre, n.° 42, à Paris,

A présenté plusieurs pièces d'horlogerie, parmi lesquelles le jury a remarqué un régulateur bien conçu et d'une exécution belle et solide. Ce régulateur est semblable à celui que M. *Lepaute* a fourni, il y a plusieurs années, à l'Observatoire, et dont la marche s'est très-bien maintenue jusqu'à ce jour.

Le jury lui décerne une médaille d'argent.

M. BOURDIER, rue S.ᵗ-Sauveur, n.° 14, à Paris,

Auquel il a été décerné une médaille d'argent pour l'ensemble de ses productions, a aussi présenté une pendule astronomique d'une exécution parfaite. Cet ouvrage seul aurait suffi pour mériter à M. *Bourdier* la médaille d'argent.

Médailles
d'argent.

M. PECQUEUR, chef des ateliers du Conservatoire des arts et métiers,

A présenté une pendule de son invention qui marque à-la-fois, sur deux cadrans différens, le temps moyen et le temps sidéral. Le régulateur du temps moyen est un pendule dans lequel la compensation est produite d'une manière particulière avec du mercure. Le temps sidéral est réglé par un échappement libre, avec un balancier circulaire qui bat les demi-secondes ; ces deux mouvemens communiquent entre eux à l'aide d'un rouage qui les maintient dans les rapports de vitesse convenables. Par cet artifice, le nombre des secondes dont la pendule sidérale avance ou retarde sur le temps sidéral, est exactement égal au nombre de secondes qui exprime, au même instant, l'avance ou le retard de la pendule moyenne sur le temps moyen.

Le calcul de l'heure sidérale est extrêmement simple, quand on a observé le passage d'une étoile au méridien : la pendule de M. *Pecqueur* dispenserait donc du calcul de l'heure moyenne, puisque, d'après les dispositions de son mécanisme, la correction est toujours la même pour les deux temps, pour les deux cadrans.

Le jury lui décerne une médaille d'argent.

M. ROBIN fils

Médaille
de bronze.

A présenté deux pendules astronomiques très-bien exécutées. Il soutient la haute réputation que son père avait acquise par de nombreux et importants travaux.

Le jury estime que M. *Robin* est toujours très-digne de la médaille d'argent de 2.e classe, équivalente à la médaille de bronze, qu'il a obtenue à la dernière exposition.

SECTION IV.

Horloges publiques.

M. WAGNER, rue du Cadran, à Paris (Seine),

Est un artiste très-habile pour la confection des mécanismes d'un genre analogue à celui de l'horlogerie.

Il a exposé une grosse horloge propre au service d'une ville ou d'un grand établissement public;

Une machine pour la rotation des phares, qui réunit plusieurs idées utiles de son invention.

M. *Wagner* s'est fait des machines propres à tailler les roues les plus grandes et les plus épaisses, avec une exactitude précieuse pour les mécaniciens. Ses ateliers rendent aux arts des services importans.

Le jury lui décerne une médaille d'argent.

M. LEPAUTE fils, rue Saint-Thomas-du-Louvre, n.º 42, à Paris,

Qui a obtenu une médaille d'argent pour plusieurs pièces d'horlogerie astronomique,

A aussi exposé une grande horloge qu'il a faite pour le palais de Compiègne. Cette machine est parfaitement traitée : elle a un remontoir dont l'action est concentrique à l'axe qu'il sollicite; elle est à équation.

Elle aurait suffi elle seule pour classer M. *Lepaute* au nombre des horlogers les plus distingués.

———

M. TISSOT, rue Quincampoix, n.º 53, à Paris,

Médaille de bronze.

A imaginé un mécanisme au moyen duquel une petite pendule fait sonner les heures sur un timbre d'horloge publique, assez fort pour être entendu à des distances considérables.

Ce mécanisme est ingénieux, simple et d'un effet sûr. Il est sur-tout remarquable par son bas prix; on peut en faire des applications avantageuses dans les communes rurales.

M. *Tissot* a aussi présenté le modèle d'un mécanisme de son invention, qui diminue considérablement le frottement des axes tournans, quels que soient leur diamètre et leur poids.

Le jury lui décerne une médaille de bronze.

———

CHAPITRE XXVI.

INSTRUMENS DE MATHÉMATIQUES, D'OPTIQUE ET DE PHYSIQUE.

LA nation française a été long-temps dans une position d'infériorité pour cette branche d'industrie qui en suppose tant d'autres. Le jury s'est convaincu, par l'inspection des ouvrages qui ont été mis sous ses yeux, et par la connaissance qu'il a d'un grand nombre d'instrumens de construction française, employés avec succès par les astronomes, les géomètres et les physiciens, que, sous le rapport de la précision, sous celui de la perfection du travail et de la modération des prix, nous sommes aujourd'hui dans une position avantageuse.

SECTION Ire

Instrumens à mesurer les angles.

IL s'est fait en France, depuis environ quarante ans, une révolution dans la construction des instrumens à mesurer les angles ; cette révolution a eu son principe dans l'invention des cercles répétiteurs, due aux travaux de *Mayer* et à ceux de *Borda*.

M. *Lenoir*, ingénieur pour les instrumens de mathématiques, qui a obtenu la médaille d'or à la première exposition et la distinction du premier ordre à toutes les suivantes, construisit le premier cercle répétiteur de *Borda.* Cet instrument est devenu d'un usage général. L'avantage qu'il a de donner une grande précision, quoique ses dimensions soient petites, le rend très-précieux pour les observations qui exigent des voyages et le transport de l'instrument sur des points éloignés ou d'un accès difficile : son mérite est reconnu aujourd'hui même chez les nations qui s'étaient d'abord montrées les moins disposées à l'admettre.

Les instrumens qui ont servi à la dernière mesure du méridien, l'une des plus importantes opérations et des plus exactes qui aient été accomplies depuis l'origine de l'astronomie, ont tous été construits en France par MM. *Lenoir* et *Fortin.* Ce dernier, plus spécialement adonné à la construction des instrumens de physique, a secondé, par son talent, les travaux des physiciens français qui ont changé la face de la physique et créé la chimie moderne. Il a construit, avec une habileté rare, les instrumens qui ont servi à la plupart des expériences et des déterminations numériques sur lesquelles ces sciences sont aujourd'hui fondées ; déterminations qui ont demandé l'emploi d'instrumens aussi précis que délicats. Il a aussi construit des instrumens à mesurer les angles, ainsi qu'on le verra à l'article suivant.

M. FORTIN, rue des Amandiers, près du Panthéon, à l'ancien collége des Grassins, à Paris,

A présenté le cercle répétiteur avec lequel la latitude de Formentera a été déterminée par les astronomes chargés de la mesure de la méridienne; une boussole, d'un travail achevé, appartenant à l'Observatoire royal, et destinée à l'observation des variations diurnes de l'aiguille aimantée; une grande règle de platine; un baromètre portatif, &c. &c.

Tous ces instrumens sont exécutés avec l'exactitude et le soin qui distinguent les travaux de M. *Fortin.* cet habile artiste construit dans ce moment, pour l'Observatoire, un cercle astronomique de cinq pieds et demi de diamètre, qui a été examiné par les membres du jury : cet instrument ajoutera à la grande réputation dont M. *Fortin* jouit déjà dans toute l'Europe.

Le jury a décerné à M. *Fortin* une médaille d'or.

M. GAMBEY, rue du Faubourg-Saint-Denis, n.° 52,

A présenté un cercle répétiteur astronomique, un théodolite, un cercle répétiteur à réflexion, une boussole destinée à l'observation des variations diurnes de l'aiguille aimantée, et un comparateur.

Les instrumens de M. *Gambey* nous ont paru des modèles, sous le triple rapport de l'exactitude des divisions, de l'élégance du travail, et des principes qui ont présidé à la construction et à la disposition des pièces nombreuses dont ils se composent, et des mécanismes par lesquels les mouvemens s'exécutent. M. *Gambey*, quoique très jeune, est déjà un artiste du premier ordre.

Le jury lui décerne une médaille d'or.

———————

M. Lenoir fils, rue Saint-Honoré, n.° 340, à Paris,

Médailles d'argent.

Successeur de M. *Lenoir* père, dont il a été précédemment parlé, a exposé

Trois cercles répétiteurs astronomiques, dont le plus grand a un mètre de diamètre ; deux cercles géodésiques ; un miroir parabolique de sa construction, destiné à un phare ; deux boussoles, l'une d'inclinaison et l'autre de déclinaison, dont l'aiguille est à retournement ; et plusieurs autres instrumens à mesurer les angles et à niveler.

Les ateliers de M. *Lenoir* sont connus depuis long-temps ; ils produisent un grand nombre d'instrumens d'astronomie, de mathématiques et de physique.

Le jury lui décerne une médaille d'argent.

MM. Jecker frères, rue de Boudi, à Paris,

Ont obtenu, en l'an 9, une médaille de bronze, et ils ont été jugés dignes de la même distinction à l'exposition de 1806. Ils continuent de livrer au commerce et à la marine une grande quantité d'instrumens de mathématiques et d'astronomie à des prix modérés ; ils auraient exposé des modèles de ces divers instrumens. Le jury a trouvé que leur industrie a pris des accroissemens et reçu des améliorations depuis 1806; il leur décerne une médaille d'argent.

MM. RICHER père et fils, boulevart Saint-Antoine, n.° 71,

Ont exécuté le pied en cuivre de la grande sphère de M. *Poirson.* Le jury a examiné avec beaucoup d'attention un cercle répétiteur des mêmes artistes, qui n'a pu être exposé parce qu'il est maintenant employé par les ingénieurs du dépôt de la guerre, chargés de la mesure du parallèle compris entre Brest et Strasbourg. Cet instrument est exécuté avec beaucoup de soin et d'intelligence.

Le jury décerne à MM. *Richer* père et fils une médaille d'argent.

SECTION II.

Optique.

M. LEREBOURS, opticien, place du Pont-Neuf, à Paris,

A présenté plusieurs lunettes achromatiques qui ont environ quatre pouces d'ouverture, et des distances focales comprises entre trois pieds et cinq pieds et demi; trois objectifs de six pouces, également achromatiques, de huit pieds de distance focale; une lunette de sept pouces et demi d'ouverture, et de dix-huit pieds de foyer; un instrument nouveau qu'il désigne par le nom de *micro-télescope*, une lentille achromatique de quatorze pouces de diamètre ; des verres plans, et une grande variété d'instrumens de moindres dimensions.

La plupart des instrumens de M. *Lerebours* ayant été soumis récemment à l'examen de l'Institut, on ne saurait mieux les faire connaître qu'en transcrivant ici quelques passages des rapports auxquels ils ont donné lieu.

« En nous servant des lunettes de quatorze pouces,
» disent les commissaires de l'Académie, nous avons
» observé plusieurs fois, assez distinctement, la raie
» obscure et presque imperceptible qui prouve que
» l'anneau de Saturne est double; et cependant la pla-
» nète était alors peu élevée sur l'horizon....Les ob-
» servations que nous avons faites sur Jupiter ont prouvé
» qu'à l'égard de l'achromatisme, l'artiste a obtenu toute
» la perfection qu'on est en droit d'espérer. Parmi ces
» objectifs, il s'en est même trouvé qui ont supporté
» sur Jupiter, sans la moindre trace d'iris ou de cou-
» leurs, un grossissement de quatre cents fois, ce qui leur
» assure une supériorité marquée sur la plupart des lu-
» nettes de cette dimension qui ont été construites jus-
» qu'à présent.....Après les travaux dont nous avons
» rendu compte, nous demeurons persuadés qu'aucun
» astronome français n'éprouvera ni le besoin, ni le desir
» de recourir à des artistes étrangers. Une bonne lunette,
» si elle était unique, ne prouverait peut-être que l'ex-
» cellence de la matière, ou le bonheur de l'artiste qui
» aurait, par hasard, réussi à la bien employer; mais
» quand on voit ce nombre d'objectifs, tous façonnés
» de la même main, il est impossible de ne pas con-
» venir que c'est à ses soins, à son adresse, à ses pro-
» cédés et à son expérience, que l'artiste a pu devoir
» des succès aussi éclatans et aussi soutenus.... Quant

» aux verres destinés aux miroirs de sextans, et à la
» construction des horizons artificiels, il est indispen-
» sable que les deux surfaces soient bien planes et
» exactement parallèles. En soumettant ces miroirs
» aux épreuves les plus décisives, nous avons eu la
» satisfaction de voir que l'artiste avait rempli les deux
» conditions dont nous venons de parler, avec une
» précision vraiment remarquable.... Une circonstance
» que nous ne devons pas omettre, parce qu'elle ajou-
» tait beaucoup à la difficulté du travail, c'est que tous
» ces verres sont très-minces, et n'avaient que quatre
» millimètres environ dans leur plus grande épaisseur. »

Dans le rapport fait en 1819 sur la lunette de deux décimètres [sept pouces quatre lignes] d'ouverture réelle, les commissaires annoncent que les images ont de la netteté, ne présentent pas d'iris, même sur les bords de l'objectif, et que la grande quantité de lumière permet d'apercevoir sur la surface des planètes beaucoup de détails que l'on peut à peine soupçonner avec d'autres instrumens.

Le jury décerne à M. *Lerebours*, une médaille d'or.

Médailles d'argent.

M. CAUCHOIX, opticien, quai Voltaire, à Paris,

A présenté à l'exposition de bonnes lunettes de spectacle, à grossissement variable ; une *camera lucida*, avec les perfectionnemens de M. *Amici* ; des verres périscopiques ; de grandes lunettes achromatiques de quarante-deux lignes d'ouverture, et de quatre à cinq pieds de foyer, construites avec du *flint-glass* de M. *d'Artigues* ; un sphéromètre ; un micromètre pour la mesure des corps mous ; une lunette méridienne et une lunette murale ; des cadrans imprimés, &c. &c.

Tous les instrumens de M. *Caurhoix* sont exécutés avec beaucoup de soin et d'intelligence ; cet artiste joint à une habileté peu commune des connaissances théoriques fort étendues. Ses grandes lunettes achromatiques, soumises en 1811 à des épreuves délicates et nombreuses par des commissions de l'Institut et du bureau des longitudes, ont paru fort bonnes.

Le jury lui décerne une médaille d'argent.

Médailles d'argent.

M. Soleil, opticien, rue des Filles-Saint-Thomas, n.° 2,

A présenté des chambres noires fort bien exécutées, plusieurs bons microscopes, des lunettes prismatiques dans lesquelles on remarque plusieurs améliorations, et divers autres instrumens.

M. *Soleil* a acquis une grande habileté dans l'art de refouler le verre pour les usages de l'optique.

Le jury lui décerne une médaille d'argent.

MM. Jecker frères, rue de Bondi, n.° 30, à Paris,

Mentions honorables.

Qui ont obtenu une médaille d'argent pour des instrumens de mathématiques et d'astronomie, ont aussi présenté un assortiment de lunettes pour les usages civils, qui méritent d'être honorablement mentionnées.

M. Haring, au Palais-royal, à Paris.

Il est fait mention honorable d'une fort bonne lunette achromatique présentée par cet opticien.

Citation.

M. CHEVALIER (Vincent) aîné, quai de l'Horloge, n.° 69, à Paris,

Est cité pour avoir présenté divers instrumens d'optique exécutés avec adresse.

SECTION III.

Globes terrestres et célestes.

Médaille de bronze.

M. POIRSON, rue Saint-Pierre-Montmartre, n.° 15,

A présenté des globes célestes et terrestres qui ont paru des modèles en ce genre.

Le jury décerne à M. *Poirson* une médaille de bronze.

Mentions honorables.

MM. DELAMARCHE et DIEN, rue du Jardinet, n.° 13, à Paris,

M. LANGLOIS, rue de Seine, n.° 12, à Paris,

Ont présenté des globes célestes et terrestres fort bien exécutés.

Ils sont mentionnés honorablement.

SECTION IV.

Instrumens divers.

MM. Breguet père, membre de l'académie des sciences, et Breguet fils, quai de l'Horloge, n.° 79, à Paris,

Ont exposé un nouveau thermomètre métallique.

Le temps que le calorique emploie, dans les thermomètres connus, à traverser l'enveloppe vitreuse et à pénétrer la masse du fluide qu'elle renferme, empêche qu'ils ne marquent avec précision les changemens de température de peu de durée. Le nouveau thermomètre de M. *Breguet* les accuse avec une promptitude extrême. Des expériences faites avec soin prouvent que ce thermomètre a marqué une variation de température de 23 degrés centigrades, pendant que le thermomètre à mercure n'indiquait, dans les mêmes circonstances, qu'une variation de 2 degrés centigrades. Cette propriété rend ce nouvel instrument très-précieux pour certaines expériences de physique.

M. *Breguet* s'est mis hors de concours en sa qualité de membre du jury.

M. Collot, boulevart des Filles-du-Calvaire, n.° 17.

Tout le monde connaît ces thermomètres fort répandus dans les cabinets de physique, dont les réservoirs sont ployés en spirale. Dans les thermomètres de M. *Collot*, l'échelle a cette même forme. Il résulte de cette nouvelle disposition, que l'instrument occupe peu d'espace, est très-portatif, et peut être utilement employé quand il s'agit de prendre la température d'une couche liquide peu profonde.

M. RICHER fils aîné, quai Pelletier, n.º 32, à Paris,

A présenté divers instrumens d'aréométrie comparative. Les soins que M. *Richer* a pris pour rendre ses instrumens comparables, lui méritent une mention honorable.

M. ALLIZEAU, quai Malaquais, n.º 15; à Paris,

A exposé divers modèles où sont representés en relief les détails de solution des propositions principales de la Géométrie descriptive de M. *Monge*; d'autres modèles font connaître, avec la même exactitude, la marche des rayons de diverses couleurs dans la plupart des instrumens d'optique.

Ces modèles sont exécutés avec intelligence, et l'établissement de M. *Allizeau* est très-utile à l'enseignement des sciences mathématiques et physico-mathématiques.

M. REGNIER, ingénieur-mécanicien, rue du Colombier, n.º 30,

A exposé un dynamomètre qui avait déjà figuré à l'exposition précédente: depuis, il a reçu plusieurs utiles applications. L'auteur l'a adapté récemment à un anémomètre fort ingénieux, qui est destiné à faire connaître avec quelle force le vent a soufflé en l'absence de l'observateur. Un instrument de ce genre est commandé par le bureau des longitudes, pour l'Observatoire royal.

M. Chemin, rue de la Féronnerie, n.° 4, à Paris.

Les balances qu'il a présentées sont faites avec soin.

M. Champion, rue du Coq-Saint-Jean, n.° 3.

A présenté des mesures linéaires, sur ruban, qui sont recouvertes d'un vernis souple, bien cuit et très-peu hygrométrique.

CHAPITRE XXVII.

INSTRUMENS DE MUSIQUE.

SECTION Ire

Instrumens à Cordes et à Archet.

IL s'est fait une innovation avantageuse et importante dans la construction des violons et des autres instrumens à cordes qui en approchent : on est parvenu à donner à ces sortes d'instrumens, par l'effet seul de la construction, les qualités qu'on croyait ne pouvoir être produites que par le temps, et qui font rechercher dans le commerce les violons de *Stradivarius* et des anciens luthiers italiens. Cette amélioration est due à M. *Chanot*, ancien élève de l'école polytechnique, qui, en modifiant d'une manière raisonnée la forme de toutes les parties du violon, a trouvé le moyen de produire des sons aussi riches, aussi pleins et aussi doux que ceux que l'on obtient des vieux violons. Ce nouvel art produit, pour cent écus, des instrumens qui, au jugement des plus habiles professeurs de Paris, font le même effet que des violons qui se paient ordinairement mille écus.

Les qualités des violons de M. *Chanot* ont été constatées par l'Académie royale des sciences et par celle des beaux-arts. M. *Boucher*, dont le grand talent sur le violon est connu de toute l'Europe, a fait entendre à ces sociétés savan. les violons de M. *Chanot*, comparativement avec les instrumens du même genre reconnus pour les meilleurs de la capitale. Ceux de M. *Chanot* ont soutenu avec avantage le parallèle pour toutes les qualités qui font l'excellence des violons anciens.

M. CHANOT, rue Saint-Honoré, n.° 216,

Médaille d'argent.

A présenté à l'exposition des violons et des instrumens à cordes et à archet, construits d'après ses nouveaux principes.

Le jury ne fait que répéter le jugement de l'Académie royale des beaux-arts, en déclarant que M. *Chanot* a rendu un véritable service à l'art musical et au commerce de la lutherie française, qu'il a rendue supérieure à la lutherie étrangère et même à l'ancienne lutherie italienne.

Le jury lui décerne une médaille d'argent.

SECTION II.

Harpes et Forté-pianos.

MM. ERRARD frères, rue du Mail, n.° 13, à Paris,

Médaille d'or.

Ont présenté à l'exposition quatre pianos et deux harpes.

Les pianos sont tout-à-fait dignes de la haute réputation que ces habiles facteurs ont acquise depuis long-temps : ils ont simplifié le mécanisme de leurs pianos à queue ; en perfectionnant la table d'harmonie, ils ont obtenu des sons nets, vigoureux, brillans, et, d'un bout à l'autre, d'une égalité relative.

Les harpes ont beaucoup d'harmonie.

Les instrumens de MM. *Errard* sont connus de toute l'Europe pour leur supériorité ; leur fabrication est établie en grand, et leurs ateliers occupent un grand nombre d'ouvriers.

Le jury décerne à MM. *Errard* une médaille d'or.

Médailles d'argent.

M. COUSINEAU, rue Dauphine, n.° 20,

A présenté à l'exposition une harpe à chevilles mécaniques tournantes. M. *Cousineau* fut jugé digne de la médaille d'argent à l'exposition de 1806, pour des harpes construites d'après les mêmes principes. Celle qu'il a présentée en 1819 est travaillée avec le soin qui distingue tout ce qui sort des ateliers de M *Cousineau*. Le jury déclare qu'il est toujours digne de la médaille d'argent.

M. PFEIFFER, rue du Mail, n.° 19, à Paris,

A perfectionné le piano carré, qui jusqu'à lui était demeuré inférieur au piano à queue. Par sa construction, le piano carré était borné à une courte table d'harmonie : M. *Pfeiffer*, le premier, l'a fait à longue table, avec une mécanique qui règne sur une seule ligne d'un bout à l'autre du clavier. Il a aussi introduit dans les détails de la mécanique, des améliorations qui rendent le son plus net.

Les pianos carrés de M. *Pfeiffer* sont recherchés dans des pays où, jusqu'à ce jour, on ne se servait que de pianos à queue. Les premiers professeurs de Paris donnent la préférence aux pianos de M. *Pfeiffer*.

Le jury lui décerne une médaille d'argent.

SECTION III.

Instrumens à vent.

M. Boilleau fils, quai de la Mégisserie, n.° 34, à Paris,

Médaille de bronze.

A présenté un cor perfectionné.

Dans le cor ordinaire, il y a une sorte de sons qui ne peuvent s'obtenir que par l'introduction de la main dans le pavillon; ces sortes de sons, qu'on appelle *sons bouchés*, sont toujours d'une autre qualité que les *sons ouverts*. M. *Boilleau* s'est proposé de faire disparaître ce désavantage: il a résolu cette difficulté, et il a construit un instrument avec lequel on obtient les sons du cor dans tous les tons et dans tous les modes, sans introduire la main dans le pavillon. Le jury lui décerne une médaille de bronze.

CHAPITRE XXVIII.

APPAREILS D'ÉCONOMIE DOMESTIQUE.

SECTION I.re

Éclairage.

Médaille
d'argent.

M. BORDIER-MARCET, de Paris, rue du Faubourg-Montmartre, n.° 4,

A déjà paru à l'exposition de 1806, où il présenta des réverbères d'une forme nouvelle pour l'éclairage des villes. Depuis cette époque, il s'est constamment occupé de l'amélioration des appareils d'éclairage.

Les fanaux qu'il a exposés cette année sont construits avec intelligence.

Le jury lui décerne une médaille d'argent.

Médaille
de bronze.

MM. GAGNEAU et BRUNET, de Paris, rue du Faubourg-Saint-Denis, n.° 173,

Ont présenté plusieurs lampes construites avec soin, et qui donnent une belle lumière. Parmi ces lampes, on remarquait un modèle dans lequel l'huile est élevée à la hauteur de la flamme, sans intermit-

tence, par un moyen mécanique ingénieux qui diffère
de celui qui est connu sous le nom de M. *Carcel.*

Le jury lui décerne une médaille de bronze.

Le jury a arrêté de mentionner honorablement

M. Caron, de Paris, rue Croix - des - Petits-
Champs, n.° 13,

Mention
honorable.

Pour les lampes qu'il a mises à l'exposition, notamment pour celles qu'il désigne sous le nom de
lampes à niveau constant.

SECTION II.

Chauffage.

M. Harel, de Paris, rue de l'Arbre - Sec,
n.° 50,

Médaille
d'argent.

A exposé différens appareils économiques, et entre
autres ceux qui sont désignés sous les noms de
fourneau potager et de *coquille à rôtir.*

Tous les appareils de M. *Harel* sont très - bien
construits et d'une combinaison heureuse: ils procu-
rent une économie considérable de combustibles. Les
prix de M. *Harel* sont modérés.

Le jury lui décerne une médaille d'argent.

LE JURY mentionne honorablement,

M. GILBERT, de Paris, rue du Croissant, n.° 9,

Pour les cheminées *à la Desarnod*, faites en poterie, qu'il a exposées, et qui présentent ce qu'il y a de meilleur dans l'état actuel de l'art.

M. HÉRISSON, de Rouen,

Qui a envoyé un modèle de fourneau économique, à trois chaudières.

M. JACQUINET, de Paris, rue Notre-Dame-des-Petits-Champs, n.° 95,

Qui a exposé deux modèles de cheminées *à la Desarnod.*

SECTION III.

Distillation.

M. DE ROSNE (Charles), rue des Batailles, n.° 7, à Chaillot,

A présenté un appareil distillatoire en grand, que M. *Cellier-Blumenthal* a inventé, et que M. *de Rosne* a beaucoup perfectionné.

Cet appareil a l'avantage de pouvoir servir également à la distillation continue des liquides et des matières pâteuses liquides, en supprimant entièrement l'emploi de l'eau comme moyen de condensation et de refroidissement.

M. Charles *de Rosne* a été présenté, en exécution de l'ordonnance du Roi du 9 avril 1819, comme l'un des artistes qui ont contribué aux progrès de l'industrie nationale, et il a obtenu une médaille d'argent. Les perfectionnemens qu'il a apportés à l'appareil de M. *Cellier-Blumenthal* sont au nombre des titres qui lui ont valu cette distinction.

S

CHAPITRE XXIX.

ARTS ET PRODUITS CHIMIQUES.

LES arts chimiques ont presque entièrement été créés en France, depuis l'époque où la science dont ils dépendent a pris les grands développemens dont la génération actuelle a été témoin. C'est entre les années 1780 et 1790 qu'ont eu lieu les travaux qui ont élevé cette science au rang des sciences exactes, en la plaçant sur des bases invariables, et en lui donnant une langue méthodique et régulière.

Avant cette époque, nous tirions presque entièrement de l'étranger les aluns si nécessaires aux teintures, les soudes indispensables pour les verreries et les savonneries, les sulfates de cuivre, les sulfates de fer, l'acide sulfurique, et une foule d'autres substances nécessaires aux arts, comme agens ou comme ingrédiens. Aujourd'hui la France prépare tous ces objets en qualité supérieure, et dans une telle abondance, qu'elle pourrait en fournir aux autres nations.

Il serait hors de notre sujet de faire en détail l'énumération de tous les services que la chimie a rendus aux arts depuis trente ans. Nous devons nous restreindre à un intervalle de temps plus borné, celui qui s'est écoulé depuis l'exposition de 1806. Les progrès que les arts chimiques ont faits depuis cette époque sont très-remarquables.

La fabrication des acides et celle des sels ont pris

de grands accroissemens. Il s'est établi, à cet égard, une concurrence dans toute l'étendue de la France. Les procédés se sont perfectionnés, et il y a eu une grande diminution dans le prix vénal des produits. On peut citer comme exemple de ce dernier avantage, l'acide sulfurique et la soude; ces deux substances sont réduites à-peu-près au dixième de leur ancien prix.

SECTION I.re

Acides et Sels.

§. 1.er *Soude.*

LES procédés pour se procurer la soude par la décomposition du sel marin, sont dus à feu M. *Leblanc*; c'est lui qui a fait les premières tentatives en grand : mais il n'avait pas donné au fourneau à réverbère la forme la plus convenable ; il n'obtenait que des résultats incomplets, et ne put parvenir à faire de ces procédés la base d'une industrie avantageuse. M. *d'Arcet* ayant remarqué que l'imperfection des résultats tenait à la forme des fourneaux, la modifia avec le plus grand succès. Depuis cette époque, la fabrication de la soude artificielle (c'est ainsi qu'on appelle la soude qu'on se procure par la décomposition du sel marin) est devenue une industrie courante. La soude artificielle a été long-temps repoussée par des préjugés ; l'expérience les a presque entièrement dissipés. A l'exposition de 1806, on remarqua que les glaces de Saint-Gobin, les plus belles que l'on connaisse en Europe, étaient fabriquées avec des soudes préparées en France et extraites du sel marin: depuis lors, la fabrication de la soude s'est agrandie. L'art de fabriquer cette substance est poussé à un tel degré de perfection, qu'on la verse dans le commerce, préparée aux degrés convenables pour les besoins de chaque art. Avant l'établissement de cette nouvelle industrie, l'étranger fournissait la presque totalité des soudes nécessaires à nos arts; elles y étaient importées sous les noms de *soude d'Alicante*, de *cendres de Sicile*, ou de *natron d'Égypte*. Aujourd'hui la France n'en reçoit plus qu'une petite quantité.

§. 2. *Alun.*

La fabrication de l'alun est une de celles qui ont reçu le plus d'améliorations depuis l'exposition de 1806; elle a été poussée à un haut degré de perfection. Cependant l'usage de ses produits rencontre encore des obstacles dans les préventions de quelques manufacturiers, et chaque année il y a une importation considérable *d'alun de Rome*. Pour juger jusqu'à quel point ces préventions sont fondées, le jury a cru devoir soumettre à un examen particulier tous les aluns présentés à l'exposition.

Un travail entrepris sous les auspices de la Société d'encouragement, en 1805, par MM. *Roard* et *Thénard*, a constaté que ce qui établit une différence entre les aluns dans leur application à la teinture, c'est la proportion plus ou moins grande de sulfate de fer qu'ils retiennent. Ce fer n'est pas toujours nuisible; on peut même rechercher l'alun qui en contient, pour les travaux sur les cuirs, ou pour la teinture sur laine, lorsqu'il s'agit de produire une couleur foncée : mais il ternit les nuances vives et claires, sur-tout lorsqu'on les applique à la soie. L'alun de Rome se trouve naturellement dépourvu de fer, ou du moins il en contient très-peu. Les teinturiers ont dû le préférer, pour ce dernier usage, aux aluns ordinaires, qui en contenaient une quantité beaucoup plus grande : mais MM. *Roard* et *Thénard* firent voir que l'on pouvait amener tous les aluns à l'état de pureté par la cristallisation.

Ce n'est point d'après une simple indication de la théorie que l'on affirme que les aluns, purifiés par une cristallisation soignée, peuvent complétement remplacer l'alun de Rome. M. *Roard* a prouvé, par des expériences nombreuses et faites avec l'exactitude qui distingue les recherches de ce chimiste, que les aluns français, bien préparés, étaient aussi avantageux que l'alun de Rome pour les nuances les plus délicates sur soie. M. le comte *de la Boulaie-Marillac* vient de confirmer ces résultats par des épreuves qu'il a fait faire, sous ses yeux, aux Gobelins. Des écheveaux de soie ont été teints comparativement, avec la cochenille, la gaude et le bois jaune, en employant pour les uns l'alun de Rome, et pour les autres l'alun purifié de MM. *Chaptal* et d'*Arcet*, sans qu'on ait pu apercevoir quelque différence dans les couleurs.

§. 3. *Acide acétique retiré du bois.*

La préparation de l'acide acétique par la carbonisation du bois, est une industrie nouvellement acquise. Il y avait eu, avant 1806, quelques essais ; mais les procédés n'ont été fixés dans toutes leurs parties, et la fabrication établie avec succès en grand, que postérieurement à cette époque. Plusieurs arts importans, tels que la teinture, l'impression des toiles, &c. emploient l'acide acétique, sous forme d'acétate de plomb ou d'acétate de fer.

———

MM. CHAPTAL fils, D'ARCET et HOLKER, à la fabrique de Thernes près Paris,

Ont exposé un grand nombre de produits chimiques, tels qu'alun, soude, sel d'étain et chlorate de chaux, couperose, acide muriatique, sulfurique, nitrique, oxalique. La préparation de ces produits ne laisse rien à desirer.

On doit à cette fabrique la diminution du prix des produits chimiques les plus importans, par l'abondance qu'elle en a mise dans le commerce et par la perfection de ses procédés. Elle satisfait à tous les besoins des diverses branches d'industrie qui font usage des produits chimiques.

Le jury décerne à MM. *Chaptal* fils, *d'Arcet* et *Holker*, une médaille d'or.

M. MOLLERAT, à Pouilly (Côte-d'Or).

M. *Mollerat* a perfectionné l'art de retirer l'acide acétique du bois, en carbonisant celui-ci : il le concentre tellement, qu'il se cristallise à une température peu élevée; il lui donne le plus grand état de pureté, à tel point que les cristaux sont blancs et transparens comme la glace d'eau pure. Il a rendu par-là un grand service aux arts qui font usage de l'acide acétique.

M. *Mollerat* a exposé des échantillons de cet acide

de sa fabrication et plusieurs produits résultant de ses combinaisons avec d'autres substances, et qui sont d'une excellente préparation.

Le jury décerne à M. *Mollerat* une médaille d'or.

M. BERARD, à Montpellier,

A envoyé à l'exposition de l'alun, du sulfate de fer, et de l'acide nitrique retiré, par une seule opération, des eaux mères des salpêtres. Ces objets sont d'une belle fabrication.

La fabrique de M. *Berard* répand ses produits dans le midi de la France ; les connaissances de ce chimiste et l'intelligence qu'il apporte dans la fabrication ne peuvent qu'accroître la réputation distinguée dont sa manufacture jouit depuis long-temps.

Le jury lui décerne une médaille d'argent.

M. BOBÉE, à Choisy-le-Roi,

A établi une fabrique d'acide acétique, par des procédés qui diffèrent de ceux de M. *Molletat*.

Il a exposé de l'acide acétique et différens produits préparés pour l'usage des arts, et qui résultent de la combinaison de l'acide avec diverses substances.

L'acide est pur, limpide et très-concentré ; les autres produits sont parfaitement préparés.

Le jury décerne à M. *Bobée* une médaille d'argent.

MM. PAYEN et PLUVINET, rue des Jeûneurs, n.° 4,

Ont exposé du sel ammoniac de leur fabrique, lequel remplace celui que l'on tirait de l'étranger.

Le jury leur décerne une médaille d'argent.

M. DELPECH, du Mas d'Azil, arrondissement de Pamiers (Ariége),

A envoyé un échantillon d'alun de sa fabrication ; cet alun, essayé comparativement avec celui de Rome, contenait moins d'oxide de fer.

Le jury lui décerne une médaille de bronze.

M. JACOB, de Marseille,

A présenté du borax qu'il a fabriqué avec l'acide boracique : c'est un art nouveau.

Le jury décerne à M. *Jacob* une médaille de bronze.

LE JURY a décidé que les noms des fabricans ci-après désignés seraient cités dans le rapport :

M. DUBUC le jeune, à Rouen,

Qui a présenté du sulfate de fer d'une belle cristallisation.

M. CHERVEAU, de Conternon (Côte-d'Or),

Qui a présenté des acides, de la soude cristallisée,

et divers produits chimiques utiles aux arts, et bien préparés.

MM. PAYEN fils et CARTIER,

Pour du borax de leur fabrication.

SECTION II.

Couleurs, Céruse.

LES étrangers étaient en possession de nous fournir la plus grande partie de la céruse nécessaire à nos besoins, lorsque la fabrique de Clichy s'est formée. La céruse qu'on y prépare est de première qualité. On a vu à l'exposition un tableau conservé, pendant plusieurs années, au conservatoire des arts et métiers, sur lequel la céruse de Clichy a été mise en comparaison avec celle de Hollande. La moitié de la surface était peinte avec la première, et l'autre avec la seconde. La céruse de Clichy a conservé inaltérablement sa blancheur, pendant que celle de Hollande a jauni en se ternissant. Un autre tableau, également exposé, prouve qu'elle a mieux soutenu les couleurs avec lesquelles on l'a mêlée.

M. ROARD, ancien élève de l'École polytechnique, ancien professeur de teinture à la manufacture des Gobelins, et fabricant à Clichy; à Paris, rue Montmartre, n.° 60, — *Médaille d'or.*

A exposé des produits de sa fabrique en céruse; en minium et mine orange.

Le jury a été plusieurs fois dans le cas de nommer M. *Roard* pour les services qu'il a rendus aux arts: il lui décerne une médaille d'or pour avoir perfectionné, dans sa manufacture de Clichy, la fabrication de la céruse.

***

Médailles de bronze.

M. DESMOULINS, fabricant de vermillon, rue Saint-Martin, n.° 252, à Paris,

A présenté des échantillons de vermillon de sa fabrication : c'est le plus beau qui se soit fait en France ; celui qui était exposé sous le n.° 1 surpasse en beauté tous les vermillons connus.

Le jury décerne à M. *Desmoulins* une médaille de bronze.

M. PÉCARD, de Tours,

A exposé du beau minium de sa fabrication. Le jury lui décerne une médaille de bronze.

***

Mentions honorables.

M. HUMBLOT-CONTÉ, place du Palais-Royal, n.° 23, à Paris.

La fabrication des crayons, qui mérita une médaille d'or à feu M. *Conté*, s'est perfectionnée entre les mains de M. *Humblot.*

Les crayons de cette fabrique sont maintenant parfaitement homogènes ; leur degré de dureté répond constamment au numéro qu'ils portent, et ne change plus avec le temps.

M. *Humblot* a, depuis peu, mis dans le commerce

de nouveaux crayons un peu inférieurs en qualité, mais de beaucoup supérieurs à ceux d'Allemagne dont il se fait en France une grande consommation. Il les donne à bas prix, et il les a marqués de manière que les détaillans ne peuvent jamais les vendre pour ceux de première qualité.

Le jury aurait décerné une médaille d'or à cette fabrique, si elle ne lui avait pas été précédemment accordée.

M. James-Colcomb, de Paris, quai de l'École, n.° 18,

Pour des couleurs nouvelles et solides, à l'usage des peintres.

M. E. Gohin, fabricant de couleurs, rue neuve Saint-Jean, faubourg Saint-Martin, n.° 3,

Pour un assortiment de couleurs.

M. Rouquès, d'Alby (Tarn),

Pour de l'indigo-pastel préparé par lui, et qui ne le cède en rien à l'indigo de l'Inde le plus parfait.

SECTION III.

Savons.

La fabrication du savon a fait des progrès depuis l'exposition de 1806; elle s'est établie dans la ville de Paris, à laquelle elle était étrangère. On y emploie, pour faire les savons les plus recherchés, des matières qui jusqu'alors avaient eu peu de prix. Les procédés sont dus à M. *d'Arcet*, qui les a portés à un haut degré de perfection.

———

Médaille d'argent.

M. ROËLANT, de Paris, rue Culture Sainte-Catherine, n.° 21,

A présenté des savons de ménage de toute espèce, et un assortiment complet de savons de toilette en pain et en poudre.

Les savons de ménage sont de bonne qualité ; il en est qui sont confectionnés avec des graisses au lieu d'huiles.

Les savons de toilette de M. *Roëlant* sont recherchés par les étrangers, de qui nous en tirions autrefois.

Le jury décerne à M. *Roëlant* une médaille d'argent.

———

Mention honorable.

M. PAYEN et compagnie, de Marseille,

A présenté du savon en table très-bien fabriqué ; il en est fait mention honorable.

SECTION IV.

Coll-eforte.

Médailles d'argent.

M. ROBERT, île des Cygnes, n.° 4, à Paris,

Qui a obtenu une médaille d'argent pour la fabrication de la gélatine par le procédé de M. *d'Arcet*, a aussi exposé de la colle-forte provenant de cette gélatine. Cette colle-forte est excellente : elle se distingue

par sa ténacité et par la propriété d'être peu hygrométrique.

Médailles
d'argent.

M. P. J. ESTIVANT, à Givet (Ardennes),

A présenté des colles-fortes d'une très-bonne qualité.
Il obtint, à l'exposition de 1806, une médaille d'argent de deuxième classe, équivalente à la médaille de
bronze. Les colles qu'il a exposées en 1819 sont d'une
qualité supérieure. Le jury lui décerne une médaille
d'argent.

M. ESTIVANT DE BRAU, à Givet (Ardennes),

A exposé de la colle-forte très-belle et de bonne
qualité. Le jury lui décerne une médaille d'argent.

M. BERTOUX, à Saint-Sens (Seine-inférieure).

Médaille
de bronze.

Les colles-fortes qu'il a présentées sont de bonne
qualité.

Le jury lui décerne une médaille de bronze.

LE JURY décide qu'il sera fait mention honorable
des trois fabricans ci-après désignés :

Mentions
honorables.

M. SEIGNEURET (Augustin), de Marseille,

Pour les colles-fortes de Flandre de sa fabrication.

M. MIGNOT, à Pont-Audemer,

M. PIQUEFEU, à Pont-Audemer,

Pour des colles bien nettes et bien clarifiées.

SECTION V.

Cire à cacheter.

Médaille de bronze. MM. GRAFFE frères, rue Saint-Thomas-du-Louvre, n.° 4,

Furent mentionnés honorablement à l'exposition de 1802. Leurs cires à cacheter sont à un prix modéré : elles sont toujours parfaitement préparées ; les couleurs en sont belles et bien nuancées.

Le jury leur décerne une médaille de bronze.

***

Mention honorable. M. THIBAULT, rue des Arcis, n.° 12, à Paris,

A exposé de la cire à cacheter qui est bien préparée. M. *Thibault* est parvenu à faire la cire rouge cramoisie, en remplaçant le vermillon de Chine par une substance indigène.

Le jury a décidé qu'il serait mentionné honorablement.

CHAPITRE XXX.

PRODUITS ALIMENTAIRES.

SECTION Ire

Sucre.

LA fabrication du sucre de betteraves avait prospéré pendant qu'elle était favorisée par un prix élevé résultant de l'imposition de très-fortes taxes à l'entrée du sucre ; mais on n'espérait pas de pouvoir la soutenir, lorsque la suppression ou du moins la diminution des droits d'entrée aurait mis les sucres exotiques en concurrence avec les sucres fabriqués en France. Cependant, la persévérance de M. *Chaptal*, et la perfection qu'il a apportée à toutes les parties du procédé, ont fait faire de tels progrès à cet art, qu'il nous est permis d'espérer qu'on parviendra à pourvoir la France du sucre qui est nécessaire à sa consommation.

Il est constaté de la manière la plus certaine que le sucre de betteraves et le sucre de canne sont deux substances identiques ; il a été prouvé de plus que la culture des betteraves destinées à l'extraction du sucre est avantageuse à la production du blé qui leur succède, et que le résidu de ces racines est une excellente nourriture pour le bétail.

Indépendamment du produit du sucre, les fabriques de betteraves tirent des mélasses une quantité considérable d'eau-de-vie, et elles fournissent du travail à un grand nombre d'ouvriers pendant la saison morte.

Ainsi, sous plusieurs rapports, cette nouvelle industrie mérite la faveur publique et toute la protection du Gouvernement.

L'art de raffiner le sucre a fait des progrès depuis l'exposition de 1806. M. Charles *de Rosne* a introduit dans cet art l'emploi du charbon animal; il a facilité par-là la fabrication du sucre de betteraves, et beaucoup perfectionné le raffinage des sucres de canne.

M. le Comte CHAPTAL,

A envoyé à l'exposition des produits de la manufacture de sucres de betteraves qu'il a établie à Chanteloup.

Ces sucres se faisaient remarquer par leur belle cristallisation; ils étaient les plus beaux de l'exposition. M. le Comte *Chaptal* s'est mis hors de concours en sa qualité de membre du jury.

———

Médaille d'argent.

M. LERAY DE CHAUMONT, à Chaumont-sur-Loire (Loir-et-Cher),

A exposé des pains de sucre de betteraves provenant de sa fabrique. Ce sucre est très-beau.

Le jury a décerné une médaille d'argent à M. *Leray de Chaumont.*

M. Grenet-Pélé, à Toury (Eure-et-Loir),

A présenté de beau sucre de betteraves de sa fabrication.

Le jury lui décerne une médaille de bronze.

Le jury arrête qu'il sera fait mention honorable des fabricans ci-après désignés, qui ont présenté du sucre de betteraves bien fabriqué et de bonne qualité :

M. André, à Pont-à-Mousson (Meurthe).

M. Masson (André), à Pont-à-Mousson.

MM. André et Marmot, à Pont-à-Mousson.

M. de la Nouvelle, de Châteauneuf (Loiret).

M. Crespel de Lisse, à Arras (Pas-de-Calais).

M. Maguin, à Pont-à-Mousson (Meurthe).

M. Regnier fils, de Paris, rue de la Harpe, vis-à-vis celle Serpente,

A présenté de l'essence de café : il a perfectionné la méthode de MM. *Bourgogne* et *Herbien*, dont il est le successeur.

Cette préparation est utile aux voyageurs.

T

Citations.

M. DE BAUVE, de Paris, rue des Saints-Pères, n.º 26.

Chocolat et pastilles : objets soignés.

M. AUGER, de Paris, rue Neuve des Petits-Champs.

Diverses espèces de chocolats broyés au moyen d'un moteur.

SECTION II.

Gélatine.

DEPUIS long-temps des hommes occupés du bien public et de l'amélioration du sort des classes pauvres, avaient fixé leur attention sur la gélatine que renferment les os, et sur la grande quantité de substance alimentaire qu'il serait possible d'en retirer. On proposa d'en faire l'extraction en broyant les os pour les soumettre à l'ébullition ou à l'action du digesteur de *Papin* ; mais ces moyens étaient abandonnés, ou du moins ils n'étaient pratiqués qu'avec des succès très-bornés, lorsque M. *d'Arcet* imagina de faire dissoudre, par l'acide muriatique, le phosphate de chaux qui constitue en quelque sorte la charpente osseuse, et de mettre ainsi à nu la partie gélatineuse que cet acide n'attaque pas. Ce procédé a un succès complet.

On a vu, à l'exposition, des têtes de bœufs qui avaient été traitées de cette manière ; elles étaient entièrement gélatineuses, mais elles avaient conservé toute la forme du squelette.

La gélatine extraite des os par ce procédé, est

applicable à plusieurs usages. Préparée sous diverses formes, elle peut servir d'aliment, et on en fait la meilleure colle-forte connue : il a été constaté que cette substance, prise comme aliment, est nourissante, facile à digérer et très-salubre.

C'est donc un véritable service rendu à l'humanité, que la découverte d'un procédé par lequel on retire une nourriture saine et agréable, de matières jusqu'ici réputées inutiles et qu'on mettait au rebut. Cet art nouveau a un autre avantage ; il donne de la valeur à l'acide muriatique, qui est produit en abondance dans la fabrication de la soude par la décomposition du sel marin, et qui n'avait que très-peu d'emploi.

M. ROBERT, de Pàris, île des Cygnes, n.° 4, *Médaille d'argent.*

A présenté de la gélatine extraite des os par le moyen de l'acide muriatique, suivant le procédé de M. *d'Arcet ;* diverses préparations alimentaires, et de la colle-forte.

Tous ces produits ont été faits dans la fabrique dont M. *Robert* est directeur ; ils sont soignés. Les préparations alimentaires forment une nourriture agréable et salubre.

Le jury décerne à M. *Robert* une médaille d'argent.

M. JULIEN, de Paris, rue Saint-Sauveur, n.° 18, - *Médaille de bronze.*

A exposé une poudre employée en remplacement de la colle de poisson, pour la clarification des vins.

Le jury lui décerne une médaille de bronze.

T 2.

SECTION III.

Comestibles divers.

Mentions
honorables. LE JURY arrête qu'il sera fait mention honorable des fabricans dont la désignation suit :

M DUMARAIS, de Neuilly près Isigny (Calvados),

A exposé du fromage façon de Hollande, de bonne qualité. Cette fabrication nouvelle en France est très-utile.

M. QUINTON, de Bordeaux,

A exposé différens comestibles préparés suivant la methode inventée par M. *Appert*, pour la préparation des substances alimentaires.

M. BOBÉE, de Choisy-le-Roi,

A présenté des viandes préparées suivant le procédé de M. *Salmon-Maugé*, par le moyen de l'acide acétique.

Ce procédé paraît devoir être le principe d'un art nouveau et important.

SECTION IV.

Alimens liquides.

M. CLÉMENT, de Paris, rue du Faubourg-Saint-Martin, n.º 92. Médailles de bronze.

Cet habile chimiste a perfectionné le procédé par lequel on retire l'eau-de-vie de la fécule de pommes de terre. Il a présenté des échantillons d'excellente eau-de-vie ainsi fabriquée, et de très-bonne anisette faite avec cette eau-de-vie.

Le jury décerne à M. *Clément* une médaille de bronze.

M. DE GOUVENAIN, à Dijon.

Ses vinaigres ont été distingués aux expositions de l'an 10 et de 1806 ; il lui fut décerné une médaille de bronze. Les vinaigres qu'il a exposés en 1819 sont d'excellente qualité, et soutiennent parfaitement la réputation de M. *de Gouvenain*.

CHAPITRE XXXI.

POTERIES ET PORCELAINES.

SECTION Ire

Creusets et Terres cuites.

Mentions
honorables. LE JURY a arrêté qu'il serait fait mention honorable de

M. REVOL, de Lyon,

Pour ses creusets, qui ont paru bien résister aux grands changemens de température, et pour ses poteries-grès perfectionnées.

M. LANJOROIS, fabricant, au Montel près Charolles (Saone-et-Loire),

Pour ses poteries-grès perfectionnées, à couverte terreuse, et la bonne fabrication de ses briques réfractaires destinées à la construction des fourneaux.

M. MOLLERAT, de Pouilly (Côte-d'Or),

Qui a obtenu une médaille d'or pour ses produits chimiques, est mentionné honorablement pour des briques à fourneaux, fabriquées, dans de grandes dimensions, par le moyen de la presse, avec de l'argile séchée et en poudre.

M. Legros d'Anisy,

Qui a obtenu une médaille d'argent pour la décoration de la porcelaine par impression, a présenté des tuiles faites au moyen d'une machine; elles sont dures, bien faites, sous le rapport de l'homogénéité de la pâte, de la densité, de l'égalité d'épaisseur, de grandeur et de forme.

MM. Matelin, Jumel et Deniers, à Nibelle près Orléans,

Ont présenté des carreaux de terre cuite, faits à la presse et suivant des formes propres à faire divers compartimens, et diversement colorés. Ces carreaux sont très-plans, très-réguliers dans leurs dimensions, et corrects dans leurs angles. La pâte est d'une bonne texture.

SECTION II.

Faïences et Terres de pipe.

M. Utzschneider, fabricant à Sarguemines (Moselle), ayant son dépôt à Paris, chez M. *Bourlet,* rue du Faubourg-Saint-Denis, n.° 350,

A mis à l'exposition des assiettes de faïence dont la pâte est blanche, dure, compacte; dont l'émail est bien glacé et également étendu, même sur les bords et les arêtes. Le prix en est modéré.

Il a aussi exposé des faïences fines; la pâte est blanche et légère; les pièces sont de bonne forme et même quelquefois élégantes ; la couverture est dure, brillante et point sujette à la trésaillure : elle a soutenu les plus fortes épreuves sans être altérée.

Les faïences de M. *Utzschneider* furent jugées dignes de la médaille d'or à l'exposition de l'an 9. Les qualités de celles qu'il a exposées en 1819 lui auraient fait décerner la même distinction, s'il ne l'avait déjà obtenue.

Il sera rappelé ailleurs pour la fabrication des poteries-grès.

Médaille d'argent.

M. DE SAINT-CRICQ-CAZEAUX, propriétaire de deux fabriques, l'une placée à Creil (Oise), et l'autre à Montereau (Yonne).

Ses fabriques occupent un grand nombre d'ouvriers, et versent dans le commerce des marchandises pour des sommes considérables. Il a exposé des pièces blanches et noires dans des genres variés, dont les formes sont bonnes. Depuis quelques années, il a baissé ses prix, et, sous ce rapport, sa fabrication a éprouvé une amélioration remarquable.

Le jury l'a jugé digne d'une médaille d'argent.

SECTION III.

Poterie - grès.

Médaille d'or.

M. UTZSCHNEIDER, de Sarguemines (Moselle),

A inventé les belles terres cuites qu'on a vues à l'exposition, et qui imitent si parfaitement le porphyre, l'agate et le jaspe.

Il est aussi le fabricant qui a obtenu le plus de succès dans les poteries communes.

M. *Utzschneider* a obtenu la médaille d'or en 1801, et, à chaque exposition suivante, il a produit des objets importans et nouveaux, qui étaient autant de titres à la même distinction.

SECTION IV.

Porcelaine.

LA fabrication de la porcelaine a été naturalisée en France vers le milieu du XVIII.ᵉ siècle. Cet art s'établit à la faveur des encouragemens du gouvernement : il ne fut d'abord considéré par quelques personnes que comme un objet de luxe ; mais il a acquis assez de développement pour devenir une branche importante de l'industrie nationale, qui se soutient par ses propres moyens et alimente un commerce assez étendu.

La France a, dans ce genre, une supériorité décidée. Les porcelaines de Sèvres sont recherchées dans toute l'Europe. Cette manufacture célèbre, où l'on est sans cesse occupé de perfectionner le travail et d'améliorer les procédés, peut être considérée comme la cause première de l'établissement en France de la fabrication des porcelaines ; elle contribue tous les jours au perfectionnement de cette industrie par ses exemples, par l'instruction qui en émane, par les ouvriers qu'elle forme, et par l'émulation que le desir de l'égaler fait naître parmi les entrepreneurs des établissemens particuliers.

La fabrication des porcelaines se divise aujourd'hui en deux industries distinctes, susceptibles d'être exercées séparément : l'une est la fabrication des pièces en blanc ; l'autre a pour objet la décoration.

Porcelaine blanche.

Deux qualités sont nécessaires pour constituer de la bonne porcelaine.

1.° La pâte doit être solide, c'est-à-dire qu'elle doit résister aux changemens de température, et même aux chocs qui ont lieu dans l'usage domestique.

2.° La couverte doit être exempte de ce défaut qu'on nomme trésaillure, et qui se manifeste en ce que la couverte se fendille au moindre changement de température.

Il est d'autres qualités, telles que la blancheur de la pâte, le parfait glacé de la couverte, la légèreté des pièces, la pureté des contours, la finesse et la correction des arêtes, qui sont les signes d'une fabrication distinguée : elles augmentent l'agrément et la valeur de la porcelaine. Cependant leur absence peut être compensée par la diminution du prix; au lieu que rien ne peut racheter les défauts qui résultent de la fragilité et de la trésaillure : toute porcelaine qui en est entachée est décidément de la mauvaise porcelaine, que les consommateurs doivent rejeter, et qui ne doit jamais sortir des ateliers d'un fabricant soigneux.

A l'époque de l'exposition de 1806, l'art de la porcelaine, et sur-tout celui de préparer la pâte, était très-avancé ; il était assez difficile qu'il fît de nouveaux progrès : cependant quelques fabricans se sont perfectionnés ; ils ont fait les pâtes plus solides; ils ont donné aux formes plus de pureté, et aux ornemens plus de netteté. Il est constant néanmoins que la porcelaine blanche n'a pas éprouvé d'amélioration bien sensible dans ses qualités extérieures. L'émulation des fabricans s'est portée sur un autre objet, qui a aussi son importance ; il s'est établi entre eux une concurrence active pour la réduction des prix.

Les ouvriers acquérant tous les jours plus d'habitude, et étant plus exercés, ont pu faire mieux et à meilleur marché ; le prix de la main-d'œuvre pour beaucoup de pièces, et notamment pour les assiettes, a baissé de deux cinquièmes sans que les qualités aient été altérées.

On s'est appliqué à épargner le combustible ; et l'on y a réussi, non pas en modifiant la forme des fours, qui, depuis dix ans, n'a pas reçu de changement notable, mais on a su faire un usage mieux raisonné des fours qui existent : on est parvenu à y placer un plus grand nombre de pièces ; de sorte que maintenant on fait tenir dans un même four près d'un tiers d'assiettes de plus qu'on n'en mettait il y a dix ans ; les frais de combustible se trouvent ainsi répartis sur une plus grande masse de produits.

Le combustible est un des principaux élémens de la valeur vénale de la porcelaine ; par-tout où ce prix est trop élevé, les manufactures de porcelaine blanche se trouvent dans une position désavantageuse. La nécessité de réduire la dépense du combustible s'est fait sentir fortement depuis quelques années ; elle a suggéré les moyens d'économie dont nous venons de parler ; elle a déterminé plusieurs fabricans à former des établissemens dans les départemens où le bois est abondant, et à porter la fabrication de la porcelaine blanche au milieu des forêts. Il en est résulté que le nombre des fabriques de ce genre a diminué à Paris depuis 1810 : mais cette diminution ne peut pas être considérée comme une décadence ; c'est une organisation de travail mieux entendue et plus conforme aux règles de l'économie. La fabrication de la porcelaine, qui semblait, dans l'origine, vouloir se concentrer à Paris, s'étend peu-à-peu sur toute la surface de la France. Paris conservera toujours ses avantages pour la décoration : on y trouve, en moyens d'exécution, en modèles et en artistes habiles, un ensemble de ressources que l'on chercherait vainement ailleurs. Le mouvement qui commence à s'opérer fait entrevoir une époque où les manufactures de département fabriqueront la porcelaine en blanc destinée à être décorée à Paris. Toutes choses se trouvant ainsi dans les circonstances les plus favorables, les prix baisseront sans que les qualités soient dégradées ; ce qui étendra encore la consommation de la porcelaine, et agrandira le commerce que font, dans ce genre, la ville de Paris et les départemens. Mais les fabricans des départemens ne peuvent arriver à ce résultat avantageux qu'en s'appliquant à donner à leurs produits toutes les qualités essentielles et agréables qui constituent la bonne et belle porcelaine. Ils doivent s'attacher à la beauté des formes : le jury leur dira, avec celui de 1806, « que les belles formes ajoutent beaucoup » de prix à la porcelaine : dans l'exécution, elles ne » coûtent pas plus que celles de mauvais goût; » souvent elles coûtent moins......... Quelle que » fût la dépense qu'entraîneraient des modèles faits » par les plus habiles artistes de la capitale, cette

» dépense, répartie sur la multitude de pièces exécutées » d'après ces modèles, ne produirait pas une aug- » mentation sensible. » Le jury ajoutera que, pour les pièces destinées à un usage habituel, la forme doit être combinée de manière à ne pas nuire à la commodité de l'usage; et qu'avec de l'intelligence et du soin, il est toujours possible de concilier la commodité avec l'élégance.

MM. Nast frères, de Paris, rue des Amandiers-Popincourt, n.° 28. *Médaille d'or.*

Les porcelaines qu'ils ont exposées sont remarquables par la qualité de la pâte, la pureté des formes, la netteté des ornemens, tant dans les petites pièces que dans les grandes, par la beauté et la solidité des dorures, et enfin par une fabrication extrêmement soignée.

MM. *Nast* ont appliqué en grand et avec succès la molette à la décoration de la porcelaine.

Parmi les objets qu'ils ont exposés, se trouvaient des colonnes de quatre pieds, d'une seule pièce et très-bien réussies, qui ont particulièrement fixé l'attention des hommes qui savent combien l'exécution en porcelaine des pièces de ce genre présente de difficultés.

Le jury décerne à MM. *Nast* une médaille d'or.

M. Alluaud, fabricant de porcelaine, à Limoges. *Médailles d'argent.*

Ce fabricant a établi à Limoges la fabrication de

la porcelaine en grand, et il a réussi à réunir la bonne qualité de la pâte à des prix très-bas.

Les objets qu'il a présentés à l'exposition sont très-bien fabriqués ; la couverte est bien glacée, n'est pas sujette à tresailler.

Le jury lui décerne une médaille d'argent.

MM. DARTE frères, de Paris, rue de la Roquette, n.° 90,

Ont maintenu leur fabrication au degré de mérite qui leur a acquis la confiance publique. On a particulièrement remarqué les couleurs vives et glacées qui se trouvent dans leurs peintures. Ils ont exposé de grands vases qui prouvent que leur manufacture peut établir les pièces les plus difficiles.

Le jury a jugé MM. *Darte* dignes d'une médaille d'argent.

MM. DAGOTY et HONORÉ, de Paris, boulevart Poissonnière, n.° 4,

Ont exposé des pièces blanches, peintes et dorées, de diverses formes et dans des genres différens : le tout est d'une bonne exécution.

Le jury leur a décerné une médaille d'argent.

MM. CADET DE VAUX et DENUELLES, de Paris, rue de Crussol, n.° 8.

Les pièces qu'ils ont mises à l'exposition sont remarquables par de belles formes et par une exécution soignée : leur dorure *matte* a particulièrement fixé

l'attention du jury, qui leur a accordé une médaille *Médailles d'argent.*
d'argent.

M. SCHŒLCHER, de Paris, boulevart des Italiens, au coin de la rue Grange-Bate-lière,

A présenté à l'exposition un assortiment nombreux de porcelaines, composé d'assiettes, de tasses, de théières, de vases &c., diversement décorés, d'ouvrages de sculpture et de tableaux sur porcelaine. L'étendue du commerce que fait M. *Schœlcher* prouve l'estime que le public fait de ses produits.

Le jury lui décerne une médaille d'argent.

———————

M. LANGLOIS (Joachim), de Bayeux.

Médaille de bronze.

La porcelaine qu'il a envoyée est faite avec des matériaux du pays où sa fabrique est établie. Ce fabricant se fait remarquer par le bas prix de ses produits, et par les usages nombreux et nouveaux auxquels il a appliqué la porcelaine.

Le jury lui décerne une médaille de bronze.

SECTION V.

Décoration des Faïences et des Porcelaines.

LES porcelaines sont susceptibles de recevoir des ornemens très-variés. La main d'un artiste habile peut y déposer les peintures les plus précieuses : mais alors la matière devient un objet secondaire; elle est comme la toile du tableau, et sa valeur n'est plus qu'une petite fraction de celle de la pièce. Des travaux de ce genre supposent un talent particulier et, pour ainsi dire, individuel; leurs produits ne pourraient être assez multipliés pour alimenter un commerce suivi; dès-lors ils n'appartiennent plus aux arts industriels, dont le caractère propre est d'employer des moyens d'exécution qui puissent être pratiqués avec succès par des classes entières d'ouvriers doués d'une adresse ordinaire. Des ornemens bien faits ne peuvent être obtenus à bon marché, s'ils sont uniquement exécutés à la main; ce n'est qu'en faisant usage des procédés mécaniques qu'il est possible de concilier le bon style, l'exécution correcte et soignée, avec des prix modiques.

Il y a à-peu-près quinze ans que l'on a commencé en France à s'occuper des moyens de décorer les porcelaines et les faïences par impression. M. *Gonord* présenta à l'exposition de 1806 des pièces de porcelaine sur lesquelles des gravures en taille-douce avaient été transportées à l'aide de procédés mécaniques. Il a reparu à l'exposition de 1819 avec des produits du même art perfectionné. Il est parvenu à un résultat singulier et pourtant indubitable; une planche gravée étant donnée, il la fait servir à décorer des pièces de dimensions différentes, il étend ou il réduit le dessin en proportion de la grandeur de la pièce, et cela par un procédé mécanique et expéditif, sans avoir besoin de changer la planche. Nous aurons encore occasion de parler de cette découverte, qui recule les limites de l'art calcographique. (*Voyez* chapitre XXXV.)

Depuis environ dix ans, M. *Legros d'Anisy* a

établi des ateliers où la faïence et la porcelaine sont décorées par la gravure et l'impression.

La peinture sur porcelaine a fait depuis vingt-cinq ans des progrès remarquables. On les doit en grande partie à M. *Dilh*; il a composé de bonnes couleurs, il a apprécié l'effet de leurs mélanges. Ce genre d'industrie s'est répandu peu-à-peu hors des ateliers de M. *Dilh*, ce qui a donné à la peinture sur porcelaine une perfection de coloris, de nuances fines et de glacés qu'elle n'avait pas.

La palette du peintre sur porcelaine a été enrichie de plusieurs couleurs nouvelles, parmi lesquelles on doit citer le vert de chrôme pour la peinture, qu'il ne faut pas confondre avec les verts de chrôme préparés pour le grand feu, qui sont employés en teinte unie, et dont on vit des échantillons à l'exposition de 1806; les verts dont nous voulons parler sont des couleurs susceptibles de nuances, et qui donnent les moyens de peindre le paysage avec autant de perfection qu'on le ferait à l'huile.

Une pièce de porcelaine dépourvue de tout ornement, vaut mieux qu'une pièce semblable couverte de dorures à demi dégradées. Il est impossible qu'un fabricant qui se néglige sur ce point conserve la confiance des consommateurs; le bon marché ne peut compenser un défaut aussi grossier; et une manufacture dans les produits de laquelle il est habituel, doit finir par perdre sa réputation et par se ruiner.

M. *Legros d'Anisy* a fait une application heureuse des procédés de la lithographie à la dorure des porcelaines. Jusqu'à présent l'impression en dorure avait l'inconvénient de ne donner que des traits déliés; il fallait ou les laisser dans cet état, ou les remplir à la main : dans ce dernier cas, la façon coûtait à-peu-près le même prix. On a vu à l'exposition des assiettes en porcelaine sur lesquelles une frise en or, large et assez compliquée, a été imprimée par ce procédé, de manière à ressembler assez bien à la dorure faite à la main. Une pièce de ce genre, qui coûterait au moins dix francs, s'exécute déjà pour un franc.

Médaille d'or.

M. GONORD, rue Saint-Antoine, n.° 69,

Qui a obtenu une médaille d'or pour les découvertes qu'il a faites dans l'art de la gravure, a présenté à l'exposition des pièces de porcelaine décorées par impression, suivant son procédé; on y voyait des plats, des assiettes et des soucoupes ornées du même dessin, imprimé dans une grandeur proportionnée à celle de la pièce sur laquelle il était appliqué.

Médaille d'argent.

M. LEGROS D'ANISY, de Paris, rue du Faubourg-Montmartre, n.° 11.

Ce fabricant est le premier en France qui ait fait usage en grand des procédés d'impression pour décorer la porcelaine, la faïence, le verre, &c.

Il a appliqué la lithographie à la dorure large sur porcelaine.

Il a aussi trouvé des moyens mécaniques pour la fabrication des tuiles.

Le jury lui a accordé une médaille d'argent.

SECTION VI.

Préparation des couleurs à peindre la Porcelaine.

AUTREFOIS les peintres sur porcelaine préparaient eux-mêmes les couleurs dont ils avaient besoin. Aujourd'hui cette préparation forme un art particulier, qui est l'objet d'une industrie séparée de la peinture sur les porcelaines. Cette séparation est avantageuse. On obtient de cette manière des couleurs mieux appropriées à leur destination, puisqu'elles sont préparées par des hommes habitués à prévoir leurs effets, lorsque les pièces sur lesquelles on les applique sont mises dans les fours. Le peintre sur porcelaine n'a plus besoin de suspendre ses travaux pour préparer ses couleurs; il a toujours à sa disposition les moyens de garnir sa palette de toutes les nuances que peut exiger la peinture dont il est occupé.

Rien ne marque plus sensiblement l'étendue de l'industrie qui a pour objet la fabrication des porcelaines, que l'établissement d'une autre industrie uniquement créée pour lui fournir des couleurs.

M. MORTELÊQUE, de Paris, rue du Faubourg-Saint-Martin, n.° 132,

Médaille
de bronze.

A perfectionné la fabrication des couleurs sur porcelaine.

Il a exposé une tête de vieillard peinte avec des couleurs préparées par lui, et une palette réunissant toutes les couleurs à l'usage du peintre sur porcelaine.

On y remarquait un *pourpre*, deux *gris* et deux *bruns* qu'il fait avec une perfection particulière.

Cet artiste est, en outre, en état de fournir un assortiment complet de couleurs pour la peinture sur verre.

Le jury décerne à M. *Mortelèque* une médaille de bronze.

CHAPITRE XXXII.

VERRERIE, CRISTALLERIE.

SECTION Ire

Glacerie.

ARTICLE Ier

Glaces.

MANUFACTURE de Glaces de Saint-Gobin.

Médaille d'or.

LES glaces qu'elle a envoyées se font remarquer par une excellente fabrication et une grande pureté de verre : elles sont d'une dimension extraordinaire.

Ces produits prouvent que la verrerie de Saint-Gobin, qui est depuis long-temps considérée comme la première manufacture de glaces qu'il y ait en Europe, soutient sa réputation.

Le jury s'empresserait de lui décerner une médaille d'or, si elle ne l'avait déjà obtenue à l'exposition précédente.

Médaille d'argent.

LA COMPAGNIE des manufactures de Saint-Quirin (Meurthe), de Monthermé (Ardennes) et de Cirey, ayant son dépôt à Paris.

Ces manufactures fabriquent des verres à vitres,

des verres blancs, demi-blancs dits verres de table, des verres de couleur, des globes à mettre sur les pendules, des glaces, &c. Les glaces sont fabriquées à Saint-Quirin : cette verrerie, qui, à l'époque de la dernière exposition, faisait des glaces dans le volume ordinaire par le soufflage, a substitué à ce procédé celui du coulage, qui est plus parfait.

La même compagnie établit dans la verrerie de Cirey la fabrication des petits miroirs *à la façon de Nuremberg*, miroirs que l'on a tirés jusqu'à ce jour de l'Allemagne, d'où l'on en importe chaque année pour une somme considérable.

Les produits des différens établissemens de cette compagnie sont très-soignés ; les verres de couleur sont d'une beauté remarquable.

Le jury décerne à la Compagnie de Saint-Quirin, Montbermé et Cirey, une médaille d'argent.

ARTICLE 2.

Étamage des Glaces.

L'étamage est une opération qui présente des difficultés dans les grands volumes, à cause de la grandeur des feuilles d'étain qu'il faut faire égale à celle des glaces. Le transport des glaces étamées, d'un grand volume, est sujet à des inconvéniens assez graves ; il est difficile de l'exécuter sans attaquer quelque partie du tain, ce qui produit des taches qui défigurent la glace et qu'on ne peut réparer qu'en étamant de nouveau la glace entière, opération coûteuse et qui demande des appareils qu'on n'a pas toujours près de soi ; enfin le tain des glaces est sujet à être altéré par le séjour contre des murs ou dans des appartemens humides.

M. *Lefévre*, miroitier de Paris, a réussi à faire disparaître ces inconvéniens, ou du moins il les a réduits à très-peu de chose. Il a trouvé un procédé au moyen duquel on peut étamer une glace avec plusieurs feuilles différentes mises l'une au bout de l'autre; un trou fait dans le tain peut être bouché sans que la glace en demeure tachée; enfin il applique un vernis pour conserver le tain des glaces contre les effets de l'humidité.

Ces procédés sont un véritable service rendu à la glacerie.

M. LEFÉVRE, miroitier à Paris, quai Saint-Paul, n.° 6,

Médaille de bronze.

A présenté à l'exposition des glaces étamées de plusieurs feuilles, et d'autres dans le tain desquelles on a fait exprès des trous qui ont été réparés par les procédés de M. *Lefévre :* dans l'un et dans l'autre cas, il était impossible de reconnaître les sutures du côté de la réflexion.

Le jury décerne à M. *Lefévre* une médaille de bronze.

SECTION II.

Cristallerie.

PENDANT long-temps la France tirait de l'étranger les cristaux qu'elle consommait : aujourd'hui elle en fabrique au-delà de ses besoins. Nos manufacturiers dans ce genre ne redoutent la concurrence d'aucune nation, ni pour la qualité des cristaux, ni pour le prix. L'art est si généralement connu, que le jury a pensé qu'il n'était pas nécessaire d'accorder des distinctions pour cette partie : mais il est un art qui se rattache à la cristallerie, qui mérite une attention particulière, et qui a besoin d'être encouragé ; c'est celui de la taille des cristaux. Des milliers d'ouvriers sont occupés à donner à cette matière les nombreuses facettes et les ornemens qui la rendent si précieuse et si belle, et qui la font rechercher. Sous le rapport du goût et de la beauté de l'exécution, cette industrie est très-avancée parmi nous : elle donne lieu à un commerce assez important.

Médailles d'or.

M. Chagot, propriétaire de la manufacture de Montcenis, ayant son dépôt à Paris, boulevart Poissonnière, n.° 11,

A exposé de grands candélabres, un lustre, des vases et diverses pièces, toutes d'une grande richesse et d'un goût exquis.

Les cristaux mis en œuvre par M. *Chagot* ont été fabriqués dans sa cristallerie du Creusot.

Le jury décerne à M. *Chagot* une médaille d'or.

M.ᶜ veuve Desarnaud-Charpentier, à Paris, au Palais-Royal,

Est la première qui ait fabriqué des candélabres, des pendules, de grands et de petits vases d'ornemens pour les cheminées et des meubles en cristal ornés de bronze.

Les pièces qu'elle a exposées sont toutes remarquables par leur beauté et le goût qui a présidé à la taille ; plusieurs le sont par la grandeur de leurs dimensions.

Les cristaux mis en œuvre par Mme *Desarnaud* sont de la fabrique de M. *d'Artigues.*

Le jury décerne à Me *Desarnaud* une médaille d'or.

———————

M PHILIDOR, rue de Bondy, n.° 10 ,

Est mentionné honorablement pour les cristaux qu'il a exposés, et pour le soin et le goût avec lesquels ils sont travaillés.

———————

SECTION III.

Strass.

LA fabrication du strass attirait peu l'attention des artistes , lorsque la société d'encouragement proposa un prix pour cet objet : on doit à ce concours les perfectionnemens que cette fabrication a éprouvés.

M. DOUAULT-WIÉLAND , metteur en œuvre, rue Sainte-Avoye, n.° 19,

Qui a remporté le prix proposé par la société d'encouragement pour la fabrication du strass, a présenté des parures et des bijoux de toutes les espèces

Médailles
de bronze.

en pierre blanche, et de couleur qui ne le cèdent point pour l'éclat aux plus belles pierres précieuses naturelles.

Le jury lui décerne une médaille de bronze.

SECTION IV.

Objets divers.

M. LUTTON, rue du Marché-Neuf, n.° 22, à Paris,

S'est occupé depuis long-temps de la recherche des moyens pour placer sur les vases de verre destinés à contenir les acides, des inscriptions que les acides les plus puissans ne pussent faire disparaître : ses succès dans ce genre lui méritèrent une médaille de bronze à l'exposition de 1806.

M. *Lutton* a encore amélioré les procédés qui lui valurent cette distinction ; il en a même imaginé de nouveaux.

Incrustation.

L'incrustation dans le cristal est un art qui a éprouvé des perfectionnemens, et qui donne lieu aujourd'hui à une industrie assez importante. Depuis long-temps on incrustait dans le verre, des terres, des couleurs ou d'autres objets de fantaisie : maintenant, à la manufacture du Creusot, on a fait de ce travail un art perfectionné ; et les objets que cet établissement a exposés, ont fixé l'attention du public.

Le Jury a arrêté qu'il serait fait mention honorable de

M. Chagot,

Qui a obtenu une médaille d'or pour ses cristaux : il mérite aussi d'être mentionné très-honorablement pour les incrustations faites à sa manufacture du Creusot, qu'il a mises sous les yeux du public.

M. Paris, de Paris, passage Montesquieu, n.° 13.

M. Desprez, de Paris, rue des Récollets, n.° 2.

Les deux fabricans qui viennent d'être nommés sont mentionnés honorablement pour les objets incrustés dans des cristaux qu'ils ont exposés.

M. Hazard-Mirault, de Paris, rue Sainte-Apolline, n.° 2.

M. Desjardins, de Paris, boulevart du Temple, n.° 33.

Ces deux artistes sont mentionnés honorablement pour les yeux artificiels qu'ils ont fabriqués.

CHAPITRE XXXIII.

ÉBENISTERIE, TRAVAIL DU BOIS.

L'ÉBENISTERIE est une des branches les plus importantes de l'industrie parisienne. La faveur et la préférence dont jouissent en France et à l'étranger les meubles faits à Paris, sont dues aux efforts soutenus et heureux que les fabricans ne cessent de faire. Leurs productions réunissent le choix des formes, le bon goût de la décoration et toutes les combinaisons propres à rendre l'usage facile et commode. Les meubles qui furent mis à l'exposition de 1806 étaient remarquables par leur beauté et leur élégance : on n'a pas été moins satisfait des objets exposés cette année. Le public a admiré des meubles dans des genres variés, fabriqués avec des bois indigènes; meubles d'autant plus intéressans, qu'ils prouvent la possibilité de meubler et d'embellir les habitations avec les produits de notre sol et sans employer les bois étrangers.

Médaille d'or.

M. DESMALTER (Jacob), de Paris, rue Meslée, n.° 55,

Avait déjà paru à l'exposition de 1806, où il a obtenu une médaille d'or. Il s'est concerté avec M. *Oberkampf*, pour présenter, à l'exposition de 1819, les meubles de sa fabrication, associés avec les toiles peintes pour meubles, préparées par la manufacture de Jouy. Le lit, les chaises, les fauteuils, les canapés, les commodes, les secrétaires, les candélabres, les tables et les autres objets en bois indigène, ont attiré la foule, en présentant le spectacle de deux industries extrêmement perfectionnées, qui se faisaient valoir mutuellement.

Le jury aime à déclarer que M. *Jacob Desmalter* est toujours digne de la distinction qu'il a obtenue en 1806.

L'ÉCOLE ROYALE d'arts et métiers de Châlons-sur-Marne,

Qui a obtenu une médaille d'or pour l'ensemble de ses produits, avait exposé des objets d'ébénisterie ornés de bronze, qui se faisaient remarquer par une exécution parfaite et par le meilleur goût.

———

M. WERNER, de Paris, rue de Grenelle-Saint-Germain, n.° 126,

Médailles d'argent.

A exposé des meubles en bois indigène, de genres différens et variés. Tous se distinguent par de belles formes, des dessins d'un bon goût et une fabrication extrêmement soignée.

Le jury lui décerne une médaille d'argent.

M. LEFÉVRE, mécanicien, rue Saint-Bernard, n.° 21, à Paris,

A présenté des bois refendus pour placage. Il est

parvenu à refendre les bois de toutes qualités jusqu'au nombre de dix-huit feuillets dans un pouce d'épaisseur sur vingt-deux pouces de largeur, qui est la plus grande à l'usage de l'ébénisterie; il conserve aux feuillets la même épaisseur que celle qu'on leur donne, par les autres procédés, en ne retirant que douze feuillets au plus dans un pouce.

Les moyens de M. *Lefévre* exigent moins de force que les moyens ordinaires, et font le double d'ouvrage; son établissement est monté en grand, et il a une machine à feu pour moteur.

Le jury lui décerne une médaille d'argent.

———

Médaille de bronze.

M. HAEKS, de Paris, rue du Faubourg-Saint-Antoine, n.° 47,

A exposé des feuilles de bois d'acajou pour placage, débitées à la scie circulaire. La scie employée par M. *Haeks* a sept pieds de diamètre : il est le premier, à Paris, qui se soit servi de cette espèce de scie pour le débitage du bois de placage.

Le jury lui décerne une médaille de bronze.

———

Mentions honorables.

LE JURY a arrêté qu'il serait fait mention honorable de

M. WILLIAMS SMITH, de Paris, rue et cul-de-sac Coquenard, n.° 22,

Pour avoir exposé des meubles vernis imitant le laque de la Chine.

M. PUTEAUX, de Paris, grande rue Tarane, n.° 10,

Pour des meubles en bois indigènes, d'un bon goût et d'une fabrication soignée.

CHAPITRE XXXIV.

DÉCORS D'ARCHITECTURE.

SECTION Ire

Mosaïque.

Médailles de bronze.

M. BELLONI, rue des Cordeliers, maison de l'ancien couvent,

A présenté le portrait du Roi en mosaïque, deux belles tables rondes et une cheminée. Tous ces objets, et, plus encore, le beau pavé de la salle de Melpomène, au musée de sculpture, prouvent l'habileté de M. *Belloni.*

Le jury s'empresse de déclarer qu'il est toujours très-digne de la médaille de bronze qu'il obtint en 1806.

M. CROVATTO, avenue de Boufflers, n.° 7, à Paris,

A dirigé la confection de la mosaïque à la vénitienne de la colonnade du Louvre.

Cette mosaïque, faite suivant un procédé importé depuis peu d'années, de Venise à Paris, par M. *Crovatto*, est remarquable par la modicité du prix qu'elle a coûté.

Le jury décerne à M. *Crovatto* une médaille de bronze.

———

Le jury a arrêté qu'il serait fait mention hono- **Mentions**
rable de **honorables.**

M. SIMARE, rue de la Barillerie, n.º 18,

Pour des parquets en mosaïque exécutés par un procédé mécanique, à peu de frais, et avec promptitude.

M. STRAUBHART, rue Girard-Boquet, n.º 2;

Pour des tables en mosaïque, et incrustations sur métal.

———

SECTION II.

Ornemens en sculpture et en dorure.

M. HIRSCH, rue Porte-Foin, au Marais, n.º 3; **Médaille**

de bronze.

A présenté différens échantillons d'ornemens en carton, pour la décoration des meubles et l'intérieur des appartemens.

Le jury lui décerne une médaille de bronze.

———

Le jury fait mention honorable de **Mention**

honorable.

M. BEUNAT, à Sarrebourg (Meurthe),

Qui a exposé des échantillons d'ornemens pour les meubles et l'intérieur des appartemens, faits avec une pâte particulière.

———

X

SECTION III.

Albâtre.

M. GOZZOLI, rue Jean-Jacques-Rousseau,
n.° 20,

Est mentionné honorablement pour la perfection
avec laquelle sa fabrique exécute des sculptures et des
ornemens de tout genre en albâtre de Florence.

CHAPITRE XXXV.

TYPOGRAPHIE, CALCOGRAPHIE, LITHO-GRAPHIE, &c. ET RELIURE DES LIVRES.

SECTION Ire

Typographie.

LES éditions présentées par MM. *Didot* frères aux premières expositions, étaient si parfaitement belles, que les jurys ne balancèrent pas à les déclarer les plus belles productions typographiques de tous les pays et de tous les âges. A l'exposition de 1806, MM. *Didot* eurent pour concurrent le célèbre *Bodoni*. Le voisinage redoutable des œuvres de cet habile imprimeur ne fit qu'accroître l'estime que les connaisseurs portaient aux productions des deux typographes parisiens. Les éditions qu'ils ont publiées depuis l'exposition de 1806, et dont ils ont présenté des exemplaires à l'exposition de 1819, prouvent qu'ils ont su faire faire des progrès à un art que l'on croyait arrivé à son plus haut point de perfection.

L'art typographique a aussi reçu des perfectionne-mens dans la partie qui a pour objet la gravure et la fonte des caractères ; le jury aura soin de les signaler, en décernant les distinctions méritées par les artistes à qui ces progrès sont dus.

ARTICLE Ier

Gravure et Fonte de caractères.

M. DIDOT (Firmin)

A porté, depuis long-temps, une grande perfection dans la gravure des caractères ; il a donné une nouvelle preuve de son talent par les caractères imitant les écritures à la main.

M. DIDOT (Pierre)

A exposé, avec les belles éditions dont il sera parlé ailleurs, des caractères fondus à l'aide d'un nouveau moule qui contient dix-neuf lettres différentes, et avec lequel un seul ouvrier peut produire, dans un jour, autant de lettres que cinq, et les faire beaucoup mieux.

M. HÉRHAN, rue Servandoni, n.° 13,

A créé et exécuté en grand les procédés du stéréotypage au moyen des caractères mobiles frappés en creux ; il montra des produits de son art à l'exposition de l'an 10 [1802], et il lui fut accordé une médaille d'or. Il continue à s'occuper du perfectionnement de ses procédés.

Parmi les objets qu'il a exposés, se trouvent des matrices en cuivre, frappées à froid, des clichés, des ouvrages de format in-18, in-12, in-8.°, imprimés avec des clichés.

Tous ces objets attesteraient, s'il en était besoin, que M. *Hérhan* est toujours digne de la médaille d'or.

MM. Didot (Henri) et compagnie, rue du
Petit-Vaugirard, n.° 13,

Ont formé, sous le nom de *fonderie polyamatype,*
un établissement destiné à la fonte des caractères, et
dans lequel, au moyen d'une machine appelée *moule à
refouloir,* ils fondent simultanément, et d'un seul jet,
cent à cent quarante caractères qui ont le mérite d'être
très-corrects sur toutes les faces et sur tous les angles, et d'être exactement calibrés dans toutes les
dimensions.

Le jury trouve que M. *Didot (Henri)* a fait faire
un progrès véritable et important à l'art de fondre les
caractères typographiques.

Il lui décerne une médaille d'or.

M. Gillé, de Paris, rue Saint-Jean-de-Beauvais, n.° 18,

A déjà paru aux expositions de l'an 10 et de 1806,
où il obtint une médaille de bronze. Il a présenté à
celle de cette année des caractères d'imprimerie, des
vignettes, des ornemens, &c.; tous sont exécutés de
la manière la plus satisfaisante, et prouvent qu'il est
toujours digne de la distinction qui lui a été accordée.

M. Léger, de Paris, place de l'Estrapade,
n.° 28,

A exposé différens tableaux de vignettes et de
lettres ornées; des caractères nouveaux et une machine
pour la fonte des caractères, perfectionnée par lui et

par M. *Didot-Saint-Léger.* Tous ces objets annoncent un talent véritable et un grand zèle pour les progrès de l'art typographique.

Le jury décerne à M. *Léger* une médaille de bronze.

M. MOLÉ, de Paris, rue de la Harpe, n.° 78.

Les articles qu'il a mis à l'exposition sont nombreux : parmi ceux qui ont attiré particulièrement l'attention du jury, se trouvent de grands cadres contenant une collection de deux cent six variétés de caractères, soit français, soit étrangers, depuis le caractère qu'on nomme la *parisienne*, jusques et y compris la *grosse-sanspareille*; des tableaux de vignettes et de filets en lames; et, enfin, des garnitures à jour dont les imprimeurs font cas.

Le jury lui accorde une médaille de bronze.

ARTICLE 2.

Éditions.

M. DIDOT (Firmin), rue Jacob, n.° 24,

A paru aux expositions précédentes, en communauté avec M. *Pierre Didot* son frère. Depuis qu'ils ne sont plus en société, M. *Firmin Didot* a imprimé plusieurs ouvrages, parmi lesquels on a particulièrement remarqué un *Camoens.* Tout ce qui constitue un chef-d'œuvre de l'art, se trouve réuni dans ce volume, que la calcographie a encore enrichi des plus belles productions.

M. DIDOT (Pierre), de Paris, rue du Pont-de-Lodi, n.° 6,

A exposé plusieurs exemplaires d'ouvrages, parmi lesquels se trouvent un *Boileau* et une *Henriade* qui sont de véritables chefs-d'œuvre de typographie; jusqu'ici on n'a rien produit de supérieur.

MM. *Didot (Pierre* et *Firmin)* ont obtenu la distinction du premier ordre à la première exposition en l'an 6 [1798]; ils se sont présentés à chacune des expositions suivantes avec de nouveaux chefs-d'œuvre qui les rendaient de plus en plus dignes de la médaille d'or.

SECTION II.

Calcographie.

L'ART de la gravure en taille-douce était un peu déchu, mais il s'est relevé. Le grand nombre d'importans ouvrages de calcographie, tels que la Galerie de Florence, et ceux qui ont été publiés depuis une vingtaine d'années pour reproduire les tableaux du musée, la Description de l'Égypte, &c., en multipliant les graveurs, ont donné à beaucoup de talens l'occasion de se développer.

ARTICLE I.er

Procédés de Gravure.

M. GONORD, rue Saint-Antoine, n.° 69,

Médailles d'or.

A fait une découverte dont l'annonce a excité la

surprise du public. Si on lui donne une planche gravée en cuivre, il peut s'en servir pour tirer des épreuves à telle échelle qu'on voudra. Il fait à volonté plus grand ou plus petit que le modèle. Il ne demande que quelques heures, et n'a pas besoin d'un autre cuivre. Ainsi, si l'on mettait à sa disposition les cuivres d'un ouvrage grand atlas, comme est la Description de l'Égypte, par exemple, il pourrait en faire une édition *in-8.º*, et cela sans changer les cuivres.

La certitude du procédé a été constatée par des membres du jury, que M. *Gonord* a admis dans ses ateliers. Sur leur rapport, le jury a décerné à M. *Gonord* une médaille d'or.

Médailles de bronze.

M. THOMPSON, de Paris, rue des Noyers, n.º 33,

A exposé des cadres de gravures exécutées en taille de relief sur bois debout, suivant le procédé anglais. Ces gravures ont la perfection que comportent les ouvrages de ce genre.

Le jury lui a décerné une médaille de bronze.

M. DUPLAT, rue du Cloître - Saint - Benoît, n.º 26,

Exécute la gravure en taille de relief au moyen de planches en bois, en pierre et en métaux.

Il a exposé des produits de son procédé. Le jury les a vus avec satisfaction, et il lui a décerné une médaille de bronze.

LE JURY a arrêté de mentionner honorablement

M. BOUGON fils, rue Saint-Jean-de-Beauvais,
n.° 16,

Pour des gravures en bois bien exécutées.

ARTICLE 2.

Éditions.

Les enfans et héritiers de feu M. DE JOUBERT,
ancien trésorier général des états du Languedoc.

A l'exposition de l'an 10 [1802], ils présentèrent
vingt-trois livraisons de la *Galerie de Florence* ; à
celle de 1806, ils en présentèrent trente-quatre.
Frappé de la beauté de ces livraisons, le jury leur
décerna une médaille d'or. Dans un prospectus imprimé, ils ont annoncé que leur entreprise est terminée par la 48.ᵉ livraison, qui a été publiée avec
succès.

C'est dans cette belle entreprise, commencée et
terminée par les soins et aux frais de la famille de feu
M. *de Joubert*, sous la direction de M. *Masquelier*,
que se sont formés un grand nombre de nos plus célèbres graveurs.

M. LAURENT (Henri), graveur du cabinet du
Roi, rue Neuve-des-Mathurins, n.° 20,

Continue l'entreprise de la *Collection gravée des tableaux du musée roya*., qu'il avait commencée avec

feu M. *Robillard-Péronville*. Il fut accordé une médaille d'or pour les livraisons qu'ils présentèrent à l'exposition de 1806.

M. *Laurent* soutient la réputation de cette entreprise : les livraisons qu'il a présentées à l'exposition de 1819, sont exécutées avec une perfection qui ne laisse rien à desirer. Le jury lui aurait décerné une médaille d'or, s'il ne l'avait déjà obtenue lorsqu'il était en société avec M. *Robillard*.

Médailles d'argent.

MM. TREUTTEL et WURTZ, rue de Bourbon, n.° 17,

Obtinrent, en 1806, une médaille d'argent pour un ouvrage sur Constantinople, dont ils avaient commencé la publication. Cet ouvrage est aujourd'hui achevé, et justifie l'idée avantageuse que les premières livraisons avaient fait concevoir.

Le jury a jugé que MM. *Treuttel* et *Wurtz* étaient toujours dignes de la distinction qui leur a été accordée.

M. REDOUTÉ, rue de Seine, faubourg Saint-Germain, n.° 8,

A exposé l'*Histoire des chênes de l'Amérique septentrionale*, le *Sertum anglicum* de l'*Héritier*, la *Description des liliacés*, les premières livraisons de celle *des roses*, et diverses collections de gravures de plantes en couleurs et en noir, le tout formant plus de seize volumes. Ces ouvrages sont exécutés avec une grande perfection.

M. *Redouté* imprime ses estampes en couleur avec une seule planche, par un procédé particulier qu'il a perfectionné.

Le jury lui accorde une médaille d'argent.

———

Mme veuve Filhol, rue de l'Odéon, n.° 35, *Médailles de bronze.*

A déjà paru à l'exposition de 1806, où elle présenta, avec M. *Landon*, plusieurs livraisons de la gravure des tableaux du musée, exécutée dans un format et avec un genre de travail qui mettent leur ouvrage à la portée des fortunes moyennes, et permettent de le vendre au prix des livres ordinaires. Cette utile entreprise leur fit accorder une médaille de bronze.

Depuis, Mme veuve *Filhol* l'a continué. Elle a exposé cette année de nouvelles livraisons, auxquelles elle a joint des gravures et des dessins d'un goût nouveau. Ces objets prouvent qu'elle est toujours digne de la distinction qui lui fut accordée en 1806.

———

M. Hamelin-Bergeron, de Paris, rue de la Barillerie, n.° 15. *Mentions honorables.*

Son ouvrage intitulé *Manuel du tourneur*, renferme une description complète de cet art important. Il est en trois volumes, dont un a un atlas en quatre-vingt-seize planches.

Le jury a décidé qu'il en serait fait mention honorable.

M. le général ANDRÉOSSY

A présenté un ouvrage sur la ville, le promontoire et le port de Constantinople, ouvrage qu'il a rédigé pendant son ambassade en Turquie. On y trouve un grand nombre de gravures, représentant des moyens dont les arts ont profité.

Il en est fait mention honorable.

MM. LAVALLÉE et RÉVILLE, rue de la Harpe, n.º 80,

Ont présenté un ouvrage intitulé *Vues pittoresques et perspectives du Musée des monumens français.*
Il en est fait mention honorable.

SECTION III.

Lithographie.

L'ART lithographique a été découvert en Bavière : M. *de Lasteyrie* l'a importé en France. On avait d'abord cru que nous ne possédions point l'espèce de pierre qui jouit de la propriété lithographique ; la société d'encouragement proposa un prix pour la faire rechercher en France ; le résultat de ce concours a prouvé qu'elle existe sur plusieurs points de notre territoire.

L'art lithographique s'est établi en France et s'est développé au point où nous le voyons aujourd'hui, depuis la dernière exposition. En multipliant avec une grande rapidité et à bas prix les copies du dessin, il peut être très-utile pour faciliter les descriptions des procédés des arts à l'intelligence desquels le dessin est nécessaire, toutes les fois que ce dessin ne demandera pas une grande précision.

Nous avons eu ailleurs occasion de remarquer que l'industrie manufacturière a déjà su faire une application heureuse de la lithographie pour l'impression en dorure sur porcelaine. On en a aussi fait usage pour l'impression sur étoffe : MM. *Haussmann*, de Mulhausen, ont montré à l'exposition des étoffes imprimées de cette manière, et dont il a été fait mention à l'article de ces fabricans, lorsqu'on a motivé la médaille d'or qui leur a été décernée.

————

LE JURY arrête qu'il sera fait mention honorable de

Mentions honorables.

M. le comte DE LASTEYRIE, rue de Seine,

Pour le service qu'il a rendu en introduisant en France l'art lithographique, et pour la belle exécution des estampes lithographiques qu'il a exposées;
Et de

M. ENGELMANN (Louis), rue Louis-le-Grand, n.° 37,

Pour la belle exécution de ses estampes lithographiques, et pour avoir trouvé le moyen d'imiter, par la lithographie, les effets de *l'acqua tinta* ou lavis.

SECTION IV.

Reliure.

LE JURY a arrêté qu'il serait fait mention honorable de

M. PURGOLD, de Paris, rue Cassette, n.° 18;

M. SIMIER, rue Saint-Honoré;

M. THOUVENIN, rue Saint-Victor, n.° 36,

Pour les reliures qu'ils ont mises à l'exposition; reliures qui se distinguent par leur solidité, par le fini des dorures, et par la tranche-file qui est faite avec un soin extrême.

CHAPITRE XXXVI.

ÉCOLES D'ARTS ET MÉTIERS.

IL existe deux écoles d'arts et métiers, celle de Châlons - sur - Marne, et celle d'Angers : la première, qui fut d'abord établie à Compiègne, était déjà formée à l'époque de la dernière exposition ; celle d'Angers a été fondée postérieurement. Les élèves de ces écoles réunissent à la pratique des arts mécaniques, l'étude des sciences dont ces arts dépendent, et celle du dessin.

École de CHÂLONS-SUR-MARNE.

Médaille d'or.

Cette école présenta, à l'exposition de 1806, divers objets fabriqués par les élèves, et qui méritèrent les éloges du jury.

Elle a exposé cette année des produits très-variés, parmi lesquels on a remarqué,

1.° Des meubles en acajou ornés de bronzes, qui, pour le goût de la composition et la correction de l'exécution, soutenaient très-bien la comparaison avec les plus beaux meubles exposés par les premiers fabricans de Paris (*voyez* chap. XXXIII);

2.° Des limes qui, aux épreuves, ont été trouvées de très-bonne qualité (*voyez* chap. XVI);

3.° Des serrures de sûreté, à secret, dont le travail est soigné et le mécanisme bien entendu ;

4.° Des clefs universelles à tourner les écroux, qui sont construites avec soin, et qui se prêtent à tous les changemens d'ouverture sans perte de temps ;

5.° Des cymbales et un tam-tam.

Jusqu'à ces derniers temps, le procédé employé par les Orientaux pour la fabrication des cymbales et celle du tam-tam étoit inconnu ; une paire de cymbales se payait jusqu'à 500 francs, et un tam-tam jusqu'à 6000 francs. Un des tam-tams fabriqués à l'école de Châlons, et qu'elle a exposés, a paru égal, pour la force et la durée des vibrations, à celui qui est employé à l'orchestre de l'Opéra de Paris, et les cymbales valent les cymbales turques.

On doit à M. *d'Arcet* la découverte des procédés de fabrication des cymbales et des tam-tams, et c'est lui qui les a donnés à l'école de Châlons ;

6.° Un moteur à vapeur, qui a l'avantage d'être transportable à volonté : l'exécution de toutes les pièces est soignée ; les pistons, qui sont métalliques, ne laissent pas d'issue à la vapeur, et tous les mobiles fonctionnent sans bruit, et avec aussi peu de frottement qu'il soit possible.

7.° Une pompe à incendie très-légère, qui occupe très-peu d'espace, et dont le prix est modéré.

Cet ensemble de productions prouve que les arts sont pratiqués avec une grande habileté dans l'école de Châlons ; les élèves qu'elle forme répandent dans les différentes parties de la France la connaissance des meilleures pratiques des arts, et deviennent très-utiles à l'industrie nationale.

M. *Breguet* a déclaré au jury, dont il est membre, que les meilleurs horlogers employés dans ses ateliers ont été élevés à l'école de Châlons.

Le jury, considérant la perfection et la grande variété des produits de l'école de Châlons, dont la plupart méritent une distinction particulière, a décerné à cette école une médaille d'or.

École d'arts et métiers d'ANGERS.

Mention honorable.

Cette école, moins ancienne que celle de Châlons, n'a pas pu présenter des ouvrages aussi importans; cependant elle a exposé des produits qui méritent d'être distingués, savoir:

Des étaux à main, à clef, à pied, à agrafe; des tenailles à chanfrein; des filières doubles garnies de leurs coussinets et tarauds; des clefs universelles; des marteaux à vitrier, et une peloteuse à engrenage, au moyen de laquelle on peut varier la forme du peloton.

Tous les objets exposés par l'école d'Angers sont utiles, d'une bonne forme, et exécutés avec tous les soins nécessaires. Ils prouvent que cet établissement avance à grands pas vers le but de son institution.

CHAPITRE XXXVII.

MANUFACTURES ROYALES.

Manufacture de porcelaines de SÈVRES.

Nous avons déjà remarqué combien l'influence de cette manufacture agit d'une manière heureuse sur le perfectionnement de l'art de fabriquer la porcelaine. Elle fait, toutes les années, au 1.er janvier, une exposition publique de ses plus belles productions; c'est pour cela qu'elle n'a mis à l'exposition générale des produits de l'industrie qu'un petit nombre de pièces.

Elle y a présenté de grands vases d'une belle forme et d'une belle décoration;

Un vase vert chrôme décoré de la manière la plus agréable et la plus riche, en or et en platine;

Un assez grand vase blanc, orné de sculptures en relief, d'une exécution très-soignée. Ce vase, fait dans la manufacture de Sèvres, par M. *Régnier*, est remarquable par la perfection des sculptures, la pureté de la forme et la réussite.

Manufacture des GOBELINS.

Elle a exposé cinq ouvrages anciens et cinq nouveaux, traités avec la perfection que l'on remarque dans tout ce qu'elle produit.

L'art de la tapisserie est porté, dans cette manufacture, à un tel degré de supériorité, qu'elle ne connaît pas de rivaux.

Manufacture de la SAVONNERIE.

Elle a exposé deux tapis de très-grande dimension, qui méritent, dans leur genre, les mêmes éloges que les tapisseries des Gobelins.

Manufacture de BEAUVAIS.

Elle a exposé deux tapis d'appartement, deux dessus de portes, avec plusieurs pièces d'ameublement, exécutées avec beaucoup de soin et de goût.

Si les manufactures royales étaient entrées en concours avec les établissemens particuliers, elles auraient eu droit à des distinctions d'un ordre supérieur.

CHAPITRE XXXVIII.

PRODUITS DU TRAVAIL DANS LES ÉTA-BLISSEMENS DE BIENFAISANCE ET DE CHARITÉ.

PLUSIEURS établissemens ont envoyé à l'exposition des produits de leurs travaux.

Le jury a jugé dignes d'une mention honorable les établissemens suivans :

L'Institution royale des jeunes aveugles, à Paris, dirigée par M. GUILLÉ,

Pour divers produits de corderie et tisseranderie, de vannerie et d'imprimerie, fabriqués par les aveugles, ainsi que pour des tricots à l'aiguille et des ouvrages faits au boisseau.

La Fabrique de charité établie à Vannes (Morbihan), par Mme DE LAMOIGNON, veuve MOLÉ DE CHAMPLÂTREUX,

Pour divers échantillons de dentelles à l'*aune*, et un très-grand nombre d'échantillons d'étoffes de cotons écrus et blancs.

Le Dépôt de mendicité, à SAINT-LIZIER (Arriége),

Pour des tissus en laine et coton, bien fabriqués et bien étoffés.

L'Hospice de la Miséricorde, à PERPIGNAN (Pyrénées-Orientales),

Pour ses draps communs, et d'un bon usage.

L'Association de charité, à CHERBOURG (Manche),

Pour des voiles et des échantillons de dentelles.

L'Hospice de CHERBOURG (Manche),

Pour des tricots, des toiles à matelas, des tissus rayés et à petits carreaux, bien fabriqués.

L'Hospice de MONTEBOURG (Manche),

Pour des étoffes communes et des échantillons de dentelles.

L'Hospice de PONTORSON (Manche),

L'Hospice d'ARRAS (Pas-de-Calais),

L'Hospice d'AVRANCHES (Manche),

Pour des échantillons de dentelles à l'aune, régulièrement faites.

L'Hospice des pauvres, à BEAUVAIS (Oise),

Pour des étoffes de laine assez bien fabriquées.

CHAPITRE XXXIX ET DERNIER.

PRODUITS DU TRAVAIL DANS LES MAISONS DE DÉTENTION ET DE CORRECTION.

ON a vu, à l'exposition, des produits fabriqués par les détenus dans les diverses prisons. Le jury applaudit au zèle des administrateurs qui ont établi le travail dans les maisons de détention ou de correction placées sous leur surveillance. Le travail a le double avantage de soulager la misère présente des prisonniers, et d'améliorer leur moral : en même temps qu'il leur procure des moyens pour adoucir la rigueur de leur situation, il les délivre du poids de l'oisiveté et du danger de ses conseils.

Le prisonnier qui, en subissant la peine que les lois lui ont infligée, a contracté l'habitude d'un travail productif, rentre dans la société avec une véritable dotation ; car il a acquis des moyens honnêtes de pourvoir à ses besoins, et, ce qui est plus précieux, il a appris à connaître les ressources que peut trouver en lui même l'homme qui veut ne devoir l'entretien de son existence qu'à son travail ; et il sent qu'il peut encore prétendre à l'estime des autres hommes.

Le jury a vu avec intérêt les résultats du travail des maisons de correction et de détention, et il a arrêté qu'il serait fait mention honorable de ces produits, ainsi qu'il suit :

La Maison de correction de DOURDAN (Seine-et-Oise).

Nécessaires en nacre, à l'usage des dames.

La fabrication de ces nécessaires en nacre et autres objets de même nature, a été introduite dans cette maison par M. *Pradier* neveu, qui occupe un certain nombre de détenus mis à sa disposition et à sa solde.

M. le maire de Dourdan rend les témoignages les plus honorables de ce fabricant; il loue son désintéressement, et fait remarquer que cet artiste est parvenu, au moyen d'outils ingénieux et par des procédés méthodiques, ainsi qu'à force de soins et de persévérance, à inspirer l'amour du travail à des individus qui n'en avaient ni l'habitude ni le goût, et a réussi à leur faire faire des pièces d'une exécution difficile.

Les Ateliers des prisons du département de LA SEINE,

Bonneterie et tissus bien fabriqués.

La Maison centrale à MELUN (Seine-et-Marne),

Flanelles, siamoises, droguets, serges, cachemires et calicots.

Maison centrale à RENNES (Ille-et-Vilaine),

Toiles écrues, siamoises bien fabriquées, sous la direction de M. *Ruel*, entrepreneur.

La Maison de détention à GAILLON (Eure),

Navettes volantes, dentelles communes, dessus de

carnassières en ficelles, et échantillons d'étoffes ; le tout fabriqué d'une manière louable.

La Maison centrale de détention à CLAIRVAUX (AUBE),

Belles couvertures de coton et de laine , flanelles, draps, tissus mérinos , calicots, et quelques objets tissés en soie et paille.

La Maison de détention à ROUEN ,

Toiles de ménage en fil et coton, bas et dentelles; objets bien conditionnés.

La Maison de détention de MONTPELLIER. ,

Couvertures de laine et coton, légères et néanmoins bien fourrées ; étoffes grossières et bonnets de laine à l'usage des habitans de la campagne , fabriqués d'une manière louable.

La Maison de détention de FONTEVRAULT (Maine-et-Loire),

Échantillons de diverses espèces de toiles de bonne qualité et bien fabriquées.

La Maison de refuge à BOURGES (Cher),

Draps , couvertures et toiles , qui se vendent facilement à Bourges et à des marchands forains qui viennent les chercher dans l'établissement , ce qui prouve que la fabrication est bonne.

RAPPORT

PRÉSENTÉ

A S. E. LE MINISTRE DE L'INTÉRIEUR

PAR LE JURY CENTRAL,

RELATIVEMENT

À L'ORDONNANCE DU ROI DU 9 AVRIL 1819,

RÉDIGÉ PAR M. D'ARTIGUES,

Membre du Jury central, et Rapporteur pour ce qui concerne
l'exécution de l'ordonnance du 9 avril 1819.

RAPPORT

PRÉSENTÉ

A S. E. LE MINISTRE DE L'INTERIEUR.

MONSEIGNEUR,

Les expositions des produits de l'industrie ont toujours été pour la France des époques de gloire et de prospérité manufacturière. Il semble que, fidèles à l'appel de leur Gouvernement, les fabricans fassent alors des efforts pour se surpasser eux-mêmes, et franchissent ainsi les obstacles qui paraissent devoir les arrêter. Félicitons-nous de ce que cette exposition-ci présente encore de semblables résultats, et de ce que les amis de leur pays y trouvent la so-lution de presque tous les problèmes auxquels on croyait ne pouvoir atteindre ; mais sur-tout que les Français apprécient les mesures pater-nelles qui accompagnent en ce jour l'exposi-tion de nos produits. C'est jusque dans les ateliers que des ouvriers obscurs, mais utiles, sont recherchés pour participer aux récom-penses accordées pour les chefs - d'œuvre qu'ils ont aidé à créer ; c'est dans le modeste cabinet des savans désintéressés que la justice du Prince va apprécier le fruit de leurs veilles et de leurs méditations , et juger les décou-vertes qui inventent ou perfectionnent les ma-chines , trouvent les procédés de teintures, de fabrications , et de toutes ces œuvres du génie dont profite rarement celui qui les imagine , mais qui causent la prospérité de tout un genre d'industrie. Notre Monarque a voulu , dans sa justice et sa bonté , que le même jour où les produits les plus parfaits vaudraient des couronnes à ceux qui les au-raient fabriqués , il y eût aussi des couronnes pour l'homme désintéressé qui aurait contribué à leur perfection.

Rendons grâces à la munificence royale, qui va , jusque dans les consciences, chercher les

traces des bonnes actions pour les récompenser, et jouissons par avance de l'essor que
cela doit inspirer à toutes les vertus civiques.
Ce bienfaisant appel a été entendu; et l'on ne
sera pas étonné que les chefs des manufactures,
dont on avait craint que cette mesure n'excitât
la jalousie, aient par-tout été les premiers à
présenter ceux de leurs ouvriers aux travaux
desquels ils devaient rendre justice. Il n'y a
pas un des ouvriers réclamant les bienfaits de
l'ordonnance du 9 avril, qui n'ait été recom-
mandé par ses chefs ; pas un des savans que
nous vous présentons, qui n'ait été appuyé
par les témoignages de tous les fabricans chez
lesquels il avait appelé la prospérité par ses
conseils. Les fabricans du même genre ont,
d'eux-mêmes, invoqué la faveur royale pour
ceux de leurs concurrens dont les exemples
leur avaient servi de guides; preuve certaine
que tous les cœurs se sont unis aux motifs de
bienfaisance et de justice qui ont dicté l'ordonnance du 9 avril, et que les sentimens de
jalousie ou de rivalité qu'on pouvait craindre,
ont été remplacés par l'amour de la patrie et
l'accord fraternel entre tous les citoyens, afin
de concourir aux vues paternelles de notre
Roi.

Mais si le soin qui nous est confié de juger et d'appeler les personnes dignes des récompenses promises par l'ordonnance du 9 avril, est une mission aussi douce qu'elle est favorable pour le Jury ; si, en la remplissant, il sent à tous les momens une douce joie de voir tant et de si grands services appelés à sortir de l'oubli pour être publiés et récompensés, il n'a pu cependant se refuser à un sentiment de regret en voyant tant d'autres titres, au moins aussi valables, condamnés à rester ignorés ; et à ne pas recevoir la publicité qu'ils méritaient ; car, on ne doit pas le cacher, le nombre des hommes désintéressés, modestes et utiles à l'industrie de leur pays, est bien plus grand en France que ne le porte la récapitulation ci-jointe. Est-il quelqu'un qui puisse croire qu'il n'y aurait en France qu'un aussi petit nombre d'hommes dignes de la munificence royale pour le bien qu'ils ont fait à notre industrie ? Nous proclamons, au contraire, qu'il y en a bien davantage ; mais voici les causes qui empêchent de paraître un grand nombre de ceux qui auraient les plus beaux droits pour s'y présenter avantageusement.

Dans tous les départemens, on a choisi les

hommes les plus marquans par leurs travaux relatifs à l'industrie, pour en composer les jurys de départemens ; le jury central est dans le même cas : les membres de ces jurys ont eu la délicatesse de ne pas se mettre sur les rangs pour faire valoir leurs droits à des faveurs dont ils devaient être eux-mêmes les distributeurs ; et l'on doit ajouter à ces personnes ceux qui, étant employés par le Gouvernement, ont cru que l'application de tous leurs moyens et de toutes leurs facultés rentraient dans les devoirs de leurs places, et, à cause de cela, se sont excusés de produire leurs titres.

Telles sont les raisons pour lesquelles les personnes présentées à la munificence de Sa Majesté ne sont qu'au nombre de quarante-sept, dont

10 pour une médaille d'or ;
11 pour une médaille d'argent ;
9 pour une médaille de bronze ;
12 pour une mention honorable ;
5 pour des récompenses pécuniaires.

Il faut espérer que l'exemple de ces personnes, rendant grâces à la munificence royale, exaltera le zèle et le génie de ceux qui, dans les prochaines expositions, viendront se présenter pour prendre part à des distinctions si honorables ; et que tous les citoyens se serrant de plus en plus contre le chef de l'État, il en résultera, pour notre industrie, de nouveaux perfectionnemens, qu'on sera sûr de ne pas voir rester sans gloire pour ceux même qui n'auraient fait que les indiquer à d'autres.

RÉCAPITULATION

Des Personnes présentées par le Jury central pour obtenir des Récompenses, en vertu de l'Ordonnance du Roi du 9 Avril 1819;

PAR ORDRE ALPHABÉTIQUE DES DÉPARTEMENS.

MM. CORDIER et CAZALIS, élèves de l'école de Châlons, demeurant à Saint-Quentin (Aisne),

Constructeurs de machines à vapeur.

Une médaille d'argent.

Ont construit à Saint-Quentin une machine à vapeur sur un nouveau modèle, dont ils ont envoyé le dessin. Cette machine a été jugée très-bonne par tous les membres du jury départemental, et certifiée telle par tous les fabricans de Saint-Quentin; elle est fabriquée à très-bas prix, fonctionne avec la plus grande activité, coûte très-peu à établir : toutes les pièces en ont été faites par eux.

M. ROBERT (Louis), de Privas (Ardèche),

Maître ouvrier.

Une médaille de bronze.

Il a amélioré le travail des soies; la fabrication

Z

s'en est augmentée, et la qualité des soies de ce département est actuellement reconnue supérieure à celle des soies du Piémont.

M. DUFAUD, de Grossouvre (Cher),

Directeur de forges.

La médaille d'or.

Il a établi et perfectionné en France le travail des fers par les cylindres, au sortir de l'affinage par le charbon de terre. Cette amélioration va faire une révolution dans l'art de la forgerie, et nous replacer à côté des peuples les plus avancés dans cet art. M. *Dufaud* a trouvé et publié les moyens de purifier les fers cassant à froid et à chaud. Il a établi à Grossouvre, une machine à lames pour les canons de fusil, laquelle les fait bien plus parfaites et en quantité capable d'en fournir l'Europe entière.

M. CUÉNIN, d'Audincourt (Doubs),

Mécanicien et chimiste.-

Pension à fixer par la munificence royale.

A rendu de la manière la plus désintéressée les plus grands services à toutes les usines du département et des pays voisins, tant en créant, suivant leurs besoins, des machines pour leur usage, qu'en fournissant les plans et les moyens pour former de nouvelles fabriques, et y introduisant une foule de procédés mécaniques et chimiques dont il est l'inventeur. Il est âgé et peu fortuné.

M. BÉLANGER, de Saint-Léger près Roüen (Eure),

Constructeur de machines.

Une médaille d'argent.

A fait, pour la filature de la laine, des machines perfectionnées auxquelles les fabricans de ce département et des départemens voisins rendent une justice unanime, et à qui ils avouent qu'ils doivent la prospérité de leurs fabriques.

M. WILLIAMS AITKENS, de Senonches (Eure-et-Loir),

Ingénieur hydraulique.

Une médaille d'or.

Pour avoir rendu les plus grands services par les perfectionnemens apportés aux machines hydrauliques, aux filatures de coton et de laine, dans le département et dans les environs, ainsi qu'aux clouteries, aux moulins à huile, à vent et à eau, aux papeteries, aux forges, au battage des fers, aux machines à vapeur. Il y a une expression unanime de reconnaissance pour lui, de la part de tous les fabricans du pays.

MM. BERNISET père et fils, de Vienne (Isère),

Menuisiers.

Mention honorable.

M. GRANDJEAN (Pierre-François), de Vienne (Isère),

Serrurier.

Mention honorable.

MM. JOUFFREY frères, de Vienne (Isère),

Charpentiers.

Mention honorable.

M. DERMET (Joseph), de Vienne (Isère),

Charpentier.

Mention honorable.

M. BOUCHET (Jean-Louis), de Vienne (Isère),

Cordier.

Mention honorable.

Pour avoir été très-utiles à l'industrie du département de l'Isère et des départemens voisins, en établissant des usines et des machines de tous les genres, qui ont répandu la prospérité dans toutes les fabriques de la ville de Vienne, et pour avoir formé d'excellens élèves qui se sont répandus, et ont porté par-tout les améliorations exécutées à Vienne.

M. HUGONET (Jean), de Blye (Jura),

Cultivateur.

300 francs à délivrer publiquement par M. le préfet, un jour de fête.

Pour avoir fait une charrue perfectionnée, qui produit le plus grand avantage pour les cultivateurs de ces pays de montagnes, puisque un ou deux bœufs font avec cette charrue le même ouvrage que quatre ou six bœufs avec la charrue ordinaire, ce qui fait que l'on y cultive mieux. Il a envoyé le modèle de sa charrue.

M. BEAUNIER,

Ingénieur en chef des mines et directeur de l'école des mineurs établie à Saint-Étienne (Loire).

La médaille d'or.

Pour avoir établi en France, sur des principes sûrs, la fabrication de tous les aciers dans les usines de la Bérardière, appartenant à M. *Milleret.* Il a monté à fabriquer les aciers fondus, les aciers naturels, et toutes les autres variétés connues dans le commerce. Tous ces aciers sont reconnus de qualité supérieure, ou au moins égale à tout ce qu'on connaissait de plus parfait en ce genre.

M. Burgin, de Saint-Etienne (Loire),

Mécanicien.

Mention honorable.

Pour avoir monté une machine dite *jeu à la serinette*, et perfectionné la fabrication des rubans des franges, &c. &c.

MM. Prost frères (Jean et Antoine), de Saint-Symphorien (Loire),

Mécaniciens.

Une médaille de bronze.

Sont inventeurs d'une machine dite *régulateur*, avec laquelle on fait le double d'ouvrage dans le tissage de la mousseline, qui est beaucoup plus belle. Cette machine est très-simple et à très-bon marché ; elle est répandue par-tout à présent.

M. Fourmand (Bertrand), de Nantes (Loire-inférieure),

Fabricant de machines.

Une médaille de bronze.

Pour avoir été très-utile aux fabriques du pays, et avoir contribué à leur multiplication, pour le bas prix et la perfection de ses machines, et pour beaucoup d'inventions avantageuses.

M. HIMMER (Joseph), de Bazancourt (Marne),

Mécanicien chez M. *Lucas.*

Une médaille de bronze.

Pour le perfectionnement des machines à carder et filer la laine.

M. BLANCHON aîné, de Saint-Hilaire-sur-Rille (Orne),

Serrurier.

300 francs donnés en présence des ouvriers de la ville.

Pour avoir perfectionné le métier à lacets, et être cause de la prospérité de cette industrie dans le département.

M. HALETTE, d'Arras (Pas-de-Calais),

Mécanicien.

Une médaille de bronze.

Pour avoir changé et amélioré le travail des huiles, qu'on obtient à présent en plus grande quantité et de meilleure qualité dans tout le pays, où cette fabrication est une grande partie de la richesse locale.

M. KŒCHLIN (Daniel), de Mulhausen (Haut-Rhin),

Associé de la maison *Nicolas Kœchlin* frères.

La médaille d'or.

Pour avoir non-seulement fait fleurir la manufacture de MM. *Kœchlin* frères, mais pour avoir rendu les plus grands services à toutes les fabriques de toiles peintes de la ville de Mulhausen. Tous les fabricans dont la prospérité des manufactures est prouvée par l'exposition, se sont réunis pour rendre justice à M. *Daniel Kœchlin*, et attester les obligations qu'ils lui ont pour les améliorations auxquelles il les a fait participer tant en teinture qu'en mécanique; de sorte qu'on peut dire que M. *Daniel Kœchlin* a beaucoup contribué à l'existence de la brillante fabrication de toiles peintes qui fleurit dans la Haute-Alsace.

M. DODILLET (Henri-Louis), de Mulhausen (Haut-Rhin),

Mécanicien chez M. *Jappy*.

300 francs envoyés à M. *Jappy*, pour les donner en présence de ses ouvriers.

Inventeur de machines et de laminoirs perfectionnés chez MM. *Jappy*.

M. ANDRÉ (Jacob), de Masseraux (Haut-Rhin),

Ouvrier chez MM. *Kœchlin* frères.

300 francs adressés à MM. *Kœchlin*, pour les donner en présence de ses ouvriers.

Pour différentes machines à parer les chaînes de coton et à bobiner la trame, dont se servent utilement même les autres fabricans.

M. RAIMOND, de Lyon (Rhône),

Professeur de chimie.

La médaille d'or.

Pour les éminens services rendus à la teinture des soies à Lyon. Il n'y a qu'une voix sur les obligations qu'on lui a dans cette ville. Il est aussi inventeur d'un bleu qui porte son nom. Le *bleu Raimond*, en supprimant la dépense de l'indigo, donne une couleur solide et de la plus grande beauté, avec des teintes nouvelles.

M. JACQUARD, de Lyon (Rhône),

Mécanicien.

La médaille d'or.

Pour des perfectionnemens de la machine à faire les étoffes façonnées, qui porte son nom, et dont il est l'inventeur; invention des métiers à faire des couvertures façonnées, des tapis de pied, des étoffes de crin, des tissus pour meubles, des mousselines façonnées, brochées, à jour; des cachemires, des toiles damassées, des rubans façonnés, &c.

M. GONIN aîné, de Lyon (Rhône),

Teinturier.

Médaille d'or.

Pour les découvertes et les perfectionnemens qu'il a introduits dans l'art de la teinture, et pour avoir remplacé complétement la cochenille par la garance dans la teinture écarlate.

M. BONNARD, de Lyon (Rhône),

Mécanicien.

Médaille d'or.

Pour des moyens de filer la soie plus facilement et plus parfaitement qu'autrefois; pour avoir cultivé les vers et perfectionné le décreusage de la soie, et pour un métier à tricot très-parfait, &c.; pour avoir introduit et perfectionné la fabrication du tulle à maille fixe.

M. BRETON (Jean-Antoine), de Lyon (Rhône),

Mécanicien.

Médaille d'argent.

Pour différens perfectionnemens faits au métier à

la *Jacquard*, et diverses améliorations apportées aux métiers à tisser.

M. MICHAUD (Claude), de Lyon (Rhône),

Mécanicien.

Mention honorable.

Pour avoir contribué au perfectionnement du travail des soies.

M. GARDON (Léonard), de Lyon (Rhône),

Marchand tireur d'or.

Médaille d'argent.

Pour avoir trouvé le procédé pour faire le fil de cuivre propre aux travaux des tireurs d'or : les Allemands étaient jusqu'ici en possession exclusive de ce procédé ; et chaque année, la France, et sur-tout la ville de Lyon, achetait à Nuremberg des fils de cuivre pour une valeur très-considérable. Le cuivre préparé par M. *Gardon* a la ductilité convenable ; les tireurs d'or de Lyon trouvent qu'il ne laisse rien à desirer. Il a aussi perfectionné les filières.

M. BRÉANT, de Paris (Seine),

Vérificateur des essais à la Monnaie.

Médaille d'argent.

Pour avoir purifié en grand le platine, et l'avoir

rendu tellement malléable, qu'il a été facile d'en fabriquer de grands vases pour les manufactures, et de les donner à des prix bien inférieurs aux anciens.

M. DOBO (Antoine-Marie), de Paris (Seine);

Mécanicien.

Médaille d'argent.

Pour avoir appliqué les machines à filer le coton aux filatures de laine, et avoir, par ce moyen, perfectionné les filatures de laine.

M. SALNEUVE (François), de Paris (Seine),

Mécanicien.

Une médaille d'argent.

Pour les services qu'il a rendus aux arts dans l'exécution des machines, et pour les améliorations qu'il a apportées.

M. CALLA (François-Étienne), de Paris (Seine),

Mécanicien.

Une médaille d'argent.

Pour les services rendus aux arts en exécutant parfaitement les machines dont ils avaient besoin, et les perfectionnant pour en faire l'application.

M. DEROSNE (Charles-Louis), de Paris (Seine),

Pharmacien , fabricant de sucre.

Une médaille d'argent.

Pour avoir fait connaître et adopter l'usage du charbon animal dans le raffinage des sucres ; il a aussi apporté des perfectionnemens marquans à l'appareil de la distillation de M. *Cellier-Blumenthal.*

M. MISTRAL (Jean-Louis), de Paris (Seine),

Chaudronnier-mécanicien.

Une mention honorable.

A été extrêmement utile aux arts, en exécutant, avec la plus grande précision, les machines qui concernent son état, et pour avoir rendu de grands services à l'industrie sous ce rapport.

M. MANOURY D'HECTOT, de Paris (Seine),

Inventeur de machines.

Une mention honorable.

Pour avoir fait et inventé beaucoup de machines différentes qui ont été utiles dans une foule de circonstances ; ce qui est à la connaissance de l'Académie des sciences et de toutes les sociétés savantes.

M. Didot Saint-Léger, de Paris (Seine),

Fabricant de papiers.

La médaille d'argent.

Pour les progrès qu'il a fait faire à l'art de fabriquer le papier par machine.

La première machine à fabriquer le papier a été imaginée à Essonne, dans les ateliers de M. *Didot*, en 1798, par M. *Robert*. Depuis cette époq   M. *Didot* n'a pas cessé de s'occuper du perfectionnement de cette industrie, et il a contribué aux améliorations les plus importantes qui ont été faites aux premiers procédés, et qui ont porté l'art au degré où il est aujourd'hui.

M. Vitalis, de Rouen (Seine-Inférieure),

Professeur de chimie.

La médaille d'or.

Pour les grands services qu'il a rendus gratuitement à toute la fabrique de Rouen, en fait de teintures ; services auxquels cette fabrique doit sa prospérité actuelle, ce qui est certifié par toutes les autorités et par tous les fabricans du pays.

De la Rue (Julien), de Rouen (Seine-Inférieure)

Apprêteur d'étoffes.

Une médaille d'argent.

Pour les grands services qu'il a rendus à la fabrique

de Rouen , dont il apprête les étoffes. Ce genre de travail a été de la plus grande utilité pour faciliter l'exportation des produits de la rouennerie.

M. PAVIE (Benjamin), de Rouen (Seine-Inférieure),

Teinturier.

Une médaille de bronze.

Pour avoir un des premiers perfectionné l'art de la teinture de coton dans le département de la Seine-inférieure, et n'avoir pas cessé de rendre des services à l'industrie si importante de ce département.

M. LAMI (François), de Rouen (Seine-Inférieure),

Mécanicien.

Une médaille de bronze.

Cet artiste a inventé ou perfectionné plusieurs machines qu'on s'accorde à regarder comme ayant été d'une grande utilité.

M. BÉLANGER , de Versailles (Seine-et-Oise),

Ingénieur des ponts et chaussées,

Une mention honorable.

S'est appliqué à indiquer et à faire exécuter des améliorations aux différentes usines et aux machines pour lesquelles on l'a consulté, et a fait, par ce moyen, le bien de plusieurs fabriques intéressantes.

M. WIDMER (Samuel), de Jouy (Seine - et-Oise,

Mécanicien et chimiste.

La médaille d'or.

Pour les perfectionnemens qu'il a introduits dans l'industrie des toiles imprimées. Il est inventeur d'un vert solide sur les cotons; découverte dont l'importance était tellement sentie, qu'il avait été proposé un prix de 2000 guinées pour celui qui la ferait.

M. DELFAU dit LAMOTTE, de Montauban (Tarn-et-Garonne),

Serrurier-mécanicien.

Une mention honorable.

Pour améliorations et perfectionnemens qu'il a apportés dans la construction de diverses machines.

M. PERDREAU (Pierre-Louis), de Tours (Indre-et-Loire),

Teinturier.

Une médaille de bronze.

Pour avoir fait, dans la teinture des soieries de

Tours, une révolution très-utile par l'introduction des procédés qu'il avait recueillis dans ses voyages.

M. DÉGEN, de Saint-Étienne (Loire),

Mécanicien.

Une mention honorable.

Pour avoir perfectionné la fabrication des velours de Saint-Étienne, et fait diverses inventions.

M. BELOT, mécanicien, à Paris.

Mention honorable.

A établi en 1812, à Paris, et mis en activité un système complet de machines à filer la laine peignée, dont les produits furent remarqués, en 1816, par des commissaires du Gouvernement.

Ce système de machines, transféré dans le département de la Côte-d'Or, a fixé l'attention du jury départemental.

M LEBLANC, dessinateur au Conservatoire des arts et métiers.

Une médaille de bronze.

Pour le service qu'il rend à l'agriculture en publiant une collection gravée des meilleurs instrumens agricoles connus.

LISTE

DES SAVANS, DES ARTISTES
ET DES FABRICANS

Auxquels le Roi a accordé la décoration de la Légion d'honneur, ou d'autres distinctions honorifiques, à l'occasion de l'exposition de 1819.

[À la suite de chaque nom, on indique la page du rapport où la même personne est mentionnée.]

LÉGION D'HONNEUR.

Nomination du 1.er Septembre 1819.

MM.

POUPART DE NEUFLIZE, pag. 7, 15 et 228.

8 Septembre.

CHAPTAL fils, pag. 277, 278.
BREGUET., *horloger*, pag. 239, 243, 263.
LEREBOURS, *opticien*, pag. 258.

10 Septembre.

JANDAU, *chef d'instruction* à l'école de Châlons.

26 Septembre.

WELTER, *chimiste.*

12 Octobre.

DETREY, pag. 103.

17 Novembre.

MM.

M. ARPIN père, *Rapport de 1806*, pag. 62.
BACOT père, *Rapport de 1819*, pag. 14.
BEAUNIER, pag. 162, 357.
BEAUVAIS, pag. 51.
BONNARD, pag. 43, 57, 362.
DEPOUILLY, pag. 50.
DIDOT (Firmin), pag. 324, 326.
DUFAUD, pag. 156, 354.
JACQUART, pag. 47, 361.
KŒCHLIN (Daniel), pag. 124, 360.
LENOIR, pag. 254.
MALLIÉ, pag. 49.
RAYMOND, pag. 111, 361.
SAINT-BRIS, pag. 182.
VITALIS, pag. 116, 366.
UTZSCHNEIDER, pag. 295, 296.
WIDMER, pag. 124.

TITRES DE BARON.

TERNAUX, pag. 3, 8, 13, 30, 36, 37, 122.
OBERKAMPF, pag. 125.

CORDON DE SAINT-MICHEL.

D'ARCET, pag. 212, 213, 275, 278, 284, 290.

————

RAPPORT AU ROI.

SIRE,

VOTRE MAJESTÉ, en me donnant ses ordres pour l'exécution de ses ordonnances du 13 janvier et du 9 avril derniers, sur l'exposition des produits des manufactures françaises, a daigné me faire connaître « qu'in-
» dépendamment des médailles qui seraient
» décernées sur le rapport du jury, elle voulait
» donner des marques particulières de la haute
» protection dont elle honore les arts et l'in-
» dustrie, et qu'elle permettait que j'appelasse
» spécialement sa bienveillance sur les manu-
» facturiers et sur les artistes qui, ayant le
» plus contribué à faire faire des progrès à
» l'industrie française, paraîtraient mériter des
» témoignages plus éclatans de sa satisfaction
» royale. »

Pour remplir les intentions de VOTRE

MAJESTÉ, je crois devoir mettre sous ses yeux les noms de Messieurs

BEAUNIER, *ingénieur en chef des mines.*

BONNARD, *mécanicien et fabricant de tulles,* à Lyon.

FIRMIN DIDOT, *graveur de caractères et imprimeur,* à Paris.

DUFAUD, *directeur de forges.*

JACQUARD, *mécanicien,* à Lyon.

KŒCHLIN (Daniel), *chimiste, fabricant de toiles peintes,* à Mulhausen.

LENOIR, *ingénieur - constructeur d'Instrumens de mathématiques.*

RAYMOND, *chimiste,* à Lyon.

VITALIS, *chimiste,* à Rouen.

WIDMER, *chimiste et fabricant de toiles peintes,* à Jouy.

Je supplie VOTRE MAJESTÉ de leur accorder la décoration de la légion d'honneur. Ils sont tous des artistes d'un grand mérite, quelques-uns même des savans distingués ; ils ont rendu à l'industrie des services éminens par leurs découvertes, par l'instruction qu'ils ont répandue, et par les exemples qu'ils ont donnés.

J'ose solliciter la même faveur pour Messieurs

ARPIN père, *fabricant de mousseline,* à Saint-Quentin.

BACOT, *fabricant de draps,* à Sedan.

BEAUVAIS, *fabricant de soieries,* à Lyon.

DEPOUILLY, *fabricant de soieries,* à Lyon.

MALLIÉ, *fabricant de soieries,* à Lyon.

SAINT-BRIS, *fabricant de limes,* à Amboise.

UTZSCHNEIDER, *fabricant de poteries,* à Sarguemines.

Ces manufacturiers sont des chefs d'établissemens en possession d'obtenir les premières distinctions toutes les fois qu'ils se présentent aux expositions; tous ont ajouté à la réputation de l'industrie française par la perfection de leurs produits, en même temps qu'ils agrandissaient notre commerce par le développement qu'ils ont su donner à leurs fabrications.

Je prends la liberté de demander à VOTRE MAJESTÉ le titre de baron pour MM. TERNAUX et OBERKAMPF; et le cordon de Saint-Michel pour M. D'ARCET.

Dans tout ce qui a été fait depuis vingt ans pour le perfectionnement des manufactures de lainage, on trouve en première ligne le nom de M. *Ternaux ;* sa réputation est répandue dans toute l'Europe.

Votre Majesté a déjà donné la marque la plus précieuse de sa bienveillance à M. *Oberkampf,* en daignant lui adresser des paroles pleines de bonté sur les travaux de son père. En voyant les belles toiles peintes que M. *Oberkampf* a présentées à l'exposition, le public s'est convaincu, et le jury central l'a déclaré, que la manufacture de Jouy n'a point dégénéré entre les mains de M. *Oberkampf* fils.

M. *d'Arcet* est doué d'un talent particulier pour appliquer la chimie à la pratique des arts. Il a perfectionné et étendu des industries déjà connues, a créé des arts nouveaux, et toujours il a généreusement communiqué le fruit de ses travaux au public. On lui doit la découverte des moyens de préserver les ouvriers doreurs des dangers et des maux horribles auxquels leur profession était exposée.

Le nombre des hommes distingués qui ont contribué aux progrès de l'industrie est heureusement considérable, et s'accroît tous les jours : il eût été facile d'étendre les listes que je viens d'avoir l'honneur de soumettre à

VOTRE MAJESTÉ ; mais je me suis imposé la loi de ne solliciter auprès d'Elle qu'avec une extrême discrétion, ces récompenses honorifiques, d'autant plus précieuses qu'elles sont moins prodiguées. Elles exciteront une noble émulation ; chacun voudra mériter un regard de VOTRE MAJESTÉ, et cherchera à s'en rendre digne par de nouveaux travaux.

Je suis avec respect,

SIRE,

de VOTRE MAJESTÉ

Le très-dévoué et très-fidèle sujet,

Le Ministre Secrétaire d'état au département de l'intérieur,

Signé LE COMTE DECAZES.

ORDONNANCES,

RAPPORTS ET CIRCULAIRES

QUI ONT PRÉPARÉ

L'EXPOSITION DE 1819.

[illegible]

[illegible]

[illegible]

[illegible]

ORDONNANCE DU ROI

RELATIVE À L'EXPOSITION PUBLIQUE DES PRODUITS DE L'INDUSTRIE FRANÇAISE.

———

Au château des Tuileries, le 13 Janvier 1819.

LOUIS, par la grâce de Dieu, ROI DE FRANCE ET DE NAVARRE, à tous ceux qui ces présentes verront, SALUT.

Nous avons pensé que l'exposition périodique des produits de nos manufactures et de nos fabriques serait un des moyens les plus efficaces d'encourager les arts, d'exciter l'émulation et de hâter les progrès de l'industrie.

En conséquence, sur le rapport de notre ministre secrétaire d'état de l'intérieur,

NOUS AVONS ORDONNÉ et ORDONNONS ce qui suit :

ART. 1.er Il y aura une exposition publique des produits de l'industrie française, à des époques qui seront déterminées par nous, et dont les intervalles n'excéderont pas quatre années.

La première exposition se fera en 1819 ; la seconde, en 1821.

2. L'exposition de 1819 aura lieu le 25 août et jours suivans, dans les salles et galeries de notre palais du Louvre.

3. Tous les manufacturiers et fabricans établis en France, qui voudront concourir à cette exposition, seront tenus de se faire inscrire au secrétariat général de la préfecture de leur département, à l'époque qui sera indiquée par notre ministre secrétaire d'état de l'intérieur.

4. Chaque préfet nommera un jury composé de cinq membres, pour prononcer sur l'admission ou le le rejet des objets qui lui seront présentés.

5. Un jury central, composé de quinze membres, sera nommé par notre ministre secrétaire d'état de l'intérieur, à l'effet de juger les produits de l'industrie. Il désignera les manufacturiers qui auront mérité, soit des prix, soit une mention honorable.

6. Les prix consisteront, suivant les degrés de mérite, en médailles d'or, d'argent ou de bronze.

7. Un échantillon de chacune des productions désignées par le jury sera déposé au conservatoire des arts et métiers, avec une inscription particulière qui rappellera le nom du manufacturier ou du fabricant qui en sera l'auteur.

8. Notre ministre secrétaire d'état au département de l'intérieur est chargé de l'exécution de la présente ordonnance.

Donné en notre château des Tuileries, le 13 janvier de l'an de grâce 1819, et de notre règne le vingt-quatrième.

Signé LOUIS.

Par le Roi:

Le Ministre Secrétaire d'état au département de l'intérieur,

Signé LE COMTE DECAZES.

MINISTÈRE DE L'INTÉRIEUR.

———

Paris, le 26 Janvier 1819.

LE MINISTRE,

Aux Préfets des Départemens.

MONSIEUR, l'ordonnance du 13 de ce mois, par laquelle Sa Majesté fixe au 25 août de cette année l'exposition des produits de l'industrie française, vous est parvenue. Vous en aurez trop senti l'importance, pour que vous n'ayez pas porté vos vues sur les moyens de concourir à son exécution, avant même de recevoir les instructions que je m'empresse de vous donner.

Le premier objet dont vous avez à vous occuper, est la composition du jury. Vous en choisirez les membres parmi les hommes les plus éclairés dans les arts et les plus capables d'en juger les produits.

Ce jury prononcera sur tous les objets qui seront présentés, et n'admettra que ceux qui lui paraîtront réunir une bonne fabrication ou une grande utilité; il doit sur-tout s'attacher aux objets qui forment une industrie particulière au département : ceux-ci présentent toujours de l'intérêt et caractérisent les localités.

Le jury observera sur-tout de ne pas rejeter les produits grossiers, lorsqu'ils sont à bas prix et d'un usage général.

Il excitera le zèle et l'émulation de tous les manufacturiers et fabricans, pour qu'ils donnent à leurs produits tous les degrés de perfection dont ils seront susceptibles; il leur dira que c'est moins un produit très-soigné et fabriqué à grands frais, sans toutefois l'exclure, qu'un bel échantillon d'une fabrication ordinaire, qu'il faut présenter à l'exposition.

Tous les articles d'industrie reçus par le jury doivent être rendus au Louvre avant le 1.er août; le Gouvernement en paiera le port.

Vous aurez l'attention, Monsieur, de faire mettre un numéro à chacun des produits, ainsi que le nom du fabricant et celui du département.

Vous m'enverrez séparément une note détaillée, dans laquelle vous me ferez connaître l'étendue de la fabrication, les lieux de consommation, le nombre d'ouvriers employé, l'origine des matières premières, les encouragemens qu'on pourrait accorder à chaque genre d'industrie, &c. Ces renseignemens deviennent nécessaires au jury central de Paris, pour déterminer son jugement, et ils seront utiles au Gouvernement pour fixer le degré d'intérêt qu'il doit accorder à chaque fabrique.

Vous remarquerez, Monsieur, que l'ordonnance du Roi n'a pas borné le nombre des prix dont elle annonce la distribution. L'intention de Sa Majesté est d'accorder des encouragemens ou des récompenses à tout ce qui sera vraiment digne de sa munificence. Pour en donner une nouvelle marque, le Roi a daigné permettre qu'indépendamment des médailles qui seront décernées sur le rapport du grand jury, j'appelasse sa bienveillance spéciale sur ceux des manufacturiers ou fabricans désignés pour des prix, et qui, en ayant déjà obtenu dans les précédens concours, ou ayant, par des procédés nouveaux ou des découvertes importantes, fait faire un pas notable à l'industrie nationale, paraîtront mériter des témoignages plus éclatans de la satisfaction royale. Sa Majesté a bien voulu m'autoriser à solliciter pour eux la décoration de la légion d'honneur, et la faveur de lui être présentés.

Sa Majesté a voulu aussi que l'exposition eût lieu dans les salles du palais du Louvre, au moment même où elles viennent d'être terminées, pour marquer d'une manière plus particulière l'intérêt dont elle honore les arts.

Encouragés par une bienveillance si auguste, les manufacturiers et fabricans français redoubleront d'efforts et de zèle pour s'en rendre dignes, et justifieront par leurs travaux le haut degré d'estime où déjà notre industrie est placée en Europe.

Dans cette lutte honorable, les produits de votre département mériteront, je l'espère, Monsieur, une place distinguée. Je serai heureux de le faire remarquer au Roi, et de pouvoir lui dire tout ce que nos manufactures et nos fabriques devront à votre sollicitude, à votre zèle et à vos lumières.

Agréez, Monsieur, l'assurance de la considération la plus distinguée.

Le Ministre Secrétaire d'état au département de l'intérieur,

Signé LE COMTE DECAZES.

RAPPORT AU ROI.

——

Sire,

Votre Majesté, en ordonnant une exposition publique des produits de l'industrie, a pensé qu'une louable émulation naîtrait de ce concours, et qu'elle contribuerait puissamment à l'accroissement de la richesse nationale. Vos espérances, Sire, ne seront pas déçues : déjà les manufacturiers du royaume s'empressent de répondre à l'appel que vous avez daigné leur faire ; ma correspondance m'informe que, dans tous les départemens, ils rivalisent de soins et d'efforts pour mériter les regards de Votre Majesté, et se rendre dignes de sa noble sollicitude.

Mais, Sire, la supériorité des produits de l'industrie n'est pas uniquement due aux lumières, au zèle et à la persévérance des manufacturiers : elle est due aussi au génie inventif des artistes qui ont créé de nouvelles machines, simplifié la main-d'œuvre, amélioré les teintures, perfectionné le tissage.

Bb

Pleins d'ardeur pour les progrès de l'industrie française, la plupart négligent le soin de leur fortune, tandis qu'ils enrichissent nos manufactures par leurs utiles découvertes. VOTRE MAJESTÉ, qui cherche par-tout le mérite pour l'honorer de son auguste protection, ne voudra pas que les travaux de ces hommes modestes demeurent sans récompense. Leurs droits à la reconnaissance publique constituent leurs titres à votre bienveillance. Les manufacturiers célèbres dont ils ont secondé les efforts, et qui, mieux que personne, sont en état d'apprécier leurs services, s'estimeront heureux de pouvoir les reconnaître dignement, en appelant sur eux les bontés de VOTRE MAJESTÉ.

Je crois entrer dans les vues bienfaisantes de VOTRE MAJESTÉ, en la suppliant de donner son approbation au nouveau projet d'ordonnance que j'ai l'honneur de lui présenter, et qui n'est qu'un complément nécessaire de son ordonnance du 13 janvier dernier.

Je suis avec respect,

SIRE,

De VOTRE MAJESTÉ,

Le très-dévoué et très-fidèle sujet.

Le Ministre Secrétaire d'État au département de l'intérieur,

Signé LE COMTE DECAZES.

ORDONNANCE DU ROI.

Au château des Tuileries, le 9 Avril 1819.

LOUIS, par la grâce de Dieu, ROI DE FRANCE ET DE NAVARRE, à tous ceux qui ces présentes verront, SALUT.

Sur le rapport de notre ministre secrétaire d'état au département de l'intérieur,

NOUS AVONS ORDONNÉ et ORDONNONS ce qui suit:

ART. 1.er Dans les départemens où il existe une ou plusieurs branches de grande industrie manufacturière, nos préfets nommeront, avant le 15 mai prochain, un jury composé de sept fabricans, chargé de désigner ceux des artistes qui, depuis dix ans, ont le plus puissamment contribué au perfectionnement des fabriques de leur département, soit par l'invention ou la confection des machines, soit par les progrès qu'ils ont fait faire à la teinture, au tissage ou aux autres procédés des manufactures et des arts.

2. Après s'être assuré du mérite des perfectionnemens que chaque jury aura constatés, et de l'importance des manufactures aux progrès desquelles ils ont concouru, notre Ministre de l'intérieur nous fera con-

naître les noms et les titres des artistes qui pourront prétendre à des récompenses, selon les services qu'ils auront rendus à l'industrie.

3. Les récompenses que nous jugerons à propos d'accorder, seront distribuées en même temps que celles qui seront décernées aux produits de l'industrie dans la prochaine exposition.

4. Notre ministre secrétaire d'état au département de l'intérieur est chargé de l'exécution de la présente ordonnance.

Donné en notre château des Tuileries, le 9 avril, l'an de grâce 1819, et de notre règne le vingt-quatrième.

Signé LOUIS.

Par le Roi:

Le Ministre Secrétaire d'état au département de l'intérieur,

Signé LE COMTE DECAZES.

MINISTÈRE DE L'INTÉRIEUR.

Paris, le 28 Avril 1819.

LE MINISTRE,

Aux Préfets des Départemens.

MONSIEUR, vous avez lu, dans la partie officielle du Moniteur du 15 de ce mois, l'ordonnance royale du 9, qui prescrit, dans les départemens où il existe une ou plusieurs branches d'industrie manufacturière, la formation d'un jury de sept fabricans, chargé de désigner les artistes qui ont le plus contribué au perfectionnement des manufactures pendant les dix années qui viennent de s'écouler. C'est sur cette ordonnance que j'appelle aujourd'hui votre attention. Elle est le complément de celle du 13 janvier, qui vous a été notifiée le 26 du même mois.

L'ordonnance du 13 janvier assure d'honorables récompenses aux fabricans qui ont porté les produits de leurs manufactures à un degré remarquable de perfection et d'économie. Mais la supériorité dans les arts industriels n'est pas due seulement au mérite des manufacturiers : si leur zèle, leur activité, leur intelligence, et l'emploi bien raisonné qu'ils savent faire de leurs capitaux, contribuent puissamment au succès de leurs opérations, on ne peut se dissimuler qu'ils trouvent aussi de grandes ressources dans le génie inventif de certains hommes qui découvrent d'utiles applications des connaissances physiques et mathématiques aux besoins des manufactures. Les savans de profession négligent en général les applications ; le temps qu'ils y consacreraient serait enlevé au perfectionnement théorique de la science, but principal de leurs profondes méditations; les manufacturiers, occupés presque exclusivement de la conduite de leurs fabriques, ne peuvent suivre des expériences qui les détourneraient du soin de leurs entreprises commerciales : mais il existe entre les savans et les fabricans une classe d'artistes qui transmettent à ceux-ci le résultat des recherches et de la sagacité des premiers. Un mécanicien, un simple contre-maître, ou même un ouvrier doué d'un esprit observateur, ont quelquefois, par d'heureuses découvertes, élevé tout-à-coup des manufactures au plus haut degré de prospérité.

Le fabricant leur doit les moyens de ménager le combustible, d'abréger le travail, d'épargner la main-d'œuvre, de donner aux couleurs plus de fixité et d'éclat, de tirer parti de matières auparavant rebutées et tombées en pur déchet, &c. Ces hommes industrieux cherchent rarement la fortune; ils s'oublient eux-mêmes et ne songent qu'aux progrès de l'industrie. Le plus modique salaire est, pour l'ordinaire, tout le prix qu'ils recueillent de leurs importans travaux. Ce sont ces artistes que le Roi a voulu honorer par son ordonnance du 9 avril dernier; il n'ignore pas les services multipliés que rend, chaque jour, à nos manufactures, cette classe laborieuse et modeste, qui sera constamment l'objet de sa sollicitude et de ses encouragemens. Un si noble exemple ne saurait être perdu pour vous.

Faites-vous rendre compte, Monsieur, des découvertes qui pourraient avoir amené, depuis dix ans, une amélioration notable dans une branche quelconque de l'industrie manufacturière de votre département, et signalez-moi les savans, les artistes, les ouvriers auxquels on en est redevable. Il y a peut-être tel procédé nouveau qui n'a servi qu'à perfectionner des produits d'un usage vulgaire, et à en faire baisser le prix : loin que les inventeurs de ces procédés doivent rester dans l'oubli, j'appelle particulièrement votre attention sur eux. Il faut sur-tout, Monsieur, exciter le zèle des artistes qui travaillent au bien-être de la classe indigente; c'est la volonté du Roi, et vous vous empresserez de vous y conformer.

Pour vous seconder dans vos recherches, vous réunirez auprès de vous, d'ici au 15 mai, un jury de sept fabricans;

parmi lesquels pourront figurer plusieurs des membres du jury départemental chargé de l'examen des produits destinés pour l'exposition.

Les notices que vous rédigerez de concert avec ce jury, et que vous voudrez bien me faire parvenir dans la première quinzaine de juillet, devront indiquer les noms et prénoms des artistes qui auront des droits à cette distinction, la date et le lieu de leur naissance, le lieu de leur résidence actuelle; la découverte, le perfectionnement ou l'amélioration qu'on leur doit, et dont les preuves seront bien constatées; son importance, l'étendue de son application et des résultats qui en sont la suite; enfin l'époque précise à laquelle la découverte a eu lieu, ou a commencé d'être mise en pratique dans votre département.

Il est indispensable de constater avec précision cette dernière circonstance, puisque l'ordonnance de SA MAJESTÉ n'a pas en vue de récompenser les inventions qui auraient été faites il y a plus de dix ans; vous devez donc négliger tout ce qui serait antérieur au 1.ᵉʳ janvier 1809.

Sur le tout, Monsieur, je vous renvoie au rapport et à l'ordonnance annexés à la présente circulaire, qui acheveront de vous éclairer sur ce que vous avez à faire.

Je ne doute pas que vous ne vous estimiez heureux d'avoir à vous occuper d'objets si dignes d'intérêt, et à concourir à des actes d'une munificence vraiment royale.

Recevez, Monsieur, l'assurance de ma considération la plus distinguée.

Le Ministre Secrétaire d'état de l'intérieur,

Signé LE COMTE DECAZES.

MINISTÈRE DE L'INTÉRIEUR.

—

Paris, le 10 Juillet 1819.

Le Ministre,

A Messieurs les Préfets,

Monsieur, les locaux qui sont destinés dans le palais du Louvre à la prochaine exposition des produits de l'industrie, offrent de vastes emplacemens, susceptibles de recevoir des marchandises d'un volume quelconque et des plus grandes dimensions ; ainsi les fabricans qui desirent que les objets présentés par eux, et que le jury départemental aura jugés dignes du concours, attirent les regards du public et soient examinés et appréciés sous tous les rapports, ne doivent pas se borner à en remettre de simples échantillons ; ils peuvent déposer les objets entiers, et, si ce sont des tissus, des pièces entières ou des demi-pièces. C'est ce que vous voudrez bien leur faire savoir, en vous adressant principalement aux manufacturiers do coton, de lainages, de papiers peints, &c. Quelles que soient les dimensions des produits industriels qu'ils offriront au concours général du 25 août prochain, il sera facile de les y exposer en les développant dans toute leur étendue : des mesures sont prises, d'ailleurs, pour qu'on en ait le plus grand soin et pour qu'ils n'éprouvent pas la plus légère avarie.

Je crois devoir vous transmettre ces informations, afin que vous les mettiez à profit, si vous n'avez pas encore expédié à M. *Arnould*, inspecteur de l'exposition au Louvre, les objets d'industrie de votre département.

Agréez, Monsieur le Préfet, l'assurance de la considération la plus distinguée.

Le Ministre Secrétaire d'état de l'intérieur,

Signé LE COMTE DECAZES.

ARRÊTÉ

DU MINISTRE SECRÉTAIRE D'ÉTAT DE L'INTÉRIEUR.

—

LE MINISTRE SECRÉTAIRE D'ÉTAT de l'intérieur, président du conseil des ministres, vu les rapports du jury central de l'exposition des produits de l'industrie, ARRÊTE ce qui suit :

ARTICLE Ier

Les rapports du jury central seront imprimés à l'imprimerie royale.

ARTICLE 2.

Il en sera envoyé un exemplaire aux membres des Chambres et aux membres des Conseils du Roi ; aux préfets des départemens, aux membres des quatre classes de l'institut royal de France, à la société royale d'agriculture, aux membres des conseils généraux d'agriculture, du commerce et des manufactures, à ceux du comité consultatif des arts et manufactures, aux chambres consultatives de commerce et des fabriques, aux conseils de prud'hommes.

ARTICLE 3.

Il sera adressé un exemplaire à chacun des fabricans ou artistes auxquels le jury central a décerné des médailles, des mentions ou des citations ;

A chacun des membres du conseil d'administration de la société d'encouragement, aux administrateurs et membres du conseil de perfectionnement du conservatoire des arts et métiers.

Paris, le 7 décembre 1819.

Le Ministre Secrétaire d'état de l'intérieur,

Signé LE COMTE DECAZES.

NUMÉROS d'ordre.	ANNÉE.	OUVERTURE.	CLÔTURE.	MINISTRE DE L'INTÉRIEUR.	RAPPORTEUR DU JURY.
				MM.	MM.
1.ᵉ	An VI, 1798.	3 complémentaire, 19 septembre.	5 complémentaire, 21 septembre.	FRANÇOIS DE NEUF-CHÂTEAU.	CHAPTAL.
2.ᵉ	An IX, 1801.	2 complémentaire, 19 septembre.	2 vendémiaire an X, 24 septembre.	CHAPTAL.	COSTAZ.
3.ᵉ	An X, 1802.	1 complémentaire, 18 septembre.	2 vendémiaire an XI, 24 septembre.	CHAPTAL.	COSTAZ.
4.ᵉ	1806.	25 septembre.	19 octobre.	DE CHAMPAGNY.	COSTAZ.
5.ᵉ	1819.	25 août.	30 septembre.	DECAZES.	COSTAZ.

TABLE DES MATIÈRES

CONTENUES DANS CE VOLUME.

FIN DE LA TABLE DES MATIÈRES.

LISTE ALPHABÉTIQUE
DES FABRICANS ET DES ARTISTES

Qui ont obtenu des Médailles ou autres Distinctions aux expositions des Produits de l'industrie française, depuis la première exposition jusqu'à celle de 1819 inclusivement.

Nota. A l'exposition de 1806, la médaille de bronze était représentée par une médaille d'argent de seconde classe : ces deux médailles marquent le même degré de distinction.

EXPLICATION DES ABRÉVIATIONS.

Ment. hon. *pour* Mention honorable ; M. *pour* Médaille.

DÉSIGNATION DES FABRICANS.	GENRE D'INDUSTRIE.	DISTINCTION obtenue.	Année de l'exposition.	Page du rapport de l'année ci-contre.
A				
Aboville (Général d')....	Moyeux à voussoir.	Ment. bon.	An 10.	47.
Abraham père et fils.....	Outils pour l'horlogerie.	Ment. hon.	1806.	152.
Accary père et fils......	Couvertures de coton.	Ment. hon.	1819.	94.
Achard...............	Coton filé.	Ment. hon.	An 10.	30.
Achard...............	Coton filé.	Ment. hon.	1806.	60.
Ackerman (*Martin*) et compagnie.	Plomb à giboyer.	Ment. hon.	An 10.	51.
Acloque l'aîné, Delucheux et Lescureux.	Linge ouvré.	Ment. hon.	An 10.	25.
Adeline (de Saleux).....	Coton filé.	M. bronze.	1819.	77.
Adeline fils (de Malaunay).	Coton filé.	M. bronze.	1819.	77.
Adeline fils............	Lin filé par mécanique.	Ment. hon.	1819.	62.
Aigoin...............	Bonneterie de coton.	Ment. hon.	1806.	76.

DÉSIGNATION DES FABRICANS.	GENRE D'INDUSTRIE.	DISTINCTION obtenue.	Année de l'exposition.	Page du rapport de l'année ci-contre.
Aitkens (*Williams*)......	Machines hydrauliques.	M. d'or.	1819.	355.
Aix-la-Chapelle (Les fabriques d').	Aiguilles.	M. d'or.	1806.	126.
Ajac (*Victor*).........	Soieries.	M. d'argent.	1819.	53.
Albert............	Papiers peints.	Ment. hon.	1806.	92.
Albert (*Charles*).......	Machines à filer le coton.	M. d'or.	1806.	136.
Albinet............	Couvertures de laine.	Citation.	1806.	21.
Allard............	Moiré métallique.	M. d'or.	1819.	220.
Alleaume..........	Cartes géogr. en relief.	Ment. hon.	1806.	165.
Allizeau..........	Modèles pour les mathématiques.	Ment. hon.	1819.	264.
Allouard..........	Draperie commune.	Citation.	1819.	26.
Alluaud..........	Porcelaines.	Ment. hon.	1806.	201.
Admaud..........	Porcelaines.	M. d'argent.	1819.	301.
Almeyras..........	Rots perfectionnés.	M. bronze.	1819.	227.
Amfric, Lecourt et Guérin frères.	Affinage du métal de cloche.	Ment. hon.	An 9.	29.
Amfric et d'Arcet.......	Produits chimiques.	M. d'or.	An 10.	53.
Amiens (Filatures d')....	Coton filé.	Ment. hon.	1806.	62.
Ancel............	Bonneterie de coton.	Citation.	1819.	105.
Andelys (Filature des)...	Coton filé.	Ment. hon.	1806.	61.
André (*Jacob*)........	Machines à coton.	Récomp.	1819.	361.
André et Marmot.......	Sucre de betteraves.	Ment. hon.	1819.	289.
André............	Sucre de betteraves.	Ment. hon.	1819.	289.
Andréossy..........	Procédés d'art décrits.	Ment. hon.	1819.	332.

DÉSIGNATION DES FABRICANS.	GENRE D'INDUSTRIE.	DISTINCTION obtenue.	Année de l'exposition.	Page du rapport de l'année ci-contre.
Andrieux	Machines à filer le coton.	Ment. hon.	1806.	140.
Angrand	Imitation de broderies.	Ment. hon.	An 10.	69.
Angrand (*Guillaume*) frères.	Teinture sur coton.	Ment. hon.	1819.	128.
Anne-Veaute et fils aîné.	Draperie moyenne.	M. d'argent.	1819.	20.
Anquetil	Piqués.	M. d'argent.	1819.	85.
Anquetil-Desmarest	Apprêt.	M. bronze.	1819.	120.
Ansaldo	Sulfate de magnésie.	Citation.	1806.	180.
Ansault, Chauvat et compagnie.	Draperie commune.	Ment. hon.	1819.	24.
Argence (La marquise d').	Filature de lin.	M. d'argent.	1819.	61.
Antié (*Germain*)	Jalet travaillé.	Ment. hon.	1806.	213.
Arnaud-Haucisz	Carrosse.	Ment. hon.	1819.	230.
Arnaud-Pousset	Draperie moyenne.	Ment. hon.	1819.	23.
Arnoux (Veuve)	Poterie marbrée.	Ment. hon.	1806.	193.
Arpin père	Calicots, perkales et mouss.	M. d'or.	1806.	62.
Arpin (*Feuillet*) et compagnie.	Perkales et autres tissus.	M. d'or.	1819.	82.
Arpin et fils.	Coton filé.	M. d'argent.	1819.	74.
Arras (Fabriques d').	Coton filé.	Ment. hon.	1806.	61.
Arras (L'hospice d'), Pas-de-Calais.	Produits du travail, &c.	Ment. hon.	1819.	341.
Assezat, Roland père, Guichard-Portal et Robert cadet.	Blondes noires.	M. bronze.	1806.	40.
Assezat	Blondes noires.	M. bronze.	1819.	98.

DÉSIGNATION DES FABRICANS.	GENRE D'INDUSTRIE.	DISTINCTION obtenue.	Année de l'exposition.	Page du rapport de l'année ci-contre.
Auber	Calcographie.	M. bronze.	1806.	164.
Aubert	Métier à tricot.	M. d'or.	An 10.	44.
Aubertot	Acier.	Ment. hon.	1819.	166.
Aubertot	Fers.	Ment. hon.	1819.	159.
Aubertot	Tôles et fers noirs.	Ment. hon.	1819.	175.
Aubraye frères	Calicots.	Citation.	1819.	84.
Aubry	Chamoiserie.	Ment. hon.	1806.	98.
Audibert	Soies grèges.	Ment. hon	1819.	45.
Auger	Chocolat.	Citation.	1819.	390.
Auguste	Orfévrerie.	M. d'or.	An 10.	65.
Auguste	Orfévrerie.	M. d'or.	1806.	202.
Aumont	Rubans de fil et lacets.	Ment. hon.	1819.	69.
Autreville (D')	Bonneterie de coton.	Ment. hon.	1819.	105.
Auzière	Horlogerie.	Ment. hon.	An 10.	41.
Avesnes (Fabrique d')	Coton filé.	Ment. hon.	1806.	61.
Avranches (L'hospice d'), Manche.	Produits du travail, &c.	Ment. hon.	1819.	341.
Aynard et fils, Fiard et Marion.	Draperie moyenne.	M. d'argent.	1819.	20.

B

Bacot père et fils	Draperie fine.	M. d'or.	1819.	74.
Badin	Fer et acier.	M. d'argent.	An 10.	48.
Badin frères et Lambert.	Draperie fine.	M. d'argent.	1819.	16.

DÉSIGNATION DES FABRICANS.	GENRE D'INDUSTRIE.	DISTINCTION obtenue.	Année de l'exposition.	Page du rapport de l'année ci-contre.
Bagnal et Saint-Cricq-Cazeaux.	Poteries.	Ment. hon.	1806.	191.
Balbâtre.	Broderies.	Ment. hon.	1819.	99.
Balbâtre.	Mousselines.	Citation.	1819.	84.
Baligot père et fils.	Casimirs.	M. d'argent.	1806.	14.
Baligot père et fils.	Étamines pour bluteaux.	Ment. hon.	1819.	33.
Baligot (Remi).	Lainages de fantaisie.	M. d'argent.	1819.	35.
Baltard.	Calcographie.	M. d'or.	1806.	160.
Bance et Rast-Maupas.	Crêpes de soie.	M. d'argent.	1819.	58.
Baradelle.	Ustensiles et outils.	M. d'argent.	1819.	195.
Barbet (Henri).	Impress. sur toile de coton.	M. d'argent.	1819.	128.
Bardel fils.	Étoffes de crin.	M. bronze.	An 10.	22.
Bardel fils.	Étoffes de crin.	M. bronze.	1806.	23.
Bardel fils.	Étoffes de crin.	M. bronze.	1819.	59.
Basin-Busson.	Reps de coton.	Citation.	1819.	88.
Bassal et Janson.	Piqués et basins.	M. d'argent.	An 9.	21.
Bassecourt et fils.	Couvertures de coton.	Ment. hon.	1819.	94.
Bastide.	Draperie commune.	Citation.	1819.	26.
Bastin.	Tôles.	Ment. hon.	1806.	112.
Bataille.	Rasoirs.	Ment. hon.	An 9.	29.
Bataille.	Instrumens de chirurgie.	M. d'argent.	1806.	121.
Bataille fils.	Coutellerie.	Citation.	1806.	123.
Baudon-Ganbau.	Ébénisterie.	Ment. hon.	1806.	211.
Bauson.	Châles de cachemire.	M. d'argent.	1819.	38.
Bauve (De).	Chocolats.	Citation.	1819.	290.

DÉSIGNATION DES FABRICANS.	GENRE D'INDUSTRIE.	DISTINCTION obtenue.	Année de l'exposition.	Page du rapport de l'année ci-contre.
Bauwens frères.........	Cotons filés, basins et piqués.	M. d'or.	An 9.	14.
Bauwens frères.........	Basins et piqués.	M. d'or.	An 10.	30.
Beaufour.............	Basins.	M. bronze.	An 10.	32.
Beaunier.............	Aciers.	M. d'or.	1819.	357.
Beaupré (Fabriques de)..	Coton filé.	Ment. hon.	1806.	61.
Beauvais (La manufacture de).	Tapis.	Ment. hon.	1806.	80.
Beauvais (Manufacture de)	Tapisseries.	Ment. hon.	1819.	341.
Beauvais (L'hospice des pauvres à), Oise.	Produits du travail.	Ment. hon.	1819.	539.
Beauvais (de Lyon).....	Soieries.	M. d'argent.	1806.	32.
Beauvais et compagnie...	Soieries.	M. d'or.	1819.	52.
Beauvisage et compagnie.	Teinture sur laine.	M. d'argent.	1819.	112.
Becker (Denis).........	Bonneterie de coton.	Ment. hon.	1819.	304.
Begné (Pierre).........	Linge de table ouvré.	Ment. hon.	1819.	66.
Beke père et fils........	Poteries-grès.	Citation.	1806.	196.
Bélanger.............	Machines à filer la laine.	M. d'argent.	1819.	355.
Bellanger et Dumas-Descombes.	Soieries et châles.	M. d'argent.	1806.	32.
Bellanger et Dumas-Descombes.	Soieries et châles.	M. d'or.	1819.	52.
Bellanger et Vaison.....	Tapis.	M. bronze.	1819.	150.
Belloni.............	Mosaïque.	M. bronze.	1806.	165.
Belloni.............	Mosaïque.	M. bronze.	1819.	320.
Benard.............	Toiles.	Ment. hon.	1806.	49.

DÉSIGNATION DES FABRICANS.	GENRE D'INDUSTRIE.	DISTINCTION obtenue.	Année de l'exposition.	Page du rapport de l'année ci-contre.
Benoitte des Valettes.....	Toiles.	Ment. hon.	1806.	50.
Berard...............	Acides et sels.	M. d'argent.	1819.	279.
Bérard et Vétillard......	Toiles.	Ment. hon.	An 10.	25.
Berniset père et fils.......	Mécaniciens.	Ment. hon.	1819.	356.
Berriat...............	Soies gréges.	Ment. hon.	1806.	28.
Berte et Grevenich......	Papeterie.	M. d'argent.	1819.	144.
Berthé...............	Couvertures de coton.	Ment. hon.	1819.	94.
Berthier...............	Acier et quincaillerie.	Ment. hon.	An 6.	22.
Berthier et compagnie....	Crêpe.	Ment. hon.	1806.	37.
Berthoud (*Louis*)........	Horlogerie astronomique.	M. d'or.	An 10.	38.
Berthoud frères.........	Horlogerie astronomique.	Ment. hon.	1819.	250.
Bertin...............	Lampes docimastiques.	Ment. hon.	An 10.	64.
Bertin...............	Lampes docimastiques.	Ment. bon.	1806.	172.
Bertoux...............	Colle-forte.	M. bronze.	1819.	285.
Bertrand...............	Porcelaines.	Ment. bon.	1806.	201.
Besançon (Fabrique de)..	Horlogerie de fabrique.	M. d'argent.	1819.	238.
Béthune (*Marc*) et Languille.	Fil écru simple.	Ment. bon.	1806.	42.
Beunat...............	Dorure.	Ment. bon.	1806.	214.
Beunat...............	Ornemens faits avec une pâte particulière.	Ment. hon.	1819.	321.
Beurnier frères.........	Horlogerie de fabrique.	M. d'argent.	1819.	238.
Biards...............	Métier à tisser.	M. d'argent.	1806.	142.
Biennais...............	Orfévrerie.	M. d'or.	1806.	203.
Biennais...............	Vase d'argent.	M. d'or.	1819.	208.

DÉSIGNATION DES FABRICANS.	GENRE D'INDUSTRIE.	DISTINCTION obtenue.	Année de l'exposition.	Page du rapport de l'année ci-contre.
Biron..................	Faulx et faucilles.	Ment. hon.	1819.	187.
Bissardon..............	Étoffes de soie.	M. d'argent.	1806.	31.
Blanchon aîné..........	Métier à lacets.	Récomp.ᵉ	1819.	359.
Blech frères et compagnie.	Impression sur toiles de coton.	M. d'argent.	1819.	128.
Bleriot	Mousselines.	Citation.	1819.	84.
Blondeau frères.........	Horlogerie de fabrique.	M. bronze.	1819.	238.
Blumenstein (De) et Frère-jean.	Fer affiné et Fonte grise de fer traitée à la houille.	M. d'argent.	1819.	158.
Blumenstein et Frèrejean.	Tôles.	Ment. hon.	1819.	174.
Bobée.................	Acide acétique et autres produits chimiques.	M. d'argent.	1819.	279.
Bobée.................	Viandes préparées par l'acide acétique.	Ment. hon.	1819.	292.
Bobilliers et Nicod......	Faulx et faucilles.	Ment. hon.	1819.	187.
Bock.................	Poteries.	Ment. hon.	1806.	192.
Bodin................	Toiles.	Ment. hon.	1806.	49.
Bodin (Charles).........	Soies filées.	M. bronze.	1819.	44.
Bodoni................	Typographie.	M. d'or.	1806.	157.
Boggio (Marcellin).....	Armes blanches.	M. bronze.	1819.	194.
Bohain...............	Toiles.	Ment. hon.	1806.	49.
Bohmé................	Casimirs.	M. d'argent.	1806.	15.
Boigues, Débladis et Guérin.	Cuivre laminé.	M. d'or.	1819.	177.
Boigues, Débladis et Guérin.	Fer blanc.	M. d'or.	1819.	175.

DÉSIGNATION DES FABRICANS.	GENRE D'INDUSTRIE.	DISTINCTION obtenue.	Année de l'exposition.	Page du rapport de l'année ci-contre.
Boigues, Débladis et Guérin.	Tôles et fers noirs.	M. d'or.	1819.	173.
Boilevin..............	Alênes.	M. d'argent.	1819.	190.
Boileau fils...........	Cor perfectionné.	M. bronze	1819.	269.
Boisrichard (M.me veuve Raymond).	Lustres.	Ment. hon.	1819.	215.
Boiteux.............	Bonneterie de laine.	Ment. hon.	1806.	77.
Boizot, Palot et compagnie.	Draperie commune.	Ment. hon.	1819.	24.
Bolwiller (Fabrique de)..	Cotons filés.	Ment. hon.	1806.	61.
Boniface et compagnie...	Batistes.	M. bronze.	An 10.	23.
Bonnaire et compagnie...	Dentelles et blondes.	M. d'argent.	1819.	97.
Bonnard..............	Tulles et crêpes.	M. d'argent.	1806.	36.
Bonnard père et fils......	Tulles et crêpes.	M. d'argent.	1819.	58.
Bonnard..............	Filature de la soie.	M. d'or.	1819.	362.
Bonnet..............	Poterie marbrée.	Ment. hon.	1806.	193.
Bonnières (*Michel*)......	Rubans de fil.	Ment. hon.	An 10.	26.
Bonnières (*Michel*)......	Rubans de fil.	Ment. hon.	1806.	53.
Bontems.............	Étoffes de soie et coton.	Ment. hon.	An 9.	31.
Bontems.............	Étoffes de soie et coton.	M. bronze.	An 10.	22.
Bontems.............	Étoffes de soie.	M. bronze.	1806.	32.
Bony...............	Broderie.	M. bronze.	1806.	38.
Bordeaux-Fournet.......	Toiles.	Citation.	1819.	64.
Bordier.............	Tôles vernies.	Ment. hon.	1806.	209.
Bordier.............	Appareils d'éclairage.	Ment. hon.	1806.	171.
Bordier-Marcet.........	Fanaux.	M. d'argent.	1819.	270.

DÉSIGNATION DES FABRICANS.	GENRE D'INDUSTRIE.	DISTINCTION obtenue.	Année de l'exposition.	Page du rapport de l'année ci-contre.
Bornéqué aîné	Faulx	Ment. hon.	An 10.	51.
Bornéque	Faulx	Ment. hon.	1806.	109.
Bosc	Fers	Ment. hon.	1806.	103.
Bossu et Solages	Machines hydrauliques.	M. d'or.	1806.	143.
Best-Montbrun	Coutellerie.	Ment. hon.	1819.	202.
Bouan	Toiles.	M. bronze.	An 10.	23.
Bonan	Toiles.	M. bronze.	1806.	48.
Bouché oncle et neveu	Mécaniques pour filature.	Ment. hon.	1806.	141.
Boucher fils et compagnie	Fils de laiton.	M. d'argent.	An 10.	49.
Boucher et compagnie	Laiton.	M. d'argent.	1806.	116.
Boucher	Plomb laminé.	M. bronze.	1819.	178.
Boucher fils	Tréfilerie.	Ment. hon.	1819.	180.
Boucher fils	Cuivre laminé.	Ment. hon.	1819.	177.
Boucher fils	Laiton et zinc.	M. d'or.	1819.	167.
Bouchet	Cordonnerie.	Citation.	1819.	139.
Bouchet (Jean-Louis)	Mécanicien.	Ment. hon.	1819.	356.
Bouchotte	Fils de fer.	M. d'argent.	An 10.	49.
Bouchotte	Tréfilerie.	M. d'argent.	1806.	113.
Boudart fils aîné	Ganterie.	Ment. hon.	An 10.	61.
Boudard fils	Ganterie.	Ment. hon.	1819.	134.
Bougon fils	Gravure en bois.	Ment. hon.	1819.	329.
Boulanger	Calicots.	Citation.	1819.	85.
Boulay	Dentelles.	M. d'argent.	An 10.	16.
Bouley-Fresnel	Rubans de fil.	Ment. hon.	1819.	69.
Boudlier	Orfèvrerie.	M. d'argent.	1806.	104.

DÉSIGNATION DES FABRICANS.	GENRE D'INDUSTRIE.	DISTINCTION obtenue.	Année de l'exposition.	Page du rapport de l'année ci-contre.
Bourdier...............	Horlog.ie fine à l'usage civil.	M. d'argent.	1819.	240.
Bourdier...............	Horlogerie astronomique.	M. d'argent.	1819.	250.
Bourdon (*Nicolas*) et Pétou.	Draps.	M. bronze.	1819.	18.
Bourges (La Maison de refuge de), Cher.......	Produits du travail, &c.	Ment. hon.	1819.	344.
Bouriat.................	Fourneau économique.	Ment. hon.	1806.	168.
Bourillon...............	Draps.	Ment. hon.	1819.	24.
Bournot (*Laurent*).......	Fonte et gravure de caractères.	Ment. hon.	1806.	159.
Bouron (*Joseph*)........	Crêpes.	Ment. hon.	An 10.	22.
Boursin.................	Draps communs.	Citation.	1819.	27.
Boursin.................	Molletons.	Ment. hon.	1819.	31.
Bousquet...............	Étoffes de soie.	Ment. hon.	1806.	34.
Boutet.................	Armes.	M. d'argent.	An 9.	18.
Boutet.................	Armes.	M. d'or.	An 10.	47.
Boutier................	Toiles.	Ment. hon.	1806.	49.
Bouvard (M.me v.e).......	Étoffes fond d'or.	Ment. hon.	1819.	56.
Bouvier................	Filigrane fondu.	Ment. hon.	An 6.	22.
Bouvier................	Filigrane fondu.	M. d'argent.	An 9.	17.
Bouvier................	Filigrane fondu.	M. d'argent.	An 10.	50.
Bouvier................	Filigrane fondu.	M. d'argent.	1806.	105.
Brandi.................	Soies.	M. bronze.	1806.	27.
Bréant.................	Horlogerie.	Ment. hon.	An 9.	29.
Bréant.................	Préparation du platine.	M. d'argent.	1819.	363.
Breguet................	Horlogerie astronomique.	M. d'or.	An 6.	20.

DÉSIGNATION DES FABRICANS.	GENRE D'INDUSTRIE.	DISTINCTION obtenue.	Année de l'exposition.	Page du raport de l'année ci-contre.
Breguet.	Horlogerie astronomique.	M. d'or.	An 10.	39.
Breguet.	Horlogerie astronomique.	M. d'or.	1806.	146.
Breguet père et fils.	Horlogerie civile.	M. du Jury.	1819.	239.
Breguet père et fils.	Horlogerie astronomique.	M. du Jury.	1819.	243.
Breguet père et fils.	Thermomètre.	M. du Jury.	1819.	263.
Bréhier.	Corroyage.	M. d'argent.	1819.	132.
Brest fils.	Soies.	Ment. hon.	1819.	45.
Breton (*Jean-Antoine*).	Métiers à tisser.	M. d'argent.	1819.	362.
Bridier frères.	Casimir noir.	Ment. hon.	1819.	29.
Brière, Crispin l'aîné, Main frères, Brillouet (*Jean-Baptiste*).	Cuirs et peaux.	Ment. hon.	An 10.	61.
Brière aîné.	Chamoiserie.	Ment. hon.	1806.	98.
Brieu (*Jacques*).	Papeterie.	Ment. hon.	1819.	146.
Brionne (Filature de).	Coton filé.	Ment. hon.	1806.	64.
Brocard.	Papeterie.	Ment. hon.	1806.	83.
Brosser aîné.	Étamines.	M. bronze.	An 10.	16.
Brosville (Filature de).	Coton filé.	Ment. hon.	1806.	61.
Brunel (*Jean-Baptiste*).	Teinture sur soie.	Ment. hon.	1819.	113.
Brunon aîné et Gauthier.	Limes.	Ment. hon.	1806.	110.
Bruyère (M.me).	Fers.	Ment. hon.	1806.	103.
Bucher.	Nankins.	M. d'argent.	1806.	67.
Bunel.	Tannage.	Ment. hon.	1806.	93.
Burette.	Ébénisterie.	M. bronze.	1806.	211.
Burette.	Machines, instrum. et ustensiles pour l'agriculture.	Ment. hon.	1819.	224.

DÉSIGNATION DES FABRICANS.	GENRE D'INDUSTRIE.	DISTINCTION obtenue.	Année de l'exposition.	Page du rapport de l'année ci-contre.
Burgin	Machines.	Ment. hon.	1819.	358.
Buron	Métier à fabriquer le filet.	M. d'or.	1806.	143.
Buscarlet	Machine à fendre les peaux.	Ment. hon.	An 9.	28.
Buyer (Veuve)	Fer-blanc.	Ment. hon.	1819.	176.
Buzot	Coutils.	Ment. hon.	An 9.	31.
Buzot	Coutils.	Ment. hon.	An 10.	33.
Buzot-Dubourg (d'Evreux).	Coutils.	Ment. hon.	1806.	52.

C

DÉSIGNATION DES FABRICANS.	GENRE D'INDUSTRIE.	DISTINCTION obtenue.	Année de l'exposition.	Page du rapport de l'année ci-contre.
Cabannes	Soieries.	Ment. hon.	1819.	56.
Cadet de Vaux et Dennuelles.	Porcelaine, dorure matte.	M. d'argent.	1819.	302.
Cahier	Orfévrerie et argenterie.	M. d'or.	1819.	208.
Cahours	Bonneterie.	Ment. hon.	An 6.	23.
Cahours	Bonneterie.	M. d'argent.	An 9.	17.
Cahours	Bonneterie.	M. d'argent.	An 10.	35.
Caignard de la Tour (Le baron).	Machines hydrauliques.	M. d'argent.	1819.	231.
Caillas frères	Charbon de tourbe.	Citation.	1806.	181.
Caille	Calicots.	Ment. hon.	1819.	84.
Caillon	Machines pour le coton.	Ment. hon.	1806.	141.
Caillon	Mécanismes divers.	M. d'argent.	1819.	229.
Calender	Couvertures.	M. bronze.	1819.	30.
Calenge	Calicots.	Citation.	1819.	84.

DÉSIGNATION DES FABRICANS.	GENRE D'INDUSTRIE.	DISTINCTION obtenue.	Année de l'exposition.	Page du rapport de l'année ci-contre.
Calla................	Machines manufacturières.	M. bronze.	An 9.	23.
Calla................	Machines manufacturières.	Ment. hon.	An 10.	45.
Calla................	Machines pour le coton.	M. d'or.	1806.	137.
Calla................	Cardes.	Ment. hon.	1819.	225.
Calla (*François-Étienne*)..	Machines.	M. d'argent.	1819.	364.
Calli-Grand-Vallée (Mme)	Draperie commune.	Citation.	1819.	27.
Calloud...............	Chapellerie.	Ment. hon.	1806.	53.
Cambrai (Filatures de)..	Coton filé.	Ment. hon.	1806.	62.
Canisy (Fabrique de)...	Coutils.	Ment. hon.	1806.	51.
Canson frères..........	Papeterie.	M. d'or.	1819.	143.
Capon................	Cuivre laminé.	Ment. hon.	1806.	116.
Capron...............	Châles et rouenneries.	Citation.	1819.	92.
Captier...............	Draps.	M. d'argent.	1819.	16.
Caraillon-Gentil........	Cartons d'apprêt.	M. bronze.	1819.	147.
Carambols............	Coraux.	Ment. hon.	1806.	213.
Carbonnel.............	Soies.	Ment. hon.	1806.	28.
Carcel et Carreau.......	Lampes.	M. bronze.	An 9.	25.
Carcel et Carreau.......	Lampes.	M. bronze.	An 10.	64.
Carcel et compagnie....	Éclairage.	M. bronze.	1806.	168.
Carme frères..........	Draperie commune.	Citation.	1819.	26.
Carme frères..........	Toiles.	Citation.	1819.	64.
Carny................	Soude.	Ment. hon.	1806.	174.
Caron................	Lampes.	Ment. hon.	1819.	271.
Caron................	Fers.	Ment. hon.	1806.	102.
Caron et Crépin........	Flanelle.	Ment. hon.	An 9.	31.

DÉSIGNATION DES FABRICANS.	GENRE D'INDUSTRIE.	DISTINCTION obtenue.	Année de l'exposition.	Page du rapport de l'année ci-contre.
Caron-Langlois........	Toiles.	M. d'argent	1819.	63.
Caron-Langlois.........	Blanchiment.	M. d'argent.	1819.	119.
Caron et Lefevre.......	Porcelaines.	M. bronze.	1806.	199.
Carpentier (M.me).......	Dentelles et blondes.	M. bronze.	1819.	98.
Cartier..............	Étoffes de soie.	Ment. hon.	An 9.	31.
Cartier-Rose et Cartier fils.	Étoffes de soie.	M. d'argent.	An 10.	23.
Cary frères...........	Linge de table damassé.	Ment. hon.	1819.	93.
Cauchoix.............	Optique.	M. d'argent.	1819.	260.
Cazalis et Cordier......	Machines à vapeur.	M. d'argent.	1819.	353.
Cazals..............	Couvertures.	Ment. hon.	1806.	71.
Cesbron frères, Marbin, Guimandeau, Lambert et Meunier, Thaveau la Brosse, Bonnin-Lambert, Grimault.	Mouchoirs.	Ment. hon.	An 9.	32.
Cessier..............	Armes à feu.	Ment. hon.	1819.	193.
Chabort.............	Soies grèges.	Ment. hon.	An 10.	20.
Chagot.............	Cristallerie.	Ment. hon.	1819.	312.
Châlons-sur-Marne (La fabrique de)	Bonneterie de coton.	Ment. hon.	1806.	76.
Chalvet (M.me *Victoire*)...	Ganterie.	Ment. hon.	1806.	98.
Chambers-Bourdillon....	Perkales.	M. d'argent.	1819.	81.
Chambon.............	Soies.	Ment. hon.	1819.	45.
Champagnac et veuve Dulac.	Dentelles.	Ment. hon.	1806.	41.
Champion.............	Mesures linéaires.	Ment. hon.	1819.	265.

DÉSIGNATION DES FABRICANS.	GENRE D'INDUSTRIE.	DISTINCTION obtenue.	Année de l'exposition.	Page du rapport de l'année ci-contre.
Champoiseau (Noël).....	Soies gréges.	Ment. hon.	1819.	45.
Channebot...........	Châles.	M. bronze.	1819.	39.
Chanot.............	Instrumens à cordes et à archet.	M. d'argent.	1819.	267.
Chantilly (La manufacture de)	Poteries.	M. d'argent.	1806.	191.
Chaptal (Le comte).....	Sucre de betteraves.	M. d'or.	1819.	288.
Chaptal fils , d'Arcet et Holker.	Produits chimiques.	M. d'or.	1819.	278.
Chardron...........	Fil de laine.	M. bronze.	1819.	9.
Charles. (M ᵐᵉ veuve)..	Coutellerie.	Ment. hon.	1819.	201.
Charlieu (Filatures de)..	Coton filé.	Ment. hon.	1806.	61.
Charnier...........	Draperie commune.	Citation.	1819.	26.
Charpentier..........	Machines hydrauliques.	Ment. hon.	An 10.	45.
Charpentier (Victor).....	Draperie commune.	Citation.	1819.	26.
Charton père et fils.....	Soies.	M. bronze.	1806.	27.
Charton père et fils....	Soies.	M. bronze.	1819.	44.
Charbotté...........	Mouchoirs de coton.	Ment. hon.	An 10.	34.
Châtelain...........	Cuirasses.	Ment. hon.	1819.	203.
Châtelain et compagnie.	Plaqué d'or et d'argent.	Ment. hon.	1819.	211.
Châtellerault (Fabriq.ˢ de)	Coutellerie.	Ment. hon.	1806.	122.
Châtellerault (Fabriq.ˢ de)	Coutellerie.	Ment. hon.	1819.	201.
Chatonay, Leumer et compagnie.	Mousselines et autres tissus.	M. d'or.	1819.	81.
Chaufaille...........	Fer doux.	Ment. hon.	1819.	159.

DÉSIGNATION DES FABRICANS.	GENRE D'INDUSTRIE.	DISTINCTION obtenue.	Année de l'exposition.	rapport de l'année ci-contre.
Chausset et Averton.....	Draps fins.	M. bronze.	1819.	17.
Chauvet et fils..........	Draps fins.	M. d'argent.	1819.	16.
Chayaux............	Draps fins.	M. d'argent.	1819.	15.
Chemin............	Balances.	Ment. hon.	1819.	265.
Chenavard	Papiers peints.	Ment. hon	1806.	92.
Chenut et compagnie.....	Broderie sur tulle et sur mousseline.	Ment. hon.	1819.	99.
Cherbourg (L'hospice de)	Produits du travail, &c.	Ment. hon.	1819.	341.
Cherbourg (L'association de charité de).	Produits du travail, &c.	Ment. hon.	1819.	341.
Chervel fils..........	Mouchoirs façon des Indes.	Ment. hon.	1819.	92.
Cheruel fils..........	Teinture sur coton.	Ment. hon.	1819.	118.
Cherveau	Produits chimiques.	Citation.	1819.	280.
Chevalier	Optique.	Citation	1819.	262.
Chevaux (Mme).	Dentelles.	Ment. hon.	1806.	10.
Chollet (La fabrique de)..	Mouchoirs.	Ment. hon.	An 6.	24.
Chomel............	Camphre.	Citation.	1806.	180.
Christin aîné	Ganterie.	Ment. hon.	1806.	98.
Christin	Ganterie.	Men . hon.	1819.	114.
Christophe...........	Plaqué d'or et d'argent.	M. bronze.	1819.	210.
Chuard et compagnie....	Étoffes de soie, or et argent.	M. d'or.	1819.	50
Clairvaux (Fabrique de).	Draperies moyennes.	Ment. hon.	1806.	11.
Clairvaux (Maison de correction de).	Produits du travail, &c.	Ment. hon.	1819.	344.
Clarisse-Plat..........	Linge de table.	Citation.	1819.	66.

DÉSIGNATION DES FABRICANS.	GENRE D'INDUSTRIE	DISTINCTION obtenue.	Année de l'exposition.	Page du rapport de l'année ci-contre.
Clavreuil	Toiles.	Ment. bon.	1806.	50.
Clément................	Casquets turcs.	Ment. bon.	An 10.	37.
Clément................	Eau-de-vie de pommes de terre.	M. bronze.	1819.	293.
Clément et Désormes....	Sulfate de fer.	Ment. bon.	1806.	175.
Clérembault et Lecoq....	Mousselines.	M. d'argent.	1819.	81.
Clouet................	Acier fondu.	M. d'or.	An 6.	20.
Coignet	Creusets.	Ment. hon.	An 9.	25.
Colin Decancey et Guérin de Sersilly.	Aciers.	M. d'or.	An 10.	48.
Collier (*John*)..........	Tonte des draps.	M. d'or.	1819.	228.
Colot.................	Thermomètres.	Ment. bon.	1819.	263.
Colombel	Coutil.	Citation.	1819.	67.
Commines (Filature de).	Coton filé.	Ment. bon.	1806.	62.
Compagnie des manufactures de Saint-Quirin, de Montthermé et de Cirey.	Glaces.	M. d'argent.	1819.	309.
Contaminé...............	Râpes pour sculpteurs.	Ment. hon.	1819.	186.
Contamine (Baron de)...	Tréfilerie.	Ment. hon.	1819.	180.
Conté................	Crayons.	M. d'or.	An 6.	11.
Conté................	Crayons.	M. d'or.	An 9.	9.
Conté................	Crayons.	M. d'or.	An 10.	52.
Coquet-Delslain.........	Espagnolettes de laiton.	Ment. hon.	An 10.	17.
Coquet-Valle..........	Bonneterie de laine.	M. d'argent.	1819.	100.
Corbillez (*Argonne*)......	Cardes.	M. bronze.	1806.	179.

DÉSIGNATION DES FABRICANS.	GENRE D'INDUSTRIE.	DISTINCTION obtenue.	Année de l'exposition.	Page du rapport de l'année ci-contre.
Cordier................	Tôle d'acier fondu.	M. d'argent.	1819.	202.
Cordier et Cazalis.......	Machine à vapeur.	M. d'argent.	1819.	353.
Cornisset...............	Tannage.	Ment. hon.	1806.	93.
Cornisset (*Pierre*)......	Tannage.	M. d'argent.	1819.	137.
Corin................	Soies.	Ment. hon.	1806.	28.
Cortel (*Marc*)..........	Sulfate de fer.	Ment. hon.	1806.	176.
Couchonnat et compagnie.	Châles et soieries.	M. d'argent.	1806.	54.
Coulaux frères..........	Armes blanches.	M. d'or.	1806.	129.
Coulaux frères..........	Coutellerie.	Ment hon.	1819.	201.
Coulaux frères..........	Fer.	Ment. hon.	1819.	160.
Coulaux frères..........	Scies et outils de fer et d'acier.	M. d'or.	1819.	188.
Coulaux frères..........	Armes blanches.	M. d'or..	1819.	193.
Courbet-Poullard........	Draps.	M. bronze.	1819.	17.
Couret fils aîné..........	Draperie commune.	Citation.	1819.	27.
Couret fils..............	Draperie commune.	Citation.	1819.	26.
Court (*Pierre*)..........	Papeterie.	Ment hon.	1819.	146.
Cousin et compagnie.....	Siamoises.	Ment hon.	An 9.	31.
Cousin (*Demoiselles*)....	Siamoises.	M. bronze.	An 10	35.
Cousineau père et fils....	Instrumens de musique.	M. d'argent.	1806.	215.
Cousineau.............	Harpes et forté-pianos.	M. d'argent.	1819.	268.
Coutan................	Bonneterie.	M. bronze.	An 9.	26.
Coutan et Couture.......	Bonneterie de coton.	M. bronze.	1806.	75.
Couture-Dubuisson.......	Toiles.	Citation.	1819.	64.
Croisseils et Cot........	Draperie commune.	Citation.	1819.	26.

DÉSIGNATION DES FABRICANS.	GENRE D'INDUSTRIE.	DISTINCTION obtenue.	Année de l'exposition.	Page du rapport de l'année ci-contre.
Cresbron fils (Frères).....	Perkales.	Ment. hon.	1819.	83.
Crespel de Lisse.........	Sucre de betteraves.	Ment. hon.	1819.	289.
Creutzwald (La forge de).	Ustensiles en fonte de fer.	M. bronze.	1819.	195.
Creuzot et du Mont-Cenis (Les fabriques du).	Cristaux.	Ment. hon.	An 6.	24.
Creuzot (La fabrique du). *(Voyez Ladouepe-Dufougerais.*	Cristaux.	M. d'argent.	An 9.	19.
Crevetz (Les fabriques de Saint-Étienne et de).	Rubans.	Ment. hon.	1806.	36.
Crochard....:........	Tonneaux faits à la mécanique.	M. d'argent.	1819.	223.
Crovatto.............	Mosaïque.	M. bronze.	1819.	320.
Cruvillier *(Louis)* et Darboux.	Soieries.	Ment. hon.	1819.	56.
Cuénin...............	Machines.	M. bronze.	1819.	354.
Cuoq et Couturier.......	Ouvrages en platine.	M. d'argent.	1819.	169.
Curandeau...........	Alun.	M. d'argent.	1806.	174.
Cuvandeau...........	Appareils de chauffage.	Ment. hon.	1806.	167.
Cuvru de Surmont......	Prunelles de coton.	Ment. hon.	1819.	87.

D

Dagoty..............	Porcelaines.	M. bronze.	1806.	299.
Dagoty et Honoré.......	Porcelaines.	M. d'argent.	1819.	302.

DÉSIGNATION DES FABRICANS.	GENRE D'INDUSTRIE.	DISTINCTION obtenue.	Année de l'exposition.	Page du rapport de l'année ci contre.
Daguin.	Toiles.	Citation.	1819.	64.
Daguin aîné.	Bandes de fer martinées.	Ment. hon.	1819.	159.
Damart-Villet.	Bleu de tournesol.	M. bronze.	An 10.	54.
Damborges.	Coton filé.	M. bronze.	1806.	59.
Danet.	Draps.	M. d'argent.	1819.	14.
Daniel - Schlumberger et compagnie.	Impression sur toiles de coton.	M. d'argent.	1819.	128.
Dâpres et Aumont.	Lacets de fil.	Ment. hon.	1819.	69.
Darnetal (Filature de). . .	Coton filé.	Ment. hon.	1806.	61.
Darroul.	Tannage.	Ment. hon.	1806.	94.
Darthe frères.	Porcelaines.	M. bronze.	1806.	199.
Darte frères.	Porcelaines.	M. d'argent.	1819.	302.
Dartigues.	Minium.	Ment. hon.	1806.	177.
Dartigues.	Verre à vitre.	M. d'argent.	1806.	186.
Dasserat , Roland père et Guichard-Portal.	Dentelles.	Ment. hon.	An 9.	32.
Dastis.	Draps.	M. bronze.	1819.	18.
Dauphin, Chantelou, Menil et Legoupil.	Cotons filés.	Ment. hon.	An 10.	30.
Dautremont.	Tissus mérinos.	M. d'argent.	1819.	32.
David et Legrand.	Flanelles.	Ment. hon.	An 9.	31.
Davilliers , Lombard et compagnie.	Cotons filés.	M. d'argent.	1819.	74.
Davoit.	Bonneterie de coton.	Citation.	1819.	105.
Davrainville.	Jeu de flûte à cylindre.	Ment. hon.	1806.	217.

DÉSIGNATION DES FABRICANS.	GENRE D'INDUSTRIE.	DISTINCTION obtenue.	Année de l'exposition.	Page du rapport de l'année ci-contre.
Debarre, Théoleyre et Dutilleu'.	Étoffes de soie.	M. d'argent.	1806.	31.
Debray (Franç.) et comp.	Velours.	M. d'argent.	1806.	71.
Debray, Valfrene et comp.	Pannes.	Ment. hon.	1806.	22.
Decaen jeune...........	Casimir coton et cirsacas.	M. bronze.	1819.	89.
Declanlieux...........	Peigne sans fin.	Ment. hon.	1819.	226.
Declerk...........	Granits.	Citation.	1806.	182.
Decresme...........	Nankinets.	M. bronze.	An 10.	33.
Decresme (Alexandre)....	Nankinets.	M. bronze.	1806.	68.
Decresme...........	Étoffes pour gilets.	Ment. hon.	1819.	90.
Decretot...........	Draps.	M. d'or.	An 9.	12.
Decretot...........	Draps.	M. d'or.	An 10.	10.
Decretot...........	Draps.	M. d'or.	1806.	17.
Decroos...........	Savon.	Citation.	1806.	181.
Delfau *dit* Lamotte......	Machines diverses.	Ment. hon.	1819.	368.
Deffontis-Gilbert.........	Bonneterie de coton.	Citation.	1819.	105.
Defranc...........	Mousselines.	Ment. hon.	1806.	64.
Degen...........	Inventions diverses pour la fabrication des velours.	Ment. hon.	1819.	369.
Doglesne-Cousin........	Ganterie.	Ment. hon.	1819.	134.
Degouvenain...........	Vinaigre.	M. bronze.	An 10.	54.
Degouvenain (L.-A.).....	Vinaigre.	M. bronze.	1806	176.
Dégrand...........	Coutellerie.	Ment. hon.	1819.	201.
Deharme...........	Tôles vernies.	M. d'or.	An 6.	21.
Deharme et Dubrus.....	Tôles vernies.	M. d'or.	An 9.	9.

DÉSIGNATION DES FABRICANS.	GENRE D'INDUSTRIE.	DISTINCTION obtenue.	Année de l'exposition.	Page du rapport de l'année ci-contre.
Deharme et Dubaux	Tôles vernies.	M. d'or.	An 10.	61.
Deharme	Quincaillerie.	Ment. hon.	1819.	204.
Debeurie-Billy	Ratines.	Ment. hon	An 10.	17.
Delabel de Sarmont	Casimir de coton.	Ment. hon.	1819.	87.
Delacour	Soies.	Ment. hon.	1819.	45.
Deladerrière-Dubois	Cotons filés.	M. bronze.	An 10.	29.
Deladerrière-Dubois	Cotons filés.	M. bronze.	1806.	59.
Delafontaine aîné	Machines pour le coton.	M. bronze.	1806.	139.
Delagarde	Papeterie.	M. d'argent.	1819.	144.
Delahaye et Williot (François), de Bolbec.	Impression sur toiles de coton.	M. bronze.	1819.	119.
Delaître, Noël et compag.e	Cotons filés.	M. d'or.	An 9.	13.
Delaître, Noël et compag.e	Cotons filés.	M. d'or.	An 10.	28.
Delaître, Noël et compag.e	Cotons filés.	M. d'or.	1806.	58.
Delaloge	Cuirs vernis.	Ment. hon.	1819.	138.
Delamarche et Dieu	Globes terrestres et célestes.	Ment. hon.	1819.	262.
Delamarre (Jean)	Dentelles.	Ment. hon.	1819.	99.
Delamotte	Machines.	M. bronze.	An 9.	23.
Delamotte	Armes à feu.	Ment. hon.	1819.	193.
Delanos	Faulx et faucilles.	Ment. hon.	1819.	187.
De la Nouvelle	Sucre de betteraves.	Ment. hon.	1819.	289.
Delarue	Draps.	M. d'argent.	An 9.	20.
Delarue	Draps.	M. d'argent.	1806.	8.
Delarue (Julien)	Blanchiment.	M. d'argent.	1819.	130.
Delarue (Julien)	Apprêt.	M. d'argent.	1819.	366.

DÉSIGNATION DES FABRICANS.	GENRE D'INDUSTRIE.	DISTINCTION obtenue.	Année de l'exposition.	Page du rapport de l'année ci-contre.
Delaunay (M.me)........	Mouchoirs de couleur.	Ment. hon	1806.	69.
Delaye-Pisson..........	Velours d'Utrecht.	M. bronze.	1819.	123.
Delchambre..........	Couleurs.	Ment. bon.	An 10.	55.
Delessert (Benjamin)....	Raffinerie de sucre.	Ment. hon.	An 10.	55.
Delétoile..........	Toiles.	Ment. bon.	An 10.	25.
Deleutre fils et Mantel...	Soies.	Ment. hon.	1806.	28.
Deleutre et Mantel......	Étoffes de soie.	Ment. hon	1806.	28.
Delisle fils..........	Toiles.	Citation.	1819.	64.
Delloye..........	Fer-blanc.	M. bronze.	1806.	112.
Delloye et fils (V.e).....	Mouchoirs-batiste.	M. bronze	819.	68.
Deloyne (Benoît), Halier et compagnie.	Casquets turcs.	M. bronze	1819.	102.
Delpech..........	Alun.	M. bronze.	1819.	180.
Delrue-Florin..........	Casimir de coton.	Ment. hon.	1819.	87.
Deltuf..........	Cotons filés.	M. d'argent	1819.	76.
Delucheux..........	Toiles.	Ment. hon	An 10.	25.
Demailly frères........	Draps communs.	Ment. hon	An 10.	16.
Demailly (Stanislas)......	Couvertures.	Ment. hon.	1806.	20.
Demarne..........	Tôles vernies.	M. bronze.	1806.	208.
Demenou et Delambert...	Impressions sur étoffes de laine.	M. bronze.	1819.	122.
Demenou et Delambert..	Drap-tricot.	Ment. hon.	1819.	123.
Demenou et Delambert..	Molletons.	Ment. hon.	1819.	76.
Demillère..........	Végétaux artificiels.	Ment. hon.	1806.	214.
Demongé et Kreutzer.....	Vernis.	Ment. hon.	An 9.	30.

DÉSIGNATION DES FABRICANS.	GENRE D'INDUSTRIE.	DISTINCTION obtenue.	Année de l'exposition.	Page du rapport de l'année ci-contre.
Denielle	Draperie commune.	Ment. hon.	1819.	23.
Denné jeune	Calcographie.	M. d'argent.	1806.	162.
Denoirjean	Couvertures.	Citation.	1806.	21.
Denys (Julien)	Cotons filés.	M. d'or.	An 9.	9.
Dépouilly et compagnie	Soieries, étoffes de goût.	M. d'or.	1819.	50.
Dequenne	Aciers cémentés.	M. d'or.	1819.	161.
Dermet	Charpenterie.	Ment. hon.	1819.	356.
Derosne (Charles-Louis)	Appareil distillatoire.	M. d'argent.	1819.	272.
Derosne (Charles-Louis)	Raffinage du sucre.	M. d'argent.	1819.	365.
Désarnaud – Charpentier (M.me v.e)	Cristaux ornés de bronzes.	M. d'or.	1819.	312.
Désarnod	Appareils de chauffage.	M. d'or.	An 6.	21.
Désarnod	Appareils de chauffage.	M. d'or.	An 9.	9.
Désarnod	Appareils de chauffage.	M. d'or.	An 10.	63.
Désarnod	Appareils de chauffage.	M. d'or.	1806.	166.
Desblancs	Rouleaux de montres.	M. h. spéc.e	1806.	151.
Desclaux	Maroquins.	Ment. hon.	1819.	137.
Descroisilles frères	Blanchiment.	M. d'argent.	An 9.	49.
Descroisilles frères	Blanchiment.	M. d'or.	An 10.	53.
Descroisilles	Blanchiment.	M. d'or.	1806.	86.
Désétables aîné	Papeterie.	M. bronze.	1819.	145.
Desjardins	Yeux artificiels.	Ment. hon.	1819.	315.
Desjardins-Renoult	Calicots.	Ment. hon.	1819.	84.
Desmarest	Teinture sur fil de lin.	M. bronze.	1819.	21.
Desmarest	Teinture sur coton.	Ment. hon.	1819.	112.

DÉSIGNATION DES FABRICANS.	GENRE D'INDUSTRIE.	DISTINCTION obtenue.	Année de l'exposition.	Page du rapport de l'année ci contre.
Desmoulins............	Vermillon.	M. bronze.	1819.	282.
Desnière et Martelin.....	Bronzes ciselés et dorures.	M. d'argent.	1819.	214.
Despeaux.............	Nankins.	Ment. hon.	1806.	68.
Despiau.............	Linge de table damassé.	M. bronze.	1819.	66.
Desportes (J. B.)........	Étamines.	Ment. hon.	An 10.	18.
Desportes............	Étamines.	Ment. hon.	1806.	17.
Despréaux............	Nankinets.	Ment. hon.	An 10.	33.
Després.............	Porcelaines.	M. bronze.	1806.	199.
Despretz fils..........	Fer-blanc.	Ment. hon.	1819.	176.
Desprez.............	Incrustation dans le cristal.	Ment. hon.	1819.	315.
Desquinemare.........	Toiles imperméables.	M. bronze.	An 10.	63.
Désray.............	Typographie.	M. d'argent.	An 10.	66.
Destigny............	Horlogerie commune à l'usage civil.	M. bronze.	1819.	241.
Destoup et Bentalou.....	Tannage.	Citation.	1819.	132.
Desurmont...........	Calicots.	Ment. hon.	1819.	84.
Desville.............	Coton filé.	Ment. hon.	1806.	61.
Detrey aîné..........	Bonneterie de fil.	Ment. hon.	An 6.	23.
Detrey.............	Bonneterie de fil.	M. d'argent.	An 9.	17.
Detrey aîné..........	Bonneterie de fil.	M. d'argent.	An 10.	35.
Detrey père...........	Bonneterie de fil.	M. d'argent.	1806.	76.
Detrey père..........	Bonneterie de fil.	M. d'argent.	1819.	103.
Deville.............	Gazes.	Ment. hon.	1806.	38.
Devillers père et fils.....	Velours de coton.	M. bronze.	An 10.	34.
Devrine.............	Balances d'essai.	M. bronze.	An 10.	42.

DÉSIGNATION DES FABRICANS.	GENRE D'INDUSTRIE	DISTINCTION obtenue.	Année de l'exposition.	Page du rapport de l'année ci-contre.
Deydier	Soies.	M. d'argent	1806.	27.
Didelot-Perrin et Didelot-Regnoux.	Tiretaines.	Ment. hon.	1819.	25.
Didier (*Nicolas*)	Instrumens de musique.	M. bronze.	1806.	216.
Didier	Cuirs vernis.	M. d'argent.	1806.	95.
Didier	Cuirs vernis.	M. d'argent.	An 10.	62.
Didier	Cuirs vernis.	M. d'argent.	1819.	138.
Didot (*Pierre et Firmin*) et Herhan.	Typographie.	M. d'or.	An 6.	20.
Didot (*Pierre*) aîné; Didot (*Firmin*).	Typographie.	M. d'or.	An 9.	7.
Didot (*Pierre*) aîné; Didot (*Firmin*).	Typographie.	M. d'or.	An 10.	67.
Didot (*Pierre*) aîné; Didot (*Firmin*).	Typographie.	M. d'or.	1806.	156.
Didot (*Pierre*)	Typographie.	M. d'or.	1819.	327.
Didot (*Firmin*)	Typographie.	M. d'or.	1819.	326.
Didot (*Henri*)	Fonte des caractères.	M. d'argent.	1806.	158.
Didot (*Henri*) et compagnie.	Fonderie polyamatype.	M. d'or.	1819.	325.
Didot-Saint-Léger	Fabrication du papier.	M. d'argent.	1819.	366.
Dietrich	Fer et acier.	Ment. hon.	An 10.	52.
Dietrich	Fers.	Ment. hon.	1806.	103.
Dietz	Teinture du coton.	M. bronze.	1819.	117.
Dilh et Guérard	Porcelaine.	M. d'or.	An 6.	11.
Dilh et Guérard	Porcelaine.	M. d'or.	1806.	195.

DÉSIGNATION DES FABRICANS.	GENRE D'INDUSTRIE.	DISTINCTION obtenue.	Année de l'exposition.	Page du rapport de l'année ci-contre.
Dobo	Fil de laine.	M. d'argent.	1818.	8.
Dobo	Filature de laine.	M. d'argent.	1819.	364.
Dobo	Encliquetage.	Ment. hon.	1819.	227.
Docagne	Dentelles.	M. d'argent.	1819.	97.
Dodillet (*Henri-Louis*)	Machines et laminoirs.	M. bronze.	1819.	360.
Dolé fils	Linge de table damassé.	Ment. hon.	1819.	66.
Dolfus, Mieg et compagnie	Toiles peintes.	M. d'argent.	1806.	88.
Dolfus, Mieg et compagnie	Châles imprimés.	M. d'or.	1819.	127.
Dolley	Coutil.	Citation.	1819.	67.
Dolley	Droguets et finettes.	Ment. hon.	1819.	25.
Doré	Draps communs.	Ment. hon.	1819.	24.
Douai (Fabrique de)	Coton filé.	Ment. hon.	1806.	62.
Douzault-Wiéland	Parures et bijoux en strass.	M. bronze.	1819.	313.
Douglas	Machines pour la laine.	M. d'or.	1806.	132.
Dourdan (Maison de détention de).	Produits du travail, &c.	Ment. hon.	1819.	343.
Douzals aîné	Papeterie.	M. bronze.	1806.	85.
Douzals	Cartons d'apprêt.	M. bronze.	1819.	147.
Doyen	Cotons filés.	Ment. hon.	1819.	78.
Dribois-Fournies	Batistes et linons.	Ment. hon.	1806.	53.
Droz	Art monétaire.	M. d'or.	An 10.	43.
Duboc fils	Châles et rouenneries.	Citation.	1819.	92.
Dubois	Cordages.	Ment. hon.	1806.	44.
Dubois	Toiles.	Ment. hon.	1806.	49.
Dubois père et fils	Étamines.	Ment. hon.	An 10.	18.

DÉSIGNATION DES FABRICANS.	GENRE D'INDUSTRIE.	DISTINCTION obtenue.	Année de l'exposition.	Page du rapport de l'année ci-contre.
Duboscq-Rigaut............	Perkales et calicots.	Ment. hon.	1806.	64.
Dubost jeune.............	Bonneterie de fil et soie.	Ment. hon.	1819.	104.
Dubuc le jeune.........	Sulfate de fer.	Citation.	1810.	280.
Duchaussoy.............	Bonneterie de coton.	Ment. hon.	1819.	104.
Duchemin.............	Horlogerie fine à l'usage civil.	Citation.	1819.	141.
Duchesne et Tieulen.....	Calicots.	Citation.	1819.	85.
Duchet...............	Colle-forte.	Ment. hon.	An 9.	30.
Duchet...............	Colle-forte.	Ment. hon.	An 10.	56.
Duchet...............	Colle-forte.	M. d'argent.	1806.	179.
Ducrusel.............	Limes.	M. d'argent.	An 10.	50.
Ducrusel.............	Limes.	M. d'argent.	1806.	110.
Ducruy aîné...........	Ganterie.	Ment. hon.	1806.	98.
Dufaud...............	Fers affinés.	M. d'or.	1819.	354.
Dufour...............	Fil à dentelles.	Ment. hon.	An 10.	27.
Dufour...............	Fil à dentelles.	Ment. hon.	1806.	42.
Dufour...............	Papiers peints.	M. d'argent.	1819.	152.
Dugas frères et compagnie.	Rubans de soie.	M. d'or.	1806.	35.
Dugas, Vialis et compagnie	Rubans.	Ment. hon.	1806.	35.
Dulaurent.............	Toiles.	Citation.	1819.	65.
Dulerain (Maurice)......	Toiles à voiles.	Ment. hon.	1819.	68.
Dulud père...........	Calicots.	Ment. hon.	1819.	83.
Dumarais.............	Fromages.	Ment. hon.	1819.	291.
Dumas...............	Acier.	M. bronze.	An 9.	23.
Dumas fils...........	Roulettes en fonte.	Ment. hon.	1819.	196.

E e

DÉSIGNATION DES FABRICANTS.	GENRE D'INDUSTRIE.	DISTINCTION obtenue.	Année de l'exposition.	Page du rapport de l'année ci-contre.
Dumas	Draps.	M. bronze.	1819.	18.
Dumery	Fermoirs de sacs, en acier poli.	Ment. hon.	1819.	203.
Dumontier	Cornes.	Ment. hon.	An 10.	45.
Dumoulin	Ganterie.	Ment. hon.	1806.	98.
Duplat	Procédés de gravure.	M. bronze.	1819.	328.
Duplessier	Toiles.	M. bronze.	An 10.	23.
Dupoirier	Pianos.	M. bronze.	1806.	116.
Dupont-Fouilletot	Cotons filés.	Ment. hon.	1819.	77.
Dupont	Perkales, batins et velventines.	M. d'argent.	1819.	86.
Duport et Jourdain	Mousselines.	M. d'argent.	1806.	64.
Duport père et fils	Bronzes ciselés.	Ment. hon.	1806.	107.
Duprez	Draperie.	Citation.	1819.	26.
Duprez aîné	Draperie.	Citation.	1819.	27.
Duquêne (Antoine)	Batistes et linons.	Ment. bon.	1806.	53.
Durand (Emmanuel)	Ganterie.	Ment. bon.	1806.	98.
Durand	Faux.	Ment. hon.	1806.	109.
Durand-Damich	Draperie commune.	Ment. hon.	1819.	25.
Dusart	Chapelerie.	Ment. hon.	1806.	24.

E

DÉSIGNATION DES FABRICANTS.	GENRE D'INDUSTRIE.	DISTINCTION obtenue.	Année de l'exposition.	Page du rapport de l'année ci-contre.
Ébingre	Toiles peintes.	Ment hon.	An 9.	29.
Échelles (La fabrique des)	Toiles.	Ment. hon.	1806.	30.

DÉSIGNATION DES FABRICANS.	GENRE D'INDUSTRIE.	DISTINCTION obtenue.	Année de l'exposition.	Page du rapport de l'année ci-contre.
École royale d'arts et métiers d'Angers.	Produits du travail.	Ment. hon.	1819.	337.
École royale d'arts et métiers de Châlons-sur-Marne.	Ébénisterie...... Ensemble de ses produits... Limes......	M. d'or.	1819.	317. 335. 183.
École de Compiègne.....	Limes.	Ment. bon.	1806.	110.
Engelmann (Louis).....	Lithographie.	Ment. hon.	1819.	333.
Enos..........	Bonneterie de coton.	Ment. hon.	1806.	76.
Errard frères..........	Harpes et forté-pianos.	M. d'or.	1819.	267.
Esch (Fabrique d').....	Draperies moyennes.	Ment. bon.	1806.	12.
Escomel (Pierre)........	Mégisserie.	Citation.	1819.	235.
Esnault..........	Broderies.	Ment. hon.	An 10.	69.
Esnault..........	Broderies.	Ment. hon.	1806.	38.
Estivant de Brau.....	Colle-forte.	M. bronze.	1806.	180.
Estivant de Brau.....	Colle-forte.	M. d'argent.	1819.	285.
Estivant (M. P. G.).....	Colle-forte.	M. d'argent.	1819.	285.
Évreux (Fabrique d').....	Coutils.	Ment. bon.	1806.	52.
Évreux (Fabrique d').....	Coton filé.	Ment. bon.	1806.	61.

F

DÉSIGNATION DES FABRICANS.	GENRE D'INDUSTRIE.	DISTINCTION obtenue.	Année de l'exposition.	Page du rapport de l'année ci-contre.
Fabre..........	Bonneterie de laine.	Ment. hon.	1819.	102.
Fages (Jean-Louis)......	Londrins et mahouts.	M. d'argent.	1819.	17.
Fages..........	Tissu mérinos.	M. bronze.	1819.	32.

DÉSIGNATION DES FABRICANS.	GENRE D'INDUSTRIE.	DISTINCTION obtenue.	Année de l'exposition.	Page du rapport de l'année ci-contre.
Fallatieu	Fer-blanc.	M. bronze.	1819.	175.
Fallatieu	Acier.	Ment. hon.	1819.	165.
Fallatieu	Tréfilerie.	Ment. hon.	1819.	180.
Fallois	Chanvre et lin blanchis.	Ment. hon.	An 10.	63.
Farel et fils	Mouchoirs façon des Indes.	M. bronze.	1819.	91.
Farel et fils	Teinture sur coton.	Ment. hon.	1819.	118.
Fauler, Kempst, Muntzer.	Maroquins.	M. d'or.	An 9.	12.
Fauler, Kempst, Muntzer.	Maroquins.	M. d'or.	An 10.	60.
Fauler, Kempst et comp.	Maroquins.	M. d'or.	1806.	96.
Faulquier	Draps.	M. d'argent.	1819.	16.
Fauquet frères	Calicots.	Ment. hon.	1819.	84.
Fauquet (Jacques) frères	Cotons filés.	Ment. hon.	1819.	78.
Fauquier	Rots d'acier.	M. bronze.	An 10.	45.
Faure et Laforêt	Soies.	Ment. hon.	An 10.	30.
Favereau	Bonneterie de laine.	M. bronze.	1819.	100.
Faveret.	Pendule et cylindrimètre.	M. d'argent.	1819.	240.
Faverot.	Piqué.	M. bronze.	An 10.	32.
Fayard.	Couvertures.	Citation.	1806.	11.
Ferrari	Chapelerie.	Ment. hon.	1806.	24.
Feuchère	Ornemens en bronze.	M. d'argent.	1819.	215.
Feuillet	Armes à feu.	Ment. hon.	1806.	131.
Février	Coutil.	Citation.	1819.	67.
Fiard, Marion, Aynard.	Draps communs	M. d'argent.	1819.	20.
Fiévet.	Cotons filés.	Ment. hon.	1819.	77.
Filhol.	Calcographie.	M. bronze.	1806.	163.

DÉSIGNATION DES FABRICANS.	GENRE D'INDUSTRIE.	DISTINCTION obtenue.	Année de l'exposition.	Page du rapport de l'année ci-contre.
Filhol....................	Calcographie.	M. bronze.	1819.	331.
Finck (*Sébastien*)........	Tôles vernies.	Ment. hon.	An 10.	63.
Finck et compagnie.....	Tôles vernies.	M. bronze.	1806.	209.
Firmin et Cardu........	Bonneterie de coton.	Citation.	1819.	105.
Fizeaux................	Batistes et linons.	Ment. hon.	1806.	53.
Flages.................	Cardes.	Ment. hon.	An 6.	24.
Flandry................	Draperie commune.	Citation.	1819.	17.
Flavigny et fils........	Draps fins.	M. bronze.	An 10.	14.
Flavigny et fils..........	Draps.	Ment. hon.	An 9.	30.
Flavigny...............	Draps.	M. bronze.	1819.	18.
Frérot jeune...........	Couteaux de corroyeur.	Ment. hon.	1806.	125.
Fleuret................	Pierre factice.	Citation.	1806.	181.
Fleurs (M.me)..........	Tréfilerie.	M. d'argent.	An 10.	49.
Fleurs (Veuve)........	Tréfilerie.	M. d'argent.	1806.	113.
Fleurs (M.me)..........	Tréfilerie.	M. d'argent.	1819.	179.
Fleury-Delorme.,......	Broderie.	M. bronze.	1806.	37.
Fleury jeune...........	Tréfilerie.	M. d'argent.	An 10.	49.
Fleury jeune...........	Tréfilerie.	M. d'argent.	1806.	113.
Fleuzat-Lessart........	Acier corroyé et naturel.	Ment. hon.	1819.	165.
Florin (*Carlos*)........	Cotons filés.	M. d'or.	1819.	73.
Flotte frères..	Londrins et mahouts.	M. d'argent.	1819.	17.
Foix, Mirepoix et Saint-Girons (Les fabriq. de).	Lainages.	Ment. hon.	1806.	12.
Fontaine...............	Clouterie.	M. bronze.	1819.	197.
Fontaine et Saint-George (Les fabriques de).	Alun.	Ment. hon.	An 10.	55.

DÉSIGNATION DES FABRICANS.	GENRE D'INDUSTRIE.	DISTINCTION obtenue.	Année de l'exposition.	Page du rapport de l'année ci-contre.
Fontaine-Guerard (Filature de).	Cotons filés.	Ment. hon.	1806.	61.
Fontenillat.............	Cotons filés.	M. d'argent.	819.	75.
Fontenillat.............	Calicots.	Ment. hon.	1819.	84.
Fontevrault (La maison de détention de), Maine-et-Loire.	Produits du travail.	Ment. hon.	1819.	344.
Foschi.................	Bonneterie de coton.	Ment. hon.	1806.	76.
Fortin.................	Instrumens de précision.	M. d'or.	1819.	256.
Fouque................	Tôles et fers laminés.	M. d'argent.	1819.	173.
Fourché...............	Instrumens de précision.	Ment. hon.	1806.	153.
Fourmand (Bertrand).....	Machines de fabriques.	M. bronze.	1819.	358.
Fourmy................	Poteries.	M. d'argent.	An 9.	19.
Fourmy................	Poteries.	M. d'or.	An 10.	57.
Fournier..............	Machines pour filer le lin.	Ment. hon.	An 10.	45.
Fournival et Legrand-Lemor.	Tissus-cachemire.	M. bronze.	1819.	39.
Frèrejean frères........	Cuivre laminé.	M. d'argent.	1806.	115.
Frèrejean et de Blumenstein.	Fers.	M. d'argent.	1819.	158.
Frestel...............	Coutellerie.	Ment. hon.	1819.	202.
Erévin................	Serrurerie.	M. bronze.	An 9.	23.
Frichet...............	Bijouterie d'acier.	M. d'argent.	1806.	212.
Frichet...............	Bijouterie d'acier.	M. d'argent.	1819.	216.
Frison................	Céruse.	Ment. hon.	An 10	55.

DÉSIGNATION DES FABRICANS.	GENRE D'INDUSTRIE.	DISTINCTION obtenue.	Année de l'exposition.	Page du rapport de l'année ci-contre.
Fruges (La fabrique de).	Gros draps.	Ment. hon.	1806.	12.
Furet-Laboulaye.........	Coutil et sangles.	Ment. hon.	1819.	67.

G

DÉSIGNATION DES FABRICANS.	GENRE D'INDUSTRIE.	DISTINCTION obtenue.	Année de l'exposition.	Page du rapport de l'année ci-contre.
Gagneau et Brunet........	Lampes.	M. bronze.	1819.	270.
Gaillard...............	Pompe à incendie.	Ment. hon.	1819.	231.
Gaillard...............	Sulfate de fer.	Ment. hon.	1806.	176.
Gaillard...............	Toiles métalliques.	M. d'argent.	1819.	204.
Gaillon (La maison de détention de).	Produits du travail, &c.	Ment. hon.	1819.	343.
Gain.................	Teinture sur coton.	Ment. hon.	1819.	157.
Gajon, Martin, Colas de Brouville, Venderbergue et compagnie.	Couvertures.	M. bronze.	An 10.	15.
Gajon, Martin, Colas de Brouville, Venderbergue et compagnie.	Couvertures.	M. bronze.	1806.	10.
Galer-Ligeois............	Dentelles et blondes.	M. d'argent.	1806.	39.
Galhot................	Mégisserie.	Citation.	1819.	135.
Galle.................	Bronzes ciselés.	M. bronze.	1806.	207.
Galle.................	Bronzes ciselés et dorures.	M. d'argent.	1819.	214.
Gambey	Instrumens astronomiques.	M. d'or.	1819.	256.
Gambu de la Rue........	Châles tissu croisé.	M. d'argent.	1819.	90.

DÉSIGNATION DES FABRICANS.	GENRE D'INDUSTRIE.	DISTINCTION obtenue.	Année de l'exposition.	Page du rapport de l'année ci-contre.
Gardeur............	Ornemens en carton.	Ment. hon.	1806.	214.
Gardon *(Léonard)*.......	Fil de cuivre.	M. d'argent.	1819.	363.
Garisson............	Draperie moyenne.	M. bronze.	1819.	22.
Garnier............	Tôles vernies.	Ment. hon.	1819.	220.
Garrigou, Sans et comp.	Faulx et faucilles. Limes et râpes. Acier.	M. d'or.	1819.	186. 183. 165.
Gattelier............	Piqués et basins.	M. d'argent.	An 9.	21.
Gadoe............	Châles.	Ment. hon.	1819.	40.
Gatteaux............	Machine pour les statuaires.	M. d'argent.	1819.	229.
Gau............	Toiles à voiles.	Ment. hon.	1806.	45.
Gau frères............	Toiles à voiles.	Ment. hon.	1819.	68.
Gaudin aîné et puîné.....	Papeterie.	Ment. hon.	1819.	146.
Gaudron *(Emmanuel)*....	Corroyage.	Ment. hon.	1819.	133.
Gaudry............	Bonneterie.	M. bronze.	An 10.	36.
Gautheur............	Toiles.	Citation.	1819.	65.
Gauthier............	Tricots.	M. bronze.	An 10.	15.
Gauthier............	Tricots.	M. bronze.	1806.	10.
Gauthier............	Tours, tarauds.	Ment. hon.	1806.	124.
Gavet............	Coutellerie.	Citation.	1806.	123.
Gavet............	Coutellerie.	Ment. hon.	1819.	201.
Gaydet et Destombes....	Étoffes pour gilet.	Ment. hon.	1819.	90.
Gency (Le baron de)....	Cardes.	Ment. hon.	1819.	226.
Génin............	Ustensiles de fer battu.	Citation.	1806.	113.
Gennuys............	Chamoiserie.	Ment. hon.	1806.	98.

DÉSIGNATION DES FABRICANS.	GENRE D'INDUSTRIE.	DISTINCTION obtenue.	Année de l'exposition.	Page du rapport de l'année ci-contre.
Gensoul..................	Soies.	M. d'or.	1806.	25.
Gensse-Duminy..........	Casimirs.	M. d'argent.	An 10.	13.
Gensse-Duminy et comp.	Casimirs.	M. d'or.	1806.	13.
Gensse-Duminy..........	Casimirs.	M. d'or.	1819.	28.
Gentil..................	Cartons d'apprêt.	M. bronze.	1806.	84.
Gentil *(Philippe)*........	Cartons d'apprêt.	M. d'argent.	1819.	147.
George et Cugnolet......	Acier.	M. d'argent.	1806.	105.
Georget.................	Serrurerie.	Ment. hon.	1806.	121.
Georget.................	Serrurerie.	M. d'argent.	1819.	198.
Gérard..................	Mousselines.	Ment. hon.	1806.	65.
Gerdret aîné............	Draps fins.	M. d'or.	1819.	13.
Gervais.................	Bonneterie.	Ment. hon.	An 10.	37.
Giani...................	Soies.	M. bronze.	1806.	27.
Gilbert.................	Appareils de chauffage.	Ment. hon.	1819.	272.
Gilet...................	Coutellerie.	Citation.	1806.	123.
Gillé...................	Fonderie en caractères.	M. bronze.	An 10.	69.
Gillé...................	Fonderie en caractères.	M. bronze.	1806.	158.
Gillé...................	Fonderie en caractères.	M. bronze.	1819.	325.
Gilles..................	Couvertures.	Citation.	1806.	22.
Gillet..................	Coutellerie.	Ment. hon.	1819.	201.
Gingembre..............	Balancier.	M. d'argent.	An 10.	43.
Girard *(Nicolas)* et Tournier *(François)*.	Acier.	Ment. hon.	1806.	106.
Girard..................	Faulx.	M. d'argent.	1806.	108.
Girard	Soies.	Ment. hon.	1806.	28.

DÉSIGNATION DES FABRICANS.	GENRE D'INDUSTRIE.	DISTINCTION obtenue.	Année de l'exposition.	Page du rapport de l'année ci-contre.
Girard	Étoffes de soie.	Ment. hon.	1806.	34.
Girard frères.	Éclairage.	M. bronze.	1806.	170.
Giraud	Mégisserie	Ment. hon.	1819.	135.
Giraut.	Draperie commune.	Citation.	1819.	26.
Giscard aîné, Raymond, Sirenne fils, et Brouilher	Casimirs.	M. d'argent.	1806.	14.
Glaiser	Maroquins.	Ment. hon.	1819.	157.
Gobelins (Manufacture des).	Tapisseries.	Ment. hon.	1819.	338.
Gobert.	Passementerie.	Ment. hon.	An 10.	69.
Gobert.	Passementerie.	Ment. hon.	1806.	38.
Goblet.	Acier naturel.	Ment. hon.	1819.	165.
Godard.	Laine peignée.	Ment. hon.	1819.	9.
Godard-Menesson.	Flanelles.	Ment. hon.	1819.	31.
Godard père et fils.	Draps fins.	M. d'argent.	1819.	21.
Godefroy	Calicots.	M. bronze.	1819.	83.
Godefroy.	Bonneterie de coton.	Citation.	1819.	105.
Godet et Delépine.	Coton.	M. d'or.	An 9.	14.
Godet et Delépine.	Velours de coton.	M. d'or.	An 10.	34
Godet et Delépine.	Velours.	M. d'or.	1806	70.
Godin	Levier hydraulique.	Ment. hon.	1819.	232.
Godot.	Bonneterie de coton.	Ment hon.	1819.	104.
Goervic	Colle-forte.	Ment. hon.	An 10.	56.
Gohin frères.	Couleurs.	M. d'argent.	An 10.	54.
Gohin (E.).	Couleurs.	Ment. hon.	1819.	283.

DÉSIGNATION DES FABRICANS.	GENRE D'INDUSTRIE.	DISTINCTION obtenue.	Année de l'exposition.	Page du rapport de l'année ci-contre.
Gombert	Fils de coton.	Ment. hon.	An 10.	26.
Gombert père et fils et Michelez.	Cotons filés.	M. d'argent	1819.	76.
Gombert (Narcisse) fils	Rubans de coton.	Ment. hon.	1819.	92.
Gombert fils ainé et Michelez.	Blanchiment.	M. d'argent	1819.	119.
Gonfreville	Teinture.	Ment. hon.	An 10.	63.
Gonfreville	Teinture.	M. d'argent	1806.	87.
Gonfreville fils	Teinture sur coton.	M. d'argent	1819.	116.
Gonin ainé	Teinture.	M. d'or.	1819.	362
Gonneville	Coton filé.	Ment. hon.	1806.	60.
Gonord	Gravures sur porcelaine.	M. bronze.	1806.	200.
Gonord	Procédé de gravure. Décoration des faïences et porcelaines.	M. d'or.	1819.	327. 306.
Gosselin	Cylindres à laminer.	M. d'or.	1806.	111.
Gosset (Veuve)	Étoffes de crin.	Citation.	1806.	23.
Gosset	Étoffes de crin.	Ment. hon.	1819.	60.
Gounon (Auguste)	Toiles à voile.	Ment. hon.	An 9.	32.
Gounon (Auguste)	Toiles à voile.	M. bronze.	An 10.	24.
Gounon	Toiles à voile.	M. bronze.	1806.	45.
Goupil	Ustensiles en fonte de fer.	Ment. hon.	1819.	196.
Gouvé	Coutellerie.	Ment. hon.	1819.	101.
Gouvenain	Vinaigre.	M. bronze.	1819.	293.
Gouvy et Guentz	Acier.	M. d'or.	1806.	104.

DÉSIGNATION DES FABRICANS.	GENRE D'INDUSTRIE.	DISTINCTION obtenue.	Année de l'exposition.	Page du rapport de l'année ci-contre.
Gouy	Lin filé à la mécanique.	Ment. hon.	1819.	61.
Gozzoli	Ornemens en albâtre.	Ment. hon.	1819.	322.
Graffe frères	Cire à cacheter.	Ment. hon.	An 10.	56.
Graffe frères	Cire à cacheter.	M. bronze.	1819.	286.
Grand frères (de Lyon)	Étoffes de soie.	M. d'or.	1819.	49.
Grand fr.^{es} (de Bédaricux)	Draps.	Ment. hon.	1819.	19.
Grand (*Amable*) et comp.^e	Étoffes de soie.	M. bronze.	1819.	55.
Grand-Gurjey (Mme de)	Armes blanches.	Ment. hon.	1819.	194.
Grand-Gurjey (Mme de)	Coutellerie.	Ment. hon.	1819.	201.
Grandin	Draps.	M. bronze.	An 9.	15.
Grandin (*Jacques*) aîné	Draps.	M. d'argent.	An 10.	13.
Grandin (*Jacques*)	Draps.	M. d'argent.	1806.	8.
Grandin	Draps.	M. bronze.	1819.	18.
Grangeret	Coutellerie.	Ment. hon.	1819.	200.
Grandjean (*Pierre-Franç.^s*)	Serrurerie.	Ment. hon.	1819.	356.
Grasset (*Claude*)	Acier.	M. d'argent.	1806.	106.
Grasset (*Antoine*)	Fers.	Ment. hon.	1806.	103.
Grasset	Acier.	M. d'argent.	1819.	164.
Grégoire	Perkales et calicots.	Ment. hon.	1806.	64.
Grégoire	Tableaux en velours.	M. d'argent.	1806.	78.
Grégoire	Tableaux en velours.	M. d'argent.	1819.	53.
Gremor et Barré	Toiles peintes.	M. d'or.	An 6.	21.
Grenet-Pelé	Sucre de betteraves.	M. bronze.	1819.	289.
Grenouillet	Fers.	Ment. hon.	1806.	102.
Grillon (Fabrique de)	Piqués.	M. d'argent.	An 9.	214.

DÉSIGNATION DES FABRICANS.	GENRE D'INDUSTRIE.	DISTINCTION obtenue.	Année de l'exposition.	Page du rapport de l'année ci-contre.
Grillon (Fabrique de)...	Bonneterie de coton.	M. d'argent.	An 10.	35.
Grimblon............	Verre à vitres.	Ment. hon.	1806.	187.
Grivel...............	Cotons filés.	M. d'argent.	1819.	77.
Grondona *(Nicolas)*......	Étoffes de soie.	Ment. hon.	1806.	34.
Gros-Caillou (La fabr. du).	Cristaux.	Ment. hon.	An 6.	24.
Gros-Davilliers..........	Calicots.	Ment. hon.	1806.	126.
Gros-Davilliers, Roman et compagnie.	Impression sur toiles de coton.	M. d'or.	1819.	65.
Grosjean..............	Faulx.	Ment. hon.	1806.	109.
Grout................	Casimir laine et coton.	M. bronze.	1819.	89.
Guérin...............	Tôle.	M. d'argent.	1806.	112.
Guérin...............	Faulx.	Ment. hon.	1806.	109.
Guérin frères, Anfrye et Lecourt.	Affinage du métal de cloches.	Ment. hon.	An 9.	52.
Guérin-Philippon.......	Velours et satin.	M. d'or.	1819.	135.
Guérineau.............	Mégisserie.	Citation.	1819.	29.
Guérinet.............	Bonneterie de coton.	M. bronze.	1819.	104.
Guerite..............	Bonneterie de coton.	Ment. hon.	1819.	104.
Gueroult et Lelièvre.....	Cotons filés.	M. d'argent.	An 10.	29.
Guibal jeune, de Castres..	Draperies moyennes	M. d'argent.	An 10.	13.
Guibal jeune........	Draperies moyennes.	M. d'argent.	1806.	9.
Guibal jeune.........	Draperies moyennes.	M. d'argent.	1819.	19.
Guibal-Vente.........	Draperies moyennes.	M. d'argent.	1819.	20.
Guichardière.........	Chapeaux feutrés.	Ment. hon.	1819.	107.
Guiffray et compagnie....	Chapelerie.	Ment. hon.	1806.	24.

DÉSIGNATION DES FABRICANS.	GENRE D'INDUSTRIE.	DISTINCTION obtenue.	Année de l'exposition.	Page du rapport de l'année ci-contre.
Guillaume............	Charrue.	Ment. hon.	1819.	222.
Guillemet............	Draps communs.	Ment. hon.	1819.	25.
Guillemet............	Basins.	Citation.	1819.	86.
Guillemet............	Molletons...	Citation.	1819.	94.
Gaillois *(Léonard)*......	Bonneterie de coton.	Citation.	1819.	105.
Guion...............	Orfévrerie.	M. d'argent.	1806.	204.
Guyard *(Benjamin)*......	Toiles.	Ment. hon.	An 10.	25.
Guyard *(Benjamin)*......	Toiles.	Ment. hon.	1806.	48.
Guybert et Jolyet........	Étoffes de crin.	Ment. hon.	1819.	60.
Guys................	Rouissage.	M. d'argent.	1806.	43.

H

Hache et Bourgois........	Cardes.	M. bronze.	1806.	139.
Haeks...............	Scierie mécanique.	M. bronze.	1819.	318.
Hamer *(Henri)*........	Poteries.	M. d'argent.	An 10.	58.
Halotte.............	Machines.	M. bronze.	1819.	359.
Hamoir *(Edmond)*......	Batistes.	Ment. hon.	1819.	63.
Hamelin-Bergeron.......	Manuel du tourneur.	Ment. hon.	1819.	331.
Hanapier *(Benoit)* et fils..	Casques turcs.	M. bronze.	An 10.	36.
Hanin...............	Pesons à cadran.	Ment. hon.	1806.	125.
Hanin...............	Pesons à cadran.	Ment. hon.	1819.	230.
Hamotin-Geoffroy.......	Mouchoirs.	Citation.	1819.	92.
Hardi...............	Casimir de coton.	Citation.	1819.	89.

DÉSIGNATION DES FABRICANS.	GENRE D'INDUSTRIE.	DISTINCTION obtenue.	Année de l'exposition.	Page du rapport de l'année ci-contre.
Harel	Appareils de chauffage.	M. d'argent.	1819.	71.
Haring	Instrumens de précision.	Ment. hon.	1806.	155.
Haring	Lunette achromatique.	Ment. hon.	1819.	261.
Hartmann	Horlogerie.	Ment. hon.	An 9.	28.
Haussmann	Toiles peintes.	M. d'argent.	1806.	88.
Haussmann frères	Impress. sur toile de coton	M. d'or.	1819.	127.
Hazard	Batistes.	Ment. hon.	1819.	63.
Hazard-Mirault	Yeux artificiels.	Ment. hon.	1819.	315.
Hebbelinch	Rubans.	Ment. hon.	An 10.	16.
Hébert (Jacques)	Toiles.	Ment. hon.	1806.	49.
Hébert	Châles de cachemire.	M. bronze.	1819.	39.
Hockel	Ébénisterie.	Ment. hon.	1806.	285.
Hocquet d'Orval	Moquettes.	M. bronze.	An 10.	16.
Hocquet d'Orval	Moquettes.	M. bronze.	1806.	80.
Hocquet d'Orval	Tapis et moquettes.	M. bronze.	1819.	150.
Heilmann frères et comp.	Impress. sur toile de coton.	M. d'or.	1819.	126.
Henraux jeune	Chardons métalliques.	Ment. hon.	1819.	229.
Henri aîné	Papeterie.	Ment. hon.	1806.	183.
Henri et Thirouin	Boutons de métal.	Ment. hon.	An 9.	49.
Henri et Thirouin	Boutons de métal.	M. bronze.	An 10.	51.
Henriot l'aîné (M.me v.e)	Flanelles.	M. bronze.	1819.	30.
Henriot frère, sœur et c.e	Flanelles.	M. bronze.	1819.	30.
Herbecourt (D')	Outils divers.	M. d'argent.	1819.	290.
Herbert de Saint-Riquier.	Velours de coton.	Ment. hon.	1819.	87.
Herhan	Fonderie en lettres.	M. d'or.	An 9.	8.

DÉSIGNATION DES FABRICANS.	GENRE D'INDUSTRIE.	DISTINCTION obtenue.	Année de l'exposition.	Page du rapport de l'année ci-contre.
Herban..................	Stéréotyp.ᵉ, matrices mob.	M. d'or.	1819.	324.
Hérisson................	Fourneau économique.	Ment. hon.	1819.	272.
Heussy frères..........	Linge de table.	Citation.	1819.	66.
Heydweiler............	Étoffes et velours de soie.	Ment. hon.	1806.	34.
Himmer (Joseph).......	Machines à carder et filer la laine, perfectionnées.	M. bronze.	1819.	399.
Hindelang père et fils...	Duvet de cachemire filé.	M. d'argent.	1819.	38.
Hirsch.................	Ornemens en carton.	M. bronze.	1819.	321.
Hofer (Jean)..........	Châles imprimés.	M. d'or.	1819.	327.
Hombert, Stollenhof et c.ᵉ	Casimirs.	M. d'argent.	1806.	14.
Honnette et fils (Veuve).	Corroyage	Ment. hon.	1806.	96.
Hortiez................	Cordages.	Ment. hon.	1806.	44.
Houel.................	Dentelles.	Ment. hon.	1806.	41.
Houlme (Filature de)...	Coton filé.	Ment. hon.	1806.	61.
Houplines (Filature de)..	Coton filé.	Ment. hon.	1806.	62.
Hugonet (Jean)........	Charrue perfectionnée.	Réc. pécun.	1819.	357.
Huguenin aîné.........	Calicots.	Citation.	1819.	84.
Huigh.................	Tuyaux de plomb.	Ment. hon.	1806.	118.
Humbert (Théodore)...	Instrumens de pêche.	Ment. hon.	An 10.	52.
Humblot-Conté.........	Crayons.	M. d'or.	1806.	178.
Humblot-Conté.........	Crayons.	M. d'or.	1819.	282.
Huot (Charles)........	Piqués.	M. bronze.	An 10.	32.
Huot..................	Basins, piqués et calicots.	M. bronze.	1806.	67.
Huret.................	Compas et serrures à combinaison.	M. d'argent.	1819.	190.

DÉSIGNATION DES FABRICANS.	GENRE D'INDUSTRIE.	DISTINCTION obtenue.	Année de l'exposition.	Page du rapport de l'année ci-contre.
Husson et Verdier......	Minium.	Ment. hon.	1806.	177.
Huvet................	Dentelles.	Ment. hon.	1819.	99.
Hysette..............	Appareils de chauffage.	Ment. hon.	1806.	168.

I

DÉSIGNATION DES FABRICANS.	GENRE D'INDUSTRIE.	DISTINCTION obtenue.	Année de l'exposition.	Page du rapport de l'année ci-contre.
Incarville (Filature d')...	Coton filé.	Ment. hon.	1806.	61.
Institution royale des jeunes aveugles, à Paris.	Produits du travail dans cet établissement.	Ment. hon.	1819.	340.
Irroy père et fils.........	Acier.	M. d'or.	1806.	107.
Irroy...................	Acier.	M. d'or.	1819.	163.
Irroy...................	Fers.	Ment. hon.	1819.	159.
Irroy...................	Limes.	Ment. hon.	1819.	183.
Irroy...................	Faulx à lame de rechange.	Ment. hon.	1819.	186.
Irroy...................	Scies d'acier fondu.	Ment. hon.	1819.	189.
Irroy...................	Aiguilles.	Ment. hon.	1819.	191.
Isabel.................	Horlogerie.	Ment. hon.	An 10.	41.
Isabel.................	Horlogerie.	M. bronze.	1806.	150.
Ivry-la-Bataille (Filature d')	Coton filé.	Ment. hon.	1806.	61.

J

DÉSIGNATION DES FABRICANS.	GENRE D'INDUSTRIE.	DISTINCTION obtenue.	Année de l'exposition.	Page du rapport de l'année ci-contre.
Jacob.................	Borax.	M. bronze.	1819.	280.
Jacob (Veuve).........	Étoffes de soie.	M. d'argent	1806.	32.

DÉSIGNATION DES FABRICANS.	GENRE D'INDUSTRIE.	DISTINCTION obtenue.	Année de l'exposition.	Page du rapport de l'année ci-contre.
Jacob.....................	Ébénisterie.	M. d'or.	An 9.	15.
Jacob.....................	Ébénisterie.	M. d'or.	An 10.	66.
Jacob-Desmalter........	Ébénisterie.	M. d'or.	1806.	210.
Jacob-Desmalter........	Ébénisterie en bois indigènes.	M. d'or.	1819.	316.
Jacobi-Lesourd.........	Bonneterie de coton.	Citation.	1819.	105.
Jacot.....................	Fers en barres.	Ment. hon.	1819.	159.
Jacquard.................	Métiers à tisser perfectionnés.	M. bronze.	An 9.	24.
Jacquard.................	Métiers à tisser les étoffes brochées et façonnées.	M. d'or.	1819.	361.
Jacquemard et Benard....	Papiers peints.	M. bronze.	An 10.	26.
Jacquemard et Benard....	Papiers peints.	M. bronze.	An 10.	68.
Jacquemard et Benard....	Papiers peints.	M. d'argent.	1806.	90.
Jacquemard frères......	Papiers peints.	M. d'argent.	1819.	151.
Jacquier.................	Mouchoirs.	Ment. hon.	1798.	24.
Jacquinet...............	Appareils de chauffage.	Ment. hon.	1819.	272.
Jahau-l'Héritier........	Draperie commune.	Citation.	1819.	26.
Jalaguier (Antoine)......	Molletons.	Ment. hon.	An 10.	17.
Jalvi, Saisset et Guiraut..	Londrins et mahouts.	M. d'argent.	1819.	17.
James-Colcomb.........	Couleurs.	Ment. hon.	1819.	283.
Janin....................	Dorure.	Ment. hon.	1806.	214.
Janvier (Antide)........	Pendules astronomiques.	M. d'or.	An 10.	33.
Janvier..................	Pendules astronomiques.	M. d'or.	1806.	147.
Jappy frères.............	Horlogerie ; mouv.ns bruts.	M. bronze.	An 10.	40.

DÉSIGNATION DES FABRICANS.	GENRE D'INDUSTRIE.	DISTINCTION obtenue.	Année de l'exposition.	Page du rapport de l'année ci-contre.
Jappy................	Horlogerie de fabrique.	M. d'or.	1806.	151.
Jappy frères...........	Horlogerie de fabrique.	Ment. hon.	1819.	236.
Jappy frères...........	Vis à bois et objets divers.	Ment. hon.	1819.	203.
Jay (André)...........	Peignes à sérancer.	Ment. hon.	1806.	125.
Jeannetty.............	Ouvrages en platine.	M. d'argent.	An 10.	50.
Jeannetty fils et Châtenay.	Vaisselle et bijoux en platine.	M. d'argent.	1819.	170.
Jecker (Gervais)........	Vis à bois à la mécan.	Ment. hon.	1806.	125.
Jecker (Laurent)........	Épingles.	M. d'argent.	1806.	127.
Jecker................	Instrumens de précision.	M. bronze.	An 9.	23.
Jecker................	Instrumens de précision.	M. d'argent.	An 10.	42.
Jecker frères...........	Instrumens de précision.	M. bronze.	1806.	154.
Jecker frères...........	Instrumens de mathématiques et d'astronomie.	M. d'argent.	1819.	257.
Jecker frères...........	Lunettes.	Ment. hon.	1819.	261.
Jobert-Lucas...........	Étoffes de laine façonnées.	M. d'argent.	1819.	34
Jobez................	Fers.	Ment. hon.	1806.	103.
Johannot..............	Papeterie.	M. d'argent.	An 9.	20.
Johannot..............	Papeterie.	M. d'or.	An 10.	38.
Johannot..............	Papeterie.	M. d'or.	1806.	82.
Johannot..............	Papeterie.	M. d'or.	1819.	143.
Jolivet, Cochet et Jourdan.	Tulle à double nœud.	Ment. hon.	1806.	37.
Joly.................	Lampes à double courant d'air.	M. bronze.	An 10.	64.
Joly.................	Lampes perfectionnées.	M. bronze.	1806.	169.

DÉSIGNATION DES FABRICANS.	GENRE D'INDUSTRIE.	DISTINCTION obtenue.	Année de l'exposition.	Page du rapport de l'année ci-contre.
Jouanne de la Rochière…	Bonneterie de coton.	Citation.	1819.	105.
Joubert (M.me) et Masquelier.	Calcographie.	M. d'or.	An 10.	65.
Joubert et Masquelier…	Calcographie.	M. d'or.	1806.	160.
Joubert (Les enfans et héritiers de feu M. de).	Galerie de Florence.	M. d'or.	1819.	329.
Joubert et Bonnaire…	Toiles à voiles.	Ment. hon.	1806.	46.
Joubert et Bonnaire père et fils.	Toiles à voiles.	Ment. hon.	1819.	67.
Jouffrey frères…	Construction de machines manufacturières.	Ment. hon.	1819.	356.
Jourdan…	Soies gréges.	Ment. hon.	1806.	28.
Jourdain et Villard…	Papiers peints.	Ment. hon.	1806.	92.
Jourjon…	Scies d'acier fondu.	Ment. hon.	1819.	189.
Journée…	Rots de tissage perfect.	Ment. hon.	1819.	227.
Jouvet…	Ébénisterie.	M. d'argent.	An 9.	22.
Jouvet…	Tabletterie.	M. d'argent.	An 10.	68.
Jubié frères…	Soies et organsins.	M. d'or.	An 10.	19.
Jubié frères…	Soies et organsins.	M. d'or.	1806.	25.
Jude de la Judie…	Acier corroyé.	Ment. hon.	1819.	165.
Judson…	Bonneterie de coton.	Ment. hon.	1806.	76.
Julien…	Coutellerie.	Ment. hon.	1819.	201.
Julien…	Poudre à clarifier les vins.	M. bronze.	1819.	291.
Julien (Denis)…	Coton filé.	M. d'or.	An 6.	21.

DÉSIGNATION DES FABRICANS.	GENRE D'INDUSTRIE.	DISTINCTION obtenue.	Année de l'exposition.	Page du rapport de l'année ci-contre.
K				
Keller....................	Poteries.	Ment. hon.	1806.	192.
Kettinguer et fils	Impress. sur toile de coton.	M. bronze.	1819.	129.
Klarck et André	Machines pour filatures.	M. d'argent.	1806.	138.
Kœchlin (*Nicolas*).	Impr. sur toiles de coton.	M. d'or.	1819.	126.
Kœchlin (*Daniel*)........	Toiles peintes.	M. d'or.	1819.	360.
Koesné....................	Papeterie.	Ment. hon.	1806.	83.
Kohler et Mantz	Impr. sur toiles de coton.	M. d'argent.	1819.	128.
Kruiness..................	Lunette achromatique.	Ment. hon.	1806.	155.
Kutsch....................	Mach. pour div. le mètre.	Ment. hon.	An 6.	22.
Kutsch....................	Mach. pour div. le mètre.	Ment. hon.	1806.	125.
L				
Labranche (*Pierre*).......	Draps de troupes.	Ment. hon.	An 10.	18.
Lachaume (*Simon*)	Serge commune.	Ment. hon.	1819.	34.
Lacoste....................	Étoffes de soie.	Ment. hon.	1806.	25.
Lacourade et Georgeon...	Papeterie.	M. bronze.	1819.	145.
Lacroix....................	Papeterie.	Ment. hon.	1806.	83.
Lacroix jeune.............	Papeterie.	Ment. hon.	1819.	146.
Ladouepe - Dufougerais et Veyrard (*Xavier*).	Cristaux du Creuzot.	M. d'argent.	An 10.	58.
Ladouepe-Dufougerais...	Cristaux du Creuzot.	M. d'or.	1806.	184.

DÉSIGNATION DES FABRICANS.	GENRE D'INDUSTRIE.	DISTINCTION obtenue.	Année de l'exposition.	Page du rapport de l'année ci-contre.
Laffineur..............	Poterie.	Ment. hon.	An 10.	60.
Lagorce..............	Fil et tissus de cachemire.	M. d'argent.	1819.	38.
Lagravère et compagnie..	Cadis.	M. bronze	1819.	33.
Lagrenée et Noir.........	Mosaïque.	Ment. hon.	1806.	165.
Lagrive..............	Étoffes de soie.	M. d'argent.	1806.	32.
Lahaye-Pisson..........	Pannes et velours.	Ment. hon.	An 10.	18.
Lahaye-Pisson..........	Velours d'Utrecht.	Ment. hon.	1806.	22.
Lallemand (Denis).....	Châles en coton et rouenn.	Citation.	1819.	92.
Lamarque..............	Tricots de laine.	Ment. hon.	An 10.	37.
Lambert..............	Poteries-grès.	Ment. hon.	1806.	195.
Lambert..............	Cotons filés.	M. d'argent.	1819.	75.
Lami (François).........	Mécaniques inv. ou perfect.	M. bronze.	1819.	367.
Lançon..............	Flint-glass.	Ment. hon.	1806.	155.
Landon..............	Calcographie.	M. bronze.	1806.	163.
Langlet..............	Batistes.	Ment. hon.	An 10.	24.
Langlois..............	Globes terrestres et célestes	Ment. hon.	1819.	262.
Langlois (Joachim).......	Porcelaine.	M. bronze.	1819.	393.
Langres (Fabrique de)...	Coutellerie.	Ment. hon.	1806.	122.
Langres (Fabrique de)...	Coutellerie.	Ment. hon.	1819.	201.
Lanjorois..............	Poteries-grès et briques réfractaires.	Ment. hon.	1819.	294.
Lansot (François)........	Parcheminerie.	Citation.	1806.	99.
Lansot..............	Parcheminerie.	Ment. hon.	1819.	135.
Lapaine..............	Peaux mégissées.	Citation.	1819.	135.
Lapie..............	Tôle d'acier fondu.	Ment. hon.	1819.	202.

DÉSIGNATION DES FABRICANS.	GENRE D'INDUSTRIE.	DISTINCTION obtenue.	Année de l'exposition.	Page du rapport de l'année ci-contre.
Laplace (Antoine)........	Batistes et linons.	Ment. hon.	1806.	53.
Largueze cadet.........	Corroyage.	Citation.	1819.	133.
Laroche aîné..........	Papeterie.	M. d'argent.	1806.	82.
Laroche puîné.........	Papeterie.	Ment. hon.	1819.	146.
Lasteyrie (Le comte de)..	Lithographie.	Ment. hon.	1819.	333.
Latour-Saurat (De)......	Bonneterie de coton.	Ment. hon.	1819.	105.
Laurent...............	Flûtes en cristal.	M. bronze.	1806.	217.
Laurent...............	Lit méc. pour les blessés.	Ment. hon.	1819.	230.
Laurent...............	Velours d'Utrecht.	M. bronze.	1819.	123.
Laurent (Henri).........	Calcographie.	M. d'or.	1819.	329.
Lavallée et Réville.......	Calcographie.	Ment. hon.	1819.	332.
Laveille frères..........	Toiles d'Alençon.	Ment. hon.	1806.	49.
Leauret...............	Bonneterie de soie.	Ment. hon.	1819.	103.
Lebailly fils...........	Cotons filés.	Ment. hon.	1819.	77.
Lebel et compagnie	Brai et huile de pétrole.	Citation.	1806.	181.
Leblanc...............	Fers.	Ment. hon.	1806.	101.
Leblanc...............	Ouvrage sur les instrumens agricoles.	M. d'argent.	1819.	369.
Leblanc-Paroissien.......	Machine à tondre les draps.	M. bronze.	1806.	135.
Leboucher-Villegaudin...	Toiles à voiles.	M. d'argent.	1819.	67.
Le Boulanger..........	Dentelles.	Ment. hon.	1819.	99.
Le Breton............	Cuirs vernis.	M. d'argent.	An 10.	62.
Lecanus (Philippois) et Frontin (Pierre-Mathieu).	Draps fins.	M. d'argent.	An 10.	12.
Lecanus...............	Draps fins.	M. d'argent.	1806.	8.

DÉSIGNATION DES FABRICANS.	GENRE D'INDUSTRIE.	DISTINCTION obtenue.	Année de l'exposition.	Page du rapport de l'année ci-contre.
Lechartier	Papeterie.	Ment. hon.	1806.	84.
Lechevrel	Coutil.	Ment. hon.	1819.	67.
Leclerc père et fils	Cotons filés.	M. bronze.	1806.	60.
Lecomte	Corroyage.	Ment. hon.	1806.	96.
Lecomte	Blondes.	M. bronze.	1819.	98.
Lecordier	Calicots.	Citation.	1819.	84.
Lecourt	Étain du mét. de cloches.	Ment. hon.	An 9.	29.
Ledure	Bronzes ciselés et dorures.	M. d'argent.	1819.	214.
Lefay	Teinture sur coton.	M. bronze.	1806.	87.
Lefay	Teinture sur coton.	M. bronze.	1819.	117.
Lefebvre (de Saint-Omer).	Draperie moyenne.	Ment. hon.	1819.	23.
Lefévre (de Paris)	Draps et filature de laine.	M. d'argent.	An 9.	20.
Lefévre (Jean-Nicolas-Félix), d'Elbeuf.	Draps de laines françaises.	M. bronze.	An 10.	14.
Lefévre	Bois refendu pour placage.	M. d'argent.	1819.	317.
Lefévre	Étamage des glaces.	M. bronze.	1819.	311.
Lefévre-Millet	Bonneterie de laine.	M. bronze.	1819.	101
Lefort	Feuilles de corne.	Ment. hon.	1819.	218
Lefranc-Thirion	Teinture sur coton.	Ment. hon.	1819.	118
Léger	Fonte de caractères.	M. bronze.	1819.	325
Legoux (Charles)	Machine à piquer les cartes à dentelles.	M. bronze.	1819.	2
Legrand (Veuve)	Bonneterie de fil.	M. bronze.	An 10.	2
Legrand (M.me)	Bonneterie de fil.	Ment. hon.	1806.	
Legros d'Anisy	Tuiles faites par mécanique	Ment. hon.	1819.	2.

DÉSIGNATION DES FABRICANS.	GENRE D'INDUSTRIE.	DISTINCTION obtenue.	Année de l'exposition.	Page du rapport de l'année ci-contre.
Legros d'Anisy	Impression sur porcelaine, faïence et verre.	M. d'argent.	1819.	306.
Leboult	Basins et piqués.	M. d'argent.	1806.	66.
Leboult	Basins, perkales et autres tissus.	M. d'argent.	1819.	83.
Lemaire	Horlogerie.	Ment. hon.	An 9.	28.
Lemaire	Nécessaires.	M. d'argent.	An 10.	67.
Lemaire	Nécessaires.	M. d'argent.	1806.	212.
Lemaire	Nécessaires.	M. d'argent.	1819.	217.
Lemaître	Étamines.	Ment. hon.	1819.	33.
Lemaître (Veuve)	Draps superfins.	M. d'argent.	1819.	15.
Lemaître (Jacques) et fils.	Cotons filés.	M. d'argent.	An 10.	29.
Lemaître et fils	Cotons filés.	M. d'argent.	1806.	58.
Lemaître (Jaques) et fils.	Cotons filés.	Ment. hon.	1819.	78.
Lemaître (Jacques) et fils.	Calicots.	Citation.	1819.	85.
Lemeneur	Toiles.	Citation.	1819.	64.
Lemercier-Paillette	Mousselines.	Ment. hon.	1806.	64.
Lemoine	Retors de coton.	Citation.	1819.	88.
Lemoine-Desmarres	Casimirs noirs.	Ment. hon.	1819.	30.
Lemyre	Fer forgé.	Ment. hon.	1806.	102.
Lemyre	Clous frappés à la mécan.	Ment. hon.	1819.	197.
Lemyre	Fers affinés.	Ment. hon.	1819.	159.
Lenfumey-Camusat	Bonneterie de coton.	M. bronze.	An 9.	25.
Lenfumey-Camusat	Bonneterie de coton.	M. d'argent.	An 10.	35.
Lenfumey-Camusat	Bonneterie de coton.	M. d'argent.	1806.	74.

DÉSIGNATION DES FABRICANS.	GENRE D'INDUSTRIE.	DISTINCTION obtenue.	Année de l'exposition.	Page du rapport de l'année ci-contre.
Lenoir..................	Instrumens d'astronomie.	M. d'or.	An 6.	20.
Lenoir..................	Cercles répétiteurs.	M. d'or.	An 9.	8.
Lenoir..................	Instrumens d'astronomie.	M. d'or.	An 10.	41.
Lenoir..................	Instrumens d'astronomie.	M. d'or.	1806.	152.
Lenoir fils.............	Cercles répétiteurs.	M. d'argent.	1819.	257.
Lenoir-Ravrio..........	Bronzes ciselés et dorures.	M. d'argent	1819.	214.
Leorier de Lille........	Papeterie.	M. bronze.	1806.	82.
Lepage	Armes à feu.	Ment. hon.	1819.	192.
Lepaute	Horlogerie.	M. d'argent.	1806.	149.
Lepaute fils...........	Horlogerie astronomique.	M. d'argent	1819.	250.
Lepaute fils...........	Horloges publiques.	Ment. hon.	1819.	253.
Lepelletier............	Cotons filés.	Ment. hon.	1819.	78.
Lepers (*Constantin*)......	Fil à dentelles.	Ment. hon.	1806.	42.
Lepers	Fil à dentelles.	Ment. hon.	1819.	62.
Le Pésant et Méteil.....	Verrerie.	Ment. hon.	1806.	188.
Lepeton...............	Dentelles.	Ment. hon.	1819.	99.
Léprince et Massias.....	Velours d'Utrecht.	Ment. hon.	1819.	123.
L'équeux-Fourdin	Dentelles.	Ment. hon.	1819.	99.
Leray (de Chaumont) ...	Sucre de betteraves.	M. d'argent.	1819.	288.
Lerebours.............	Instrumens d'optique.	Ment. hon.	An 10.	42.
Lerebours.............	Lunettes astronomiques.	Ment. hon.	1806.	154.
Lerebours	Instrumens d'optique.	M. d'or.	1819.	258.
Leroy et Crouy.........	Draps de laines françaises.	Ment. hon.	An 9.	30.
Lescure (Fabrique de)...	Coton filé.	Ment. hon.	1806.	61.
Lescureux.............	Toiles ouvrées.	Ment. hon.	An 10.	25.

DÉSIGNATION DES FABRICANS.	GENRE D'INDUSTRIE.	DISTINCTION obtenue.	Année de l'exposition.	Page du rapport de l'unité ci-contre.
Lesegretain-Dupatis frères	Toiles.	Ment. hon.	1806.	50.
Letixerand.............	Alênes et poinçons.	M. bronze.	An 9.	24.
Letixerand.............	Alênes.	M. bronze.	1806.	123.
Letixerand et compagnie.	Alênes.	M. d'argent.	1819.	190.
Levavasseur............	Couvertures.	Ment. hon.	An 10.	17.
Levrat et compagnie.....	Plaqué d'or et d'argent.	M. d'argent.	1819.	210.
Levrault...............	Typographie.	Ment. hon.	1806.	159.
L'Héritier-Texier.......	Draperie commune.	Citation.	1819.	26.
Liancourt (Filature de)...	Coton filé.	Ment. hon.	1806.	64.
Liancourt (Fabrique de)..	Cardes.	Ment. hon.	1819.	225.
Libaude (Les dames).....	Verrerie.	Ment. hon.	An 10.	60.
Liegrois et Valentin......	Cuirs vernis.	M. d'argent.	An 10.	62.
Liegrois...............	Cuirs vernis.	M. d'argent.	1806.	94.
Lignereux.............	Ébénisterie.	M. d'or.	An 9.	14.
Lignereux.............	Ébénisterie.	M. d'or.	An 10.	65.
Lignières et compagnie...	Tannage.	Citation.	1819.	132.
Lillebonne (Filature de)..	Coton filé.	Ment. hon.	1806.	61.
Limage-Pinsons.........	Châles.	Ment. hon.	1819.	40.
Libard................	Cotons filés.	M. bronze.	An 10.	29.
Locard................	Fil de coton à coudre et à broder.	Ment. hon.	1819.	78.
Lodève (La fabrique de).	Draps.	Ment. hon.	1806.	11.
Loffet.................	Impression sur laine.	M. bronze.	1819.	123.
Loignon (*Maurice*).....	Draps fins.	M. bronze.	1819.	18.
Lory	Horlogerie.	Ment. hon.	1806.	150.

DÉSIGNATION DES FABRICANS.	GENRE D'INDUSTRIE.	DISTINCTION obtenue.	Année de l'exposition.	Page du rapport de l'année ci-contre.
Lory.....................	Horlogerie.	M. bronze.	1819.	241.
Loup.....................	Acier poule.	M. d'or.	1806.	105.
Loustau et compagnie....	Chapeaux tissés.	Ment. hon.	1819.	107.
Louviers (Filatures de)...	Coton filé.	Ment. hon.	1806.	61.
Lozère (Cadisseries de)...	Cadis.	M. bronze.	1806.	17.
Luton, Perdu et Pitoin...	Dorure sur cristaux.	M. bronze.	An 9.	24.
Luton.....................	Dorure sur cristaux.	M. bronze.	An 10.	60.
Luton.....................	Dorure sur cristaux.	M. bronze.	1806.	189.
Luton.....................	Inscriptions sur verre.	M. bronze.	1819.	314.

M

DÉSIGNATION DES FABRICANS.	GENRE D'INDUSTRIE.	DISTINCTION obtenue.	Année de l'exposition.	Page du rapport de l'année ci-contre.
Magnan..................	Sulfate de fer.	Ment. bon.	1806.	176.
Maguin..................	Sucre de betteraves.	Ment. bon.	1819.	289.
Mahieux..............	Toiles fines.	M. bronze.	An 10.	22.
Mahieux..............	Toiles.	M. bronze.	1806.	48.
Mahieux..............	Toiles.	M. bronze.	1819.	63.
Main frères..........	Chamoiserie.	Ment. bon.	1806.	98.
Main...................	Chamoiserie, ganterie.	M. bronze.	1819.	134.
Malaunay (Filature de)..	Coton filé.	Ment. hon.	1806.	61.
Malézieux.............	Mousselines.	M. bronze.	1819.	83.
Malgontier et Périer.....	Mégisserie.	Citation.	1806.	99.
Mallié (Joseph)..........	Étoffes de soie.	M. d'or.	1806.	30.
Mallié et fils...........	Étoffes de soie.	M. d'or.	1819.	49.

DÉSIGNATION DES FABRICANS.	GENRE D'INDUSTRIE.	DISTINCTION obtenue.	Année de l'exposition.	Page du rapport po l'année ci-contre.
Malmenaide..............	Papeterie.	M. bronze.	1806.	83.
Manceau (M.lle) et comp.	Chapeaux tissus en soie.	M. bronze.	1819.	108.
Manoury d'Hectot.......	Invention de machines.	Ment. hon.	1819.	365.
Maquennhen (Pierre et Samson).	Serrurerie.	M. bronze.	An 9.	23.
Maquennhen..........	Cylindres cannelés.	Ment. hon.	1806.	141.
Mariez-Bigard..........	Mousselines.	Ment. hon.	1806.	63.
Marlin...............	Couvertures de coton et de laine.	M. d'argent.	An 10.	34.
Marlin...............	Couvertures de coton et de laine.	Ment. hon.	1806.	21.
Marmod..............	Calicots.	Ment. hon.	1806.	65.
Marmod frères.........	Coton filé.	Ment. hon.	1819.	77.
Marquet.............	Coton filé.	Ment. hon.	1819.	78.
Martel et fils.........	Draps de troupes.	Ment. hon.	An 9.	70.
Martel et fils.........	Draps de troupes.	M. bronze.	An 10.	14.
Martel et fils.........	Draps de troupes.	M. bronze.	1806.	10.
Martin (Jean)........	Londrins.	M. bronze.	1819.	19.
Martinière...........	Coutil.	Citation.	1819.	67.
Martorey............	Couvertures de coton.	Ment. hon.	1819.	94.
Massel..............	Couvertures de coton et de laine.	Ment. hon.	1806.	72.
Massey-Fleury, Patte et Faton.	Calicots.	M. d'argent.	1806.	64.
Masson (André)........	Sucre de betteraves.	Ment. hon.	1819.	287.

DÉSIGNATION DES FABRICANS.	GENRE D'INDUSTRIE.	DISTINCTION obtenue.	Année de l'exposition.	Page du rapport de l'année ci-contre.
Massu cadet...............	Ganterie.	Ment. hon.	1806.	98.
Matagrin aîné et compag.	Mousselines.	M. d'or.	1806.	63.
Matagrin aîné...........	Mousselines.	M. d'or.	1819.	81.
Matelin, Jurnel et Deniers.	Carreaux de terre cuite.	Ment. hon.	1819.	295.
Mathey-Doret...........	Horlogerie de fabrique.	M. d'argent.	1819.	237.
Mathieu, Romanet et Alafort.	Cuir-laine, flanelle et patent-coat.	M. d'argent.	1819.	29.
Matillot *(Bernard)*.......	Draperie commune.	Ment. hon.	1819.	25.
Matler................	Maroquins.	M. d'argent.	1806.	97.
Matler................	Maroquins.	M. d'or.	1819.	136.
Matthieu *(Joseph)*.......	Soies et organsins.	M. bronze.	1806.	27.
Maubon-Rupier.........	Draperies communes.	Citation.	1819.	25.
Maupassant de Rancy....	Bouchons de liége faits à la mécanique.	M. bronze.	1819.	223.
Maury jeune...........	Draperies communes.	Citation.	1819.	27.
Mazard-Clavel.........	Chapelerie.	Ment. hon.	1806.	14.
Mazarin père et fils......	Cuivre laminé.	Ment. hon.	1819.	177.
Mazeline *(François)*......	Machine pour lainer.	M. bronze.	1806.	135.
Méantis *(De)*...........	Dentelles.	Ment. hon.	1806.	40.
Médard................	Coutil.	Citation.	1819.	67.
Meiner et Bornèque.....	Fers.	Ment. hon.	1806.	102.
Méjan................	Bonneterie de soie.	Ment. hon.	An 10.	37.
Mellier-Ribancourt......	Perkales.	Ment. hon.	1819.	83.
Melun (Maison centrale	Produits du travail, &c.	Ment. hon.	1819.	343.
Mely *(Pierre)*...........	Serges.	M. bronze.	1819.	33.

DÉSIGNATION DES FABRICANS.	GENRE D'INDUSTRIE.	DISTINCTION obtenue.	Année de l'exposition.	Page du rapport de l'année ci-contre.
Menard..............	Poteries.	M. bronze.	An 9.	27.
Menard cadet..........	Tricot velouté de soie.	M. d'argent.	1819.	54.
Mérat *(Benoît)*, Desfrancs et Mingre - Bagueneau.	Casquets turcs.	M. bronze.	An 10.	56.
Mérat *(Benoît)* et Desfrancs.	Casquets turcs.	M. d'argent.	1819.	101.
Mercier fils............	Point d'Alençon.	M. d'argent.	1806.	39.
Mercier fils............	Point d'Alençon.	M. d'argent.	1819.	96.
Merle, Pascal fils et Pascal.	Draps forts.	M. d'argent.	1819.	16.
Merlin-Hall............	Poteries.	M. d'or.	An 9.	11.
Merlin-Hall............	Poteries.	M. d'or.	An 10.	56.
Merlin-Hall............	Poteries.	M. d'or.	1806.	191.
Mertian frères..........	Fer-blanc.	M. d'or.	1819.	174.
Messiat *(Hubert)* fils, Son-thonax *(Denise)*, Vuarin *(Maurice)*.	Nankins.	Ment. hon.	An 9.	32.
Messiat *(Hubert)* fils, Son-thonax (M.lle) *(Denise)*, et Vuarin *(Maurice)*.	Nankins.	Ment. hon.	1806.	68.
Mestivier et Haunoir.....	Batiste.	Ment. hon.	An 10.	25.
Mestivier et Haunoir.....	Batistes et linons.	Ment. hon.	1806.	53.
Metton frères et compagnie.	Épingles.	M. brouze.	1806.	128.
Meutzer..............	Mortiers en fonte de fer.	Ment. hon.	1819.	196.
Michaud..............	Poterie.	M. d'argent.	An 10.	58.
Michaud *(Charles)*........	Mécaniques pour les soies.	Ment. hon.	1819.	363.
Michaud-Labonté........	Plaqué en platine.	M. bronze.	1819.	170.

DÉSIGNATION DES FABRICANS.	GENRE D'INDUSTRIE.	DISTINCTION obtenue.	Année de l'exposition.	Page du rapport de l'année ci-contre.
Michel (*Étienne*)........	Calcographie.	Ment. hon.	1806.	164.
Michel et Chassebeau ...	Soufre raffiné.	Citation.	1806.	180.
Migeon et Dominé.......	Tréfilerie.	M. d'argent.	1819.	180.
Mignard-Billinge........	Acier servant à l'horlogerie.	Ment. hon.	1806.	152.
Mignot................	Colle-forte.	Ment. hon.	1819.	285.
Mille (*Auguste*).........	Cotons filés.	M. d'or.	1819.	73.
Mille (*Joseph*)..........	Cotons filés.	M. d'argent.	1819.	74.
Milleret..............	Aciers de toute espèce.	M. d'or.	1819.	162.
Mique (M.me) et compagnie	Poteries.	Ment. hon.	1806.	192.
Mistral (*Jean-Louis*)......	Chaudronnerie.	Ment. hon.	1819.	365.
Mittenhoff et Mourot....	Poteries-grès.	Ment. hon.	1806.	196.
Mittenhoff et Mourot...	Poteries.	Ment. hon.	1806.	191.
Moinet (*Jean-Baptiste*)....	Piqués et basins.	Citation.	1819.	86.
Molard (*F.-É.*) jeune.	Instrumens et ustensiles pour l'agriculture.	M. d'argent.	1819.	221.
Molé................	Fonderie en lettres.	M. bronze.	1819.	326.
Mollerat..............	Vinaigre de bois.	M. d'or.	1819.	278.
Mollerat..............	Briques réfractaires.	Ment. hon.	1819.	294.
Monier..............	Papeterie.	Ment. hon.	1806.	83.
Montebourg (L'hospice de), Manche.	Produits du travail, &c.	Ment. hon.	1819.	341.
Monteloux-la-Villeneuve..	Tôles vernies.	M. d'or.	1806.	208.
Monterrat.............	Étoffes de soie.	Ment. hon.	1806.	33.
Monterrat (M.me v.e).....	Étoffes de soie.	M. bronze.	1819.	55.
Montgolfier............	Papeterie.	M. d'or.	An 9.	22.

DÉSIGNATION DES FABRICANS.	GENRE D'INDUSTRIE.	DISTINCTION obtenue.	Année de l'exposition.	Page du rapport de l'année ci-contre.
Montgolfier fils.........	Belier hydraulique.	M. d'or.	An 10.	46.
Montgolfier et Canson....	Papeterie.	M. d'or.	1806.	81.
Montgolfier..........	Papeterie.	M. d'or.	1819.	142.
Monthermé (La verrerie de).	Verre à vitres.	Ment. hon.	1806.	187.
Montmouceau et Dequenne	Acier.	M. d'or.	1819.	163.
Montmouceau et Dequenne	Limes et râpes.	Ment. hon.	1819.	183.
Montpellier(M.on de dét. de)	Produits du travail, &c.	Ment. hon.	1819.	344.
Morand (Laurent).......	Velours d'Utrecch.	Ment. hon.	1806.	22.
Morand..............	Velours d'Utrecht.	M. bronze.	1819.	123.
Moreau.............	Dentelles et blondes.	M. d'argent.	1806.	39.
Moreau frères.........	Mouchoirs de couleurs.	Ment. hon.	1806.	69.
Moreau et fils.........	Dentelles et blondes.	M. d'or.	1819.	95.
Morel.............	Papeterie.	Ment. hon.	1806.	84.
Morez (Joseph).........	Draps.	M. bronze.	An 10.	15.
Morgan et Delahaye.....	Velours de coton.	M. d'or.	An 9.	14.
Morgan et Delahaye.....	Velours de coton.	M. d'or.	An 10.	34.
Morgan et Delahaye.....	Velours.	M. d'or.	1806.	70.
Mortelèque.........	Préparation des couleurs à peindre la porcelaine.	M. bronze.	1819.	307.
Mouchet père et fils.....	Tréfilerie.	M. d'argent.	1805.	114.
Mouchel fils..........	Tréfilerie.	M. d'or.	1819.	179.
Mouchel..........	Aiguilles.	Ment. hon.	1819.	191.
Mougeot..........	Coutellerie.	Citation.	1806.	123.
Moulin..........	Toiles.	Citation.	1819.	64.

DÉSIGNATION DES FABRICANS.	GENRE D'INDUSTRIE.	DISTINCTION obtenue.	Année de l'exposition.	Page du rapport de l'année ci-contre.
Moulins (Fabrique de)....	Coutellerie.	Ment. hon.	1806.	122.
Mouret (*Édouard*).......	Fer et acier.	M. d'argent.	An 10.	49.
Mouret (*Édouard*).......	Tréfilerie.	M. d'argent.	1806.	113.
Mourgues.............	Cotons filés.	M. d'argent.	1819.	75.
Mourgues (*Scipion*)......	Semoir à graines rondes.	Ment. hon.	1819.	224.
Moussé.............	Moulin à vanner et cribler.	Ment. hon.	1819.	224.
Mozer-Oudin..........	Bonneterie de coton.	Citation.	1819.	105.
Muret...............	Draperies moyennes.	M. bronze.	1819.	22.

N

DÉSIGNATION DES FABRICANS.	GENRE D'INDUSTRIE.	DISTINCTION obtenue.	Année de l'exposition.	Page du rapport de l'année ci-contre.
Napoly, Meynier et comp.	Rubans.	Ment. hon.	1806.	35.
Nasse-Dubois..........	Draperies communes.	Citation.	1819.	27.
Nast..............	Porcelaines.	M. d'argent.	1806.	199.
Nast frères...........	Porcelaines.	M. d'or.	1819.	301.
Nangues.............	Toiles.	Citation.	1819.	64.
Navez.............	Acier.	Ment. hon.	1806.	107.
Néel..............	Coutellerie.	Ment. hon.	1819.	201.
Neppel.............	Porcelaines.	Ment. hon.	1806.	201.
Nicod.............	Faulx.	Ment. hon.	1806.	109.
Nicolle.............	Nankinettes.	Ment. hon.	An 10.	33.
Nicolle.............	Nankinettes.	Ment. hon.	1806.	68.
Noailles (*Jean-Joseph*)....	Soies dna.	M. bronze.	1819.	45.

DÉSIGNATION DES FABRICANS.	GENRE D'INDUSTRIE.	DISTINCTION obtenue.	Année de l'exposition.	Page du rapport de l'année ci-contre.
Noël (Jean)	Soieries.	Ment. bon.	1819.	56.
Noerdershaeuser	Pipes.	Citation.	1806.	192.

O

DÉSIGNATION DES FABRICANS.	GENRE D'INDUSTRIE.	DISTINCTION obtenue.	Année de l'exposition.	Page du rapport de l'année ci-contre.
Oberkampf	Toiles peintes.	M. d'or.	1806.	87.
Obercampf (Émile)...	Toiles peintes.	M. d'or.	1819.	125.
Oberstein (Les habitans d').	Agates.	Citation.	1806.	182.
Odent	Papeterie.	M. bronze.	An 9.	25.
Odent	Papeterie.	M. bronze.	1819.	144.
Odiot	Orfévrerie.	M. d'or.	An 10.	65.
Odiot	Orfévrerie.	M. d'or.	1806.	203.
Odiot	Orfévrerie.	M. d'or.	1819.	207.
Olive	Coraux.	Ment. bon.	1806.	213.
Olive (Joseph)	Serrurerie.	M. bronze.	An 9.	23.
Olive (Joseph)	Serrurerie.	M. d'argent.	1806.	119.
Olive	Serrurerie.	M. d'argent.	1819.	197.
Ollivier	Calcographie.	M. bronze.	An 9.	22.
Ollivier	Calcographie.	M. bronze.	An 10.	68.
Olombel	Londrins et mahouts.	M. d'argent.	1819.	17.
Omocqron	Rouets perfectionnés.	Ment. bon.	1819.	247.
Onfroy (Madame)	Dentelles.	M. bronze.	An 10.	47.
Oudin	Horlogerie.	Ment. bon.	1806.	150.
Oudin	Montre à équation.	Citation.	1819.	241.

DÉSIGNATION DES FABRICANS.	GENRE D'INDUSTRIE.	DISTINCTION obtenue.	Année de l'exposition.	Page du rapport de l'année ci-contre.
Oursin-Caze frères......	Corroyage.	Ment. hon.	1806.	96.
Oury...............	Maroquins.	Ment. hon.	1819.	157.

<h1 style="text-align:center">P</h1>

DÉSIGNATION DES FABRICANS.	GENRE D'INDUSTRIE.	DISTINCTION obtenue.	Année de l'exposition.	Page du rapport de l'année ci-contre.
Paillot père et fils, et l'Abbé	Fer forgé.	M. d'or.	1819.	157.
Palfrêne...............	Teinture sur fil de lin.	M. bronze.	1819.	114.
Pamart...............	Draps.	Ment. hon.	An 10.	17.
Pamart,...............	Draps.	Ment. hon.	1806.	11.
Pannier-Darche......	Bonneterie de soie.	Ment. bon.	1819.	103.
Papst...............	Ébénisterie.	Ment. bon.	1806.	211.
Parent *(Pierre)*.........	Étoffes pour gilets.	Ment. hon.	1819.	90.
Paris (Fabriques de)......	Cotons filés.	Ment. bon.	1806.	61.
Paris (Les arquebusiers de).	Armes à feu.	Ment. bon.	1806.	131.
Paris (La manufacture de glaces de).	Glaces.	M. d'or.	1806.	186.
Paris (Fabrique de)......	Coutellerie fine.	Ment. bon.	1819.	201.
Paris...............	Incrustations dans le verre.	Ment. hon.	1819.	315.
Pascal-Eymieu.......	Bourre de soie filée.	M. d'argent.	1819.	46.
Pascal-Thoron et compag.	Draps.	M. d'argent.	An 10.	11.
Patoulet, Audry et Lebeau.	Orfévrerie.	Ment. hon.	An 6.	23.
Patto...............	Draps.	M. bronze.	1819.	18.
Patureau............	Basins et piqués.	M. d'argent.	An 9.	21.
Patureau et Cossard......	Basins et piqués.	M. d'argent.	An 10.	38.

DÉSIGNATION DES FABRICANS.	GENRE D'INDUSTRIE.	DISTINCTION obtenue.	Année de l'exposition.	Page du rapport de l'année ci-contre.
Patureau	Basins et piqués.	M. d'argent.	1806.	66.
Paulet.	Linon.	Ment. hon.	An 10.	25.
Pavalier.	Plomb laminé.	Ment. hon.	1819.	178.
Pavie.	Teinture.	M. d'argent.	An 9.	19.
Pavie (Benjamin)	Teinture de coton.	M. bronze.	1819.	367.
Pavy (Pierre)	Étoffes de soie.	Ment. hon.	1806.	33.
Payen et Bourlier	Produits chimiques.	M. d'argent.	An 9.	25.
Payen et compagnie	Savons.	Ment. hon.	1819.	284.
Payen fils et Cartier	Borax.	Citation.	1819.	281.
Payen et Pluvinet.	Sel ammoniac.	M. d'argent.	1819.	280.
Payn fils.	Bonneterie.	M. d'or.	An 10.	34.
Pecard fils.	Minium.	Ment. hon.	1806.	177.
Pécard.	Minium.	Ment. hon.	1819.	282.
Pécard.	Balles et plomb à giboyer.	Ment. hon.	1819.	206.
Pecqueur.	Horlogerie astronomique.	M. d'argent.	1819.	251.
Pein.	Coutellerie.	Ment. hon.	1819.	200.
Pelisson fils	Draps tricots.	Ment. hon.	An 10.	17.
Pelisson.	Draperies moyennes.	Ment. hon.	1806.	11.
Pelletier (H. F.)	Linge damassé en coton.	M. d'argent.	1819.	93.
Pelletier (H. F.)	Linge damassé en fil.	Ment. hon.	1819.	66.
Pelleteau.	Soude.	Ment. hon.	1806.	175.
Pelletreau (Gratien)	Corroyage.	Ment. hon.	1819.	133.
Pelletreau frères.	Corroyage.	Ment. hon.	1819.	133.
Pellier-Duverger (M. et v.)	Reps et retors en coton.	Citation.	1819.	28.
Pellnard et compagnie.	Cardes.	M. bronze.	An 10.	44.

DÉSIGNATION DES FABRICANS.	GENRE D'INDUSTRIE.	DISTINCTION obtenue.	Année de l'exposition.	Page du rapport de l'année ci-contre.
Pelluard. *Voyez* Liancourt (Fabrique de).	Cardes.	M. bronze.	1806.	139.
Peniet...................	Armes à feu.	M. bronze.	1806.	129.
Perard et Vardel.........	Fers.	Ment. hon.	1806.	103.
Perdreau...............	Teinture sur soie.	Ment. hon.	1819.	112.
Perdreau (*Pierre-Louis*)....	Teinture des soies.	M. bronze.	1819.	368.
Perdu...................	Verrerie.	Ment. hon.	An 10.	60.
Perducet...............	Bonneterie de laine.	Ment. hon.	1819.	101.
Perdussel...............	Mégisserie.	Ment. hon.	An 10	61.
Perdussel...............	Mégisserie.	Ment. hon.	1806.	99.
Perjeaux...............	Coutil.	Citation.	1819.	67.
Pernon................	Soieries.	M. d'or.	An 10.	20.
Pernon (*Camille*)........	Étoffes de soie.	M. d'or.	1806.	29.
Perpignan (L'hospice de la Miséricorde, à).	Draps communs.	Ment. hon.	1819.	341.
Perrier (*Augustin*) et compagnie.	Toiles peintes.	Ment. hon.	1806.	89.
Perrier fils.............	Couvertures de coton.	Ment. hon.	1819.	94.
Perrin.................	Toiles métalliques.	Ment. hon.	1798.	23.
Perrin.................	Toiles métalliques.	M. d'argent.	An 9.	16.
Perrin.................	Toiles métalliques.	M. d'argent.	An 10.	38.
Perrin.................	Toiles métalliques.	M. d'argent.	1806.	117.
Petit-Couronne (Fabriq. de)	Coton filé.	Ment. hon.	1806.	61.
Petitjean et compagnie...	Tissus de cachemire.	Ment. hon.	1819.	39.
Petitjean (de Tournus)...	Printanière.	Citation.	1819.	89.

DÉSIGNATION DES FABRICANS.	GENRE D'INDUSTRIE.	DISTINCTION obtenue.	Année de l'exposition.	Page du rapport de l'année ci-contre.
Petitpierre............	Toiles peintes.	Ment. hon.	1806.	89.
Petit-Walle (Le).......	Coutellerie.	Ment. hon.	An 6.	23.
Petit-Walle (Le).......	Coutellerie.	M. d'argent.	An 9.	16.
Petit-Walle...........	Coutellerie.	Citation.	1806.	123.
Petou................	Casimirs.	M. d'argent.	An 9.	20.
Petou frère et fils	Casimirs.	M. d'argent.	An 10.	12.
Petou................	Draps fins.	M. d'argent.	1806.	8.
Petou frère et fils......	Draps fins.	M. d'argent.	1819.	14.
Peugeot frères.	Acier pour les ressorts.	M. bronze.	1819.	238.
Peujol...............	Cylindres pour filatures.	Ment. hon.	1806.	141.
Peyre et compagnie.....	Casimirs.	M. bronze.	An 10.	15.
Pfeiffer et compagnie....	Forté-pianos.	Ment. hon.	1806.	217.
Pfeiffer..............	Forté-pianos.	M. d'argent.	1819.	268.
Philidor.............	Cristallerie.	Ment. hon.	1819.	313.
Piat, Lefévre et fils.....	Tapis.	M. bronze.	An 10.	67.
Piat, Lefévre et fils.....	Tapis.	M. d'or.	1806.	79.
Picot...............	Pompes à incendie.	M. bronze.	An 9.	23.
Pictet...............	Châles.	M. d'argent.	An 9.	20.
Pictet...............	Châles de soie et laine.	M. d'argent.	1806.	18.
Pihan père et fils......	Sangles.	Ment. hon.	An 9.	32.
Pihan frère et fils......	Sangles.	Ment. hon.	1806.	44.
Pillet aîné et Pillet (Frédéric).	Étoffes de soie pour meubles.	M. bronze.	1819.	55.
Pilloud.............	Plaqué d'or et d'argent.	M. bronze.	1819.	210.
Pinard.............	Typographie.	M. bronze.	1806.	159.

DÉSIGNATION DES FABRICANS.	GENRE D'INDUSTRIE.	DISTINCTION obtenue.	Année de l'exposition.	Page du rapport de l'année ci-contre.
Pimoncelli (*François*)....	Étoffes de soie.	Ment. hon.	1806.	33.
Piquefen............	Colle-forte.	Ment. hon.	1819.	285.
Piranesi............	Calcographie.	M. d'argent.	An 9.	22.
Piranesi frères.........	Vases d'albâtre.	M. d'argent.	An 10.	68.
Piranesi frères.........	Calcographie.	M. d'argent.	1806.	361.
Plaichard-Dutertre frères.	Mouchoirs façon madras.	Citation.	1819.	69.
Plantier (*Vincent*).......	Acier.	M. d'argent.	1806.	105.
Pley...............	Draperie moyenne.	Ment. hon.	1819.	23.
Pluard aîné...........	Châles en coton brochés.	M. bronze.	1819.	91.
Plummer-Donnet.......	Cuirs.	Ment. hon.	An 6.	23.
Plummer - Donnet et Vanier.	Cuirs et peaux.	M. d'argent.	An 9.	17.
Plummer - Donnet et Vanier.	Corroyage.	M. d'argent.	1806.	94.
Pluvinage et Arpin.....	Tissus de coton.	M. d'or.	1806.	62.
Poidebard...........	Soies fina.	M. d'argent.	1819.	43.
Poirson............	Globes terrestres et célestes.	M. bronze.	1819.	362.
Poittevin...........	Chaînes en fil de coton apprêtées.	Ment. hon.	1819.	78.
Pompidor (*Louis*)......	Draps communs.	Ment. hon.	1819.	25.
Poncelet............	Limes.	Ment. hon.	1806.	210.
Pons..............	Horlogerie.	M. d'argent.	1806.	148.
Pont-Audemer (Filat. de).	Coton filé.	Ment. hon.	1806.	61.
Pontorson (L'hospice de).	Produits du travail, &c.	Ment. hon.	1819.	341.
Portal...............	Dentelles.	M. bronze.	1806.	440.

DÉSIGNATION DES FABRICANS.	GENRE D'INDUSTRIE.	DISTINCTION obtenue.	Année de l'exposition.	Page du rapport de l'année ci-contre.
Pothier frères...............	Hameçons.	Ment. bon.	An 10.	52.
Pothier frères...............	Hameçons.	Ment. hon.	1806.	124.
Potter,..................	Poterie.	M. d'or.	An 6.	57.
Potter,..................	Poterie.	M. d'or.	An 10.	52.
Pouchet (Louis-Étienne)..	Cotons filés.	M. d'or.	An 10.	28.
Pouchet.................	Machines à filer le coton.	M. d'or.	1806.	135.
Pouchet fils, de Bolbec..	Impression sur toiles de coton.	M. d'argent.	1819.	129.
Poulain.................	Fer métis.	Ment. hon.	1819.	160.
Poupart de Neuflize.....	Casimir.	M. d'argent.	1806.	14.
Poupart de Neuflize (le baron), Sévenne (Auguste) et Callier (John).	Machine à tondre les draps.	M. d'or.	1819.	228.
Poupart de Neuflize.....	Draps.	M. d'argent.	1819.	15.
Poupelet................	Papeterie.	Ment. hon.	1806.	83.
Pouyat et Russinger.....	Porcelaines.	Ment. hon.	1806.	200.
Pradier.................	Nécessaires et ouvrages en nacre.	Ment. hon.	1819.	218.
Pradier.................	Coutellerie.	Ment. hon.	1819.	202.
Prélat..................	Armes à feu.	Ment. hon.	1819.	192.
Prévôt et Peuchet.......	Calicots.	Citation.	1819.	85.
Prieur..................	Couleurs.	M. d'argent.	1806.	178.
Privat..................	Étoffes de soie.	Ment. hon.	1806.	34.
Prost frères (Jean et Ant.)	Régulateur du tissage.	M. bronze.	1819.	358.
Provent.................	Bijouterie d'acier.	Ment. hon.	1819.	217.

DÉSIGNATION DES FABRICANS.	GENRE D'INDUSTRIE.	DISTINCTION obtenue.	Année de l'exposition.	Page du rapport de l'année ci-contre.
Prunet...................	Molletons.	M. bronze.	An 10.	33.
Pujol	Molletons.	M. bronze.	An 9.	26.
Pujol...................	Molletons.	M. d'argent.	An 10.	32.
Pujol...................	Couvertures.	M. d'argent.	1806.	71.
Pujol	Molletons et couvert. de cot.	M. d'argent.	1819.	93.
Pargold.................	Reliures.	Ment. hon.	1819.	334.
Puteaux.................	Ébénisterie en bois indigène.	Ment. hon.	1819.	319.

Q

Quennechen............	Corroyage.	Ment. bon.	1819.	133
Quesnay...............	Toiles.	Ment. hon.	1806.	49.
Quesné...	Draps.	M. bronze.	1819.	17.
Quettier fils...........	Tuyaux en toile de chanvre.	Ment. hon.	1819.	232.
Queval (*Charles*) et compagnie.	Toiles à voiles.	M. bronze.	1806.	45.
Quinton...............	Comestibles conservés.	Ment. hon.	1819.	292.

R

Rabouin...............	Papeterie.	Ment. hon.	1806.	83.
Rachou et compagnie....	Draps et ratines.	M. d'argent.	1819.	21.
Raimond...............	Teinture des soies.	M. d'or.	1819.	361.
Rambourg..............	Fers en barre.	Ment. hon.	1819.	158.

DÉSIGNATION DES FABRICANS.	GENRE D'INDUSTRIE.	DISTINCTION obtenue.	Année de l'exposition.	Page du rapport de l'année ci-contre.
Ramier père et fils	Rubans.	Ment. hon.	1806.	36.
Raoul.................	Limes.	Ment. hon.	1798.	22.
Raoul.................	Limes.	M. d'argent.	An 9.	15.
Raoul.................	Limes.	M. d'argent.	An 10.	49.
Rascalon..............	Ornemens peints sous verre.	Ment. hon.	1806.	113.
Raulin................	Cotons filés.	Ment. hon.	An 10.	30.
Raulin	Cotons filés.	Ment. hon.	1806.	60.
Ravrio................	Bronzes ciselés.	M. bronze.	1806.	207.
Récicourt (V.ve de), Jobert-Lucas et compagnie...	Étoffe duvet de cygne.	M. d'argent.	An 10.	12.
Récicourt (V.ve de), Jobert-Lucas et compagnie.	Étoffes de fantaisie.	M. d'argent.	1806.	79.
Recoulès.............	Draps communs.	Citation.	1819.	27.
Redouté	Estampes coloriées.	M. d'argent.	1819.	331.
Régis (Jean-Baptiste)...	Soies grèges.	Ment. hon.	1806.	28.
Regnier..............	Serrures et thermomètres.	Ment. hon.	An 9.	28.
Regnier	Armes à feu.	Ment. hon.	1806.	131.
Regnier..............	Mécanismes divers.	Ment. hon.	1819.	199.
Regnier..............	Dynamomètre.	Ment. hon.	1819.	164.
Regnier fils.........	Extrait de café.	Citation.	1819.	289.
Reims (Fabrique de)....	Étoffes de fantaisie.	Ment. hon.	1806.	79.
Reine................	Bonneterie de laine.	M. d'argent.	1819.	106.
Rémusat..............	Coraux.	Ment. hon.	1806.	213.
Renard (César).......	Teinture sur soie.	Ment. hon.	1819.	112.

DÉSIGNATION DES FABRICANS.	GENRE D'INDUSTRIE.	DISTINCTION obtenue.	Année de l'exposition.	Page du rapport de l'année ci-contre.
Benard-l'Héritier.	Draps communs.	Citation.	1819.	62.
Renaud-Gloutier.	Coutellerie.	Citation.	1806.	122.
Rennes (M.on centr. de).	Produits du travail , &c.	Ment. hon.	1819.	343.
Reyel.	Calicots.	Citation.	1819.	85.
Revol.	Poteries.	M. bronze.	An 9.	27.
Revol.	Creusets et poteries-grès.	Ment. hon.	1819.	294.
Reymond et Revol.	Creusets.	Ment. hon.	1806.	194.
Riboulleau et Jourdain.	Draps fins.	M. d'or.	1819.	13.
Richard et Noir-Dufrêne.	Coton filé et tissus.	M. d'argent	An 9.	21.
Richard et Noir-Dufrêne.	Coton filé et basin.	M. d'or.	An 10.	31.
Richard.	Basins et piqués.	M. d'or.	1806.	65.
Richer fils.	Instrumens d'aréométrie.	Ment. hon.	1819.	264.
Richer père et fils.	Instrumens d'astronomie.	M. d'argent.	1819.	258.
Richoud.	Papiers peints.	Ment. hon.	1819.	153.
Rideau aîné et compagnie.	Céruse et sel ammoniac.	Ment. hon.	An 10.	55.
Ridel-Beaupré	Toiles.	Ment. hon.	1806.	49.
Ridel (François).	Toiles.	Citation.	1819.	64.
Rigal.	Étoffes de soie.	Ment. hon.	1806.	34.
Riquier.	Draps communs.	Citation.	1819.	27.
Rivals-Cincla.	Aciers.	M. bronze.	1819.	164.
Rivals-Cincla.	Limes.	Ment. hon.	1819.	184.
River aîné.	Serrurerie.	Ment. hon.	1819.	199.
Rivery père et fils.	Serrureries.	M. bronze.	1806.	120.
Rivery-le-Joille.	Serrurerie.	M. d'argent.	1819.	198.
Roanne (Filatures de).	Coton filé.	Ment. hon.	1806.	61.

DÉSIGNATION DES FABRICANS.	GENRE D'INDUSTRIE.	DISTINCTION obtenue.	Année de l'exposition.	Page du rapport de l'année ci-contre.
Roard....................	Céruse et minium.	M. d'or.	1819.	281.
Robert...................	Papiers peints.	M. bronze.	An 9.	26.
Robert...................	Papiers peints.	M. bronze.	1806.	91.
Robert...................	Colle-forte.	M. d'argent.	1819.	284.
Robert...................	Gélatine.	M. d'argent.	1819.	291.
Robert (François).......	Horlogerie.	M. d'argent.	An 9.	18.
Robert (François).......	Horlogerie.	M. d'argent.	An 10.	40.
Robert (François).......	Horlogerie.	M. d'argent.	1806.	148.
Robert cadet, Assezat, Roland père et fils, Guichard-Portal.	Dentelles.	M. bronze.	An 10.	27.
Robert...................	Dentelles.	M. bronze.	1806.	40.
Robert (Louis).........	Amélioration du travail des soies.	M. bronze.	1819.	353.
Robert – Benard........	Toiles de lin.	Citation.	1819.	65.
Robillard et Laurent....	Calcographie.	M. d'or.	1806.	161.
Robin frères...........	Horlogerie.	M. bronze.	1806.	149.
Robin, Mathieux et Puichard.	Fers.	Ment. hon.	1806.	104.
Robin fils..............	Pendules astronomiques.	M. d'argent.	1819.	251.
Robin-Peyret...........	Aciers divers.	Ment. hon.	1819.	165.
Robline jeune..........	Reps de coton.	Citation.	1819.	88.
Rochard (Clément).....	Calmouks.	Ment. hon.	An 10.	17.
Rochard (Clément).....	Calmouks.	Ment. hon.	1806.	20.
Rochebrune.............	Papeterie.	M. d'argent.	1806.	38.

DÉSIGNATION DES FABRICANS.	GENRE D'INDUSTRIE.	DISTINCTION obtenue.	Année de l'exposition.	Page du rapport de l'année ci-contre.
Rochet (d'Audincourt)..	Tôles.	M. bronze.	An 9.	24.
Rochet (d'Audincourt)..	Fers.	Ment. hon.	1806.	101.
Rochet (de Bèze)........	Fers.	Ment. hon.	1806.	102.
Rochet (de Bèze).......	Acier.	M. d'argent.	1819.	164.
Rochet (de Bèze).......	Tôles.	Ment. hon,	1819.	174.
Rochet (de Bèze).......	Limes et râpes.	Ment. hon.	1819.	183.
Rochet (de Bèze).......	Ustensiles en fonte de fer.	Ment. hon.	1819.	196.
Rochet (de Faucogney)..	Faux émeri.	Citation.	1806.	181.
Roëlant........	Savons.	M. d'argent.	1819.	284.
Rogier..............	Tapisserie.	M. bronze.	An 9.	27.
Rogier et Sallandrouse...	Tapis.	M. d'argent.	An 10.	67.
Rogier et Sallandrouse...	Tapis.	M. d'argent.	1806.	80.
Rogues et Roger.........	Draps.	M. bronze.	1819.	18.
Roguinot	Couvertures.	Ment. hon.	1806.	72.
Roizard..............	Bonneterie de coton.	Citation.	1819.	105.
Roland père...........	Dentelles.	M. bronze.	1806.	40.
Romand (V.e)..........	Ganterie.	Ment. hon.	1806.	98.
Romesnil..............	Cristaux.	Ment. hon.	1806.	185.
Romilly (La fabrique de).	Cuivre laminé.	M. d'or.	1819.	176.
Romilly (La fabrique de).	Tréfilerie.	Ment. hon.	1819.	180.
Romorantin(La fabrique de)	Draps.	Ment. hon,	1806.	12.
Rose-Abraham frères....	Draperies moyennes.	M. d'argent.	1819.	20.
Rostan-Vidal et comp...	Casquets turcs.	Ment. hon.	An 10.	37.
Rostan-Vidal..........	Bonnets turcs.	Citation.	1819.	402.
Roswag père et fils.......	Toiles métalliques.	M. d'argent.	1806.	117.

DÉSIGNATION DES FABRICANS.	GENRE D'INDUSTRIE.	DISTINCTION obtenue.	Année de l'exposition.	Page du rapport de l'année ci-contre.
Roswag...................	Toiles métalliques.	Ment. hon.	1819.	204.
Roth....................	Machines.	Ment. hon.	1798.	24.
Roubaix (Filatures de)...	Coton filé.	Ment. hon.	1806.	62.
Rouen (Filatures de).. ...	Coton filé.	Ment. hon.	1806.	61.
Rouen (Fabriques de)...	Nankins.	Ment. hon.	1806.	68.
Rouen (Maison de détention de).	Produits du travail.	Ment. hon.	1819.	344.
Rouet-Trincart..........	Tannage.	Ment. hon.	1819.	131.
Rouquès................	Indigo-pastel.	Ment. hon.	1819.	283.
Rousseau...............	Verrerie.	M. bronze.	An 10.	59.
Roussel d'Azin..........	Casimirs de coton.	Citation.	1819.	88.
Roussel-Bloquet.........	Velventines.	Citation.	1819.	86.
Roux..................	Armes à feu.	Ment. hon.	1819.	193.
Roux, Ollar et Desverney.	Peluche de soie chinée.	Ment. hon.	1819.	56.
Rouyer et Berthier......	Dés à coudre, en acier.	Ment. hon.	1819.	202.
Rouyer et compagnie....	Fer-blanc.	Ment. hon.	1819.	176.
Royer, Payan et Thériat.	Fer en verges.	Ment. hon.	1819.	159.
Ruel...................	Cordages.	Ment. hon.	1806.	44.
Ruffié.................	Acier.	M. d'argent.	1819.	164.
Ruffié.................	Limes.	M. d'argent.	1819.	183.
Ruffié.................	Faulx et faucilles.	Ment. hon.	1819.	186.
Russinger..............	Creusets.	M. d'argent.	An 9.	19.
Russinger..............	Creusets.	M. d'argent.	An 10.	57.
Russinger..............	Creusets.	M. d'argent.	1800.	193.

S

DÉSIGNATION DES FABRICANS.	GENRE D'INDUSTRIE.	DISTINCTION obtenue.	Année de l'exposition.	Page du rapport de l'année ci-contre.
Sabatier.	Fer, acier et limes.	Ment. hon.	An 10.	51.
Saget.	Verrerie commune.	Citation.	1806.	188.
Sagliot, Human et comp.	Fer-blanc.	M. bronze.	1819.	175.
Sagliot, Human et comp.	Tôle laminée.	Ment. hon.	1819.	174.
Sagniel et compagnie.	Laine cardée et filée à la mécanique.	Ment. hon.	An 10.	16.
Saillard aîné.	Zinc laminé.	M. d'argent.	1819.	177.
Saillard aîné.	Tréfilerie.	Ment. hon.	1819.	180.
Saillard.	Laiton et zinc.	Ment. hon.	1819.	167.
Saint-Bel et Chesi (Les entrepreneurs de).	Cuivre.	Ment. hon.	1806.	115.
Saint-Bris.	Limes et râpes.	M. d'or.	1819.	182.
Saint-Côme (Fabr. de).	Flanelles.	Ment. hon.	An 10.	19.
Saint-Côme (Fabr. de).	Flanelles.	Ment. hon.	1806.	21.
Saint-Cricq-Cazeaux.	Faïences blanches et noires.	M. d'argent.	1819.	296.
Saint-Étienne (Fabr. de).	Quincaillerie.	M. très-bon.	An 10.	52.
Saint-Étienne (Fabr. de).	Coutellerie.	Ment. hon.	1806.	122.
Saint-Étienne (Fabr. de).	Armes à feu.	Ment. hon.	1806.	130.
Saint-Étienne (Manufactures de) et de Saint-Chamond.	Rubans.	Ment. hon.	1819.	56.
Saint-Geniès (Fabr. de).	Cadis.	Ment. hon.	An 10.	19.

DÉSIGNATION DES FABRICANS.	GENRE D'INDUSTRIE.	DISTINCTION obtenue.	Année de l'exposition.	Page du rapport de l'année ci-contre.
Saint-Gobin (Manuf. de).	Glaces.	M. d'or.	1819.	309.
Saint-James (Fabr. de)...	Toiles.	Ment. hon.	1806.	50.
Saint-Lizier (Dépôt de mendicité de).	Produits du travail , &c.	Ment. hon.	1819.	341.
Saint-Lô (Fabr. de).....	Serges.	Ment. hon.	1806.	18.
Saint-Marc (M.^d v.^e).....	Toiles à voiles.	Ment. hon.	An 10.	25.
Saint-Marc............	Toiles à voiles.	Ment. hon.	1806.	46.
Sainte-Marie-Frigard....	Draps fins.	M. d'argent.	1819.	15.
Saint-Maurice (Manufacture de).	Cotons filés.	M. bronze.	1819.	77.
Saint-Nicolas-d'Aliermont (La fabrique de), dirigée par M. Pons.	Horlogerie de fabrique.	M. d'argent.	1819.	237.
Saint-Paul.............	Toiles métalliques.	M. bronze.	1819.	205.
Saint-Pierre-de-Vauvray (Fabrique de).	Coton filé.	Ment. hon.	1806.	61.
Saint-Quentin (Filatures de).	Coton filé.	Ment. hon.	1806.	64.
Saint-Rambert (La fabrique de).	Toiles.	Citation.	1806.	51.
Saint-Remy-Carette et Ansart-Piéron.	Dentelles.	Ment. hon.	An 10.	27.
Saint-Remy-Carette et Ansart-Piéron.	Dentelles.	Ment. hon.	1806.	40.
Saint-Remy-Carette.....	Dentelles.	Ment. hon.	1819.	99.

DÉSIGNATION DES FABRICANS.	GENRE D'INDUSTRIE.	DISTINCTION obtenue.	Année de l'exposition.	Page du rapport de l'année ci-contre.
Saint-Riquier le jeune....	Rubans de laine.	Ment. hon.	An 10.	18.
Salès................	Draperies communes.	Citation.	1819.	27.
Saleux (Filatures de)....	Coton filé.	Ment. hon.	1806.	62.
Sallandrouze-Lamornais..	Tapis.	M. bronze.	An 9.	27.
Sallandrouze..........	Tapis.	M. d'argent.	1819.	149.
Salleron (de Longjumeau).	Tannage.	Ment. hon.	1806.	93.
Salleron (de Longjumeau).	Tannage.	M. bronze.	1819.	131.
Salleron père et fils......	Corroyage.	Ment. hon.	1806.	95.
Salleron (Claude).......	Tannage.	M. d'argent.	1819.	130.
Salneuve.............	Mécanique.	Ment. hon.	An 6.	23.
Salneuve.............	Machines manufacturières.	M. d'argent.	An 9.	16.
Salneuve.............	Presse et machine à fendre.	M. d'argent.	1806.	144.
Salneuve (François)......	Machines et améliorations.	M. d'argent.	1819.	364.
Salomon (Louis)........	Acier.	Ment. hon.	1806.	107.
Salviat..............	Corroyage.	Citation.	1819.	133.
Samuel et Joly........	Calicots et perkales.	M. d'argent.	1806.	63.
Sandoz..............	Horlogerie.	M. d'argent.	An 10.	40.
Sandrin.............	Métier pour tapisserie.	M. d'argent.	1819.	149.
Sans................	Acier.	Ment. hon.	1819.	166.
Saulnier.............	Machines.	M. bronze.	An 10.	43.
Savary (Charles).......	Toiles.	Ment. hon.	1806.	50.
Savary..............	Soude et carbonate de soude	Ment. hon.	1806.	175.
Savonnerie (Manufacture de la).	Tapis de grande dimension.	Ment. hon.	1819.	339.
Schey..............	Acier poli.	M. d'argent.	An 9.	18.

DÉSIGNATION DES FABRICANS.	GENRE D'INDUSTRIE.	DISTINCTION obtenue.	Année de l'exposition.	Page du rapport de l'année ci-contre.
Schey	Acier poli.	M. d'argent.	1806.	119.
Schey (M.ᵉ veuve)	Bijouterie d'acier.	M. d'or.	1819.	216.
Schlumberger et Hergog.	Coton filé.	Ment. hon.	1819.	76.
Schmidt	Piano harmonica.	Ment. hon.	1806.	216.
Schmuck	Maroquins.	M. d'argent.	1819.	136.
Schœlcher	Porcelaines.	M. d'argent.	1819.	303.
Scribe-Brohon	Batistes et linons.	Ment. hon.	1806.	53.
Scrive	Cardes.	M. bronze.	1806.	139.
Secretan et Olivier	Asphalte.	Citation.	1806.	181.
Secretain-Dupaty	Toiles.	Citation.	1806.	50.
Secretain-Dupaty	Toiles.	Citation.	1819.	65.
Seels (J. - B.)	Bonneterie de laine.	Ment. hon.	An 10.	37.
Seghers	Toiles cirées.	M. bronze.	An 9.	24.
Seghers	Toiles cirées.	M. d'argent.	An 10.	62.
Seghers	Toiles cirées.	M. d'argent.	1806.	90.
Seguin et Poujol	Étoffes de soie.	M. d'argent.	1806.	32.
Seguin	Toiles.	Citation.	1819.	65.
Seguin père et fils et Yemenis.	Étoffes et velours or et argent.	M. d'or.	1819.	53.
Seigneuret (Augustin)	Colle-forte.	Ment. hon.	1819.	285.
Seillères	Draps-tricots.	Ment. hon.	1819.	23.
Sellier	Coton filé.	M. bronze.	1819.	77.
Sénéchal	Coutellerie.	Ment. hon.	1819.	200.
Senemand	Draperies communes.	Citation.	1819.	26.
Senlis (Filature de)	Coton filé	Ment. hon.	1806.	60.

DÉSIGNATION DES FABRICANS.	GENRE D'INDUSTRIE.	DISTINCTION obtenue.	Année de l'exposition.	Page du rapport de l'année ci-contre.
Serisiat et Aymar........	Étoffes de soie.	M. d'argent.	1806.	32.
Serves père.............	Papeterie.	Ment. hon.	1806.	83.
Serves fils.............	Papeterie.	Ment. hon.	1819.	146.
Sette.................	Papeterie.	Ment. hon.	1806.	83.
Sevenne frères.........	Velours de coton.	M. d'argent.	An 9.	21.
Sevenne (Édouard)......	Velours de coton.	M. d'or.	1806.	70.
Sevenne (Auguste).......	Machine à tondre les draps.	M. d'or.	1819.	228.
Sèvres (Manufacture de).	Porcelaines.	Ment. hon.	1819.	338.
Simard................	Parquets en mosaïque.	Ment. hon.	1819.	321.
Simier................	Reliures.	Ment. hon.	1819.	334.
Simon, Verrière et Bigard (Jean).	Mousselines.	Ment. hon.	An 9.	31.
Simon................	Papiers peints.	M. bronze.	An 10.	69.
Simon................	Papiers peints.	M. bronze.	1806.	91.
Simon................	Papiers peints.	M. d'argent.	1819.	152.
Simons...............	Châles en matière indigène.	Ment. hon.	1819.	40.
Sir-Henri.............	Instrumens de chirurgie.	Ment. hon.	1819.	200.
Sirvanton.............	Rubans.	Ment. hon.	1806.	35.
Smith (Williams).......	Meubles vernis.	Ment. hon.	1819.	18.
Smith, Cuchet et Montfort.	Appareils d'économie domestique.	M. d'argent.	An 9.	318.
Solages et Bossut.......	Modèle d'une écluse.	M. d'or.	An 9.	10.
Solanet...............	Draperies communes.	Citation.	1819.	27.
Soleil................	Instrumens d'optique.	M. d'argent.	1819.	361.
Soller, Guentz, Gouriet c.e	Quincaillerie.	Ment. hon.	An 9.	10.

DÉSIGNATION DES FABRICANS.	GENRE D'INDUSTRIE.	DISTINCTION obtenue.	Année de l'exposition.	Page du rapport de l'année ci-contre.
Sollier fils et Delarue. . . .	Toiles à voiles.	M. bronze.	An 10.	24.
Sollier et Delarue.	Toiles à voiles.	M. bronze.	1806.	45.
Soucin et Lavocat.	Tannage.	Ment. hon.	1819.	131.
Soudra.	Dentelles.	M. bronze.	An 10.	27.
Stammler.	Toiles métalliques.	M. bronze.	1819.	105.
Steinbach.	Papeterie.	M. bronze.	1806.	84.
Stolberg et Namur (Les fabriques de).	Laiton.	Ment. hon.	1806.	116.
Straubhart.	Mosaïque et inscrust. sur métal.	Ment. hon.	1819.	321.
Suterre.	Linons.	Ment. hon.	An 10.	25.

T

DÉSIGNATION DES FABRICANS.	GENRE D'INDUSTRIE.	DISTINCTION obtenue.	Année de l'exposition.	Page du rapport de l'année ci-contre.
Tachard-Rey	Draps-cordelat.	Ment. hon.	1819.	23.
Tachard-Rey	Casimirs.	Ment. hon.	1819.	30.
Tardif, fils aîné et sœur . .	Dentelles.	M. d'argent.	1819.	97.
Tarlay.	Gouges et boute-avans.	Ment. hon.	1806.	124.
Tartas-Boyaval.	Draperies moyennes.	Ment. hon.	1819.	23.
Tavernier.	Tôles vernies.	Ment. hon.	1819.	219.
Tavernier.	Échappement perfectionné.	Citation.	1819.	241.
Teissère	Étoffes et casimirs de coton.	Ment. hon.	1819.	88.
Templier	Soies organsinées.	Ment. hon.	1806.	28.
Ternaux frères	Draps superfins.	M. d'or.	An 9.	13.
Ternaux frères	Draps superfins.	M. d'or.	An 10.	10.

DÉSIGNATION DES FABRICANS.	GENRE D'INDUSTRIE.	DISTINCTION obtenue.	Année de l'exposition.	Page du rapport de l'année ci-contre.
Ternaux frères.........	Draps superfins.	M. d'or.	1806.	7.
Ternaux et fils........	Draps superfins.	Mem. du Jury.	1819.	13.
Ternaux...............	Duvet de cachemire.	Mem. du Jury.	1819.	37.
Ternaux...............	Impression sur étoffes.	Mem. du Jury.	1819.	122.
Terret...............	Étoffes de soie.	Ment. hon.	1806.	32.
Terrien-Tersbron......	Mouchoirs de couleur.	Ment. hon.	1806.	69.
Texier et Bouchon.....	Ganterie.	Ment. hon.	1819.	134.
Thureaux-Labrosse.....	Mouchoirs façon madras.	Citation.	1819.	69.
Thédenat et Muret......	Draperies communes.	Citation.	1819.	26.
Thibault..............	Ganterie.	Ment. hon.	1806.	98.
Thibault..............	Cire à cacheter.	Ment. hon.	1819.	286.
Thibault, Juvanon et Basse-court.	Couvertures de coton.	Ment. hon.	1806.	71.
Thibault aîné.........	Couvertures de coton.	M. d'argent.	1819.	94.
Thiellay..............	Préparations chimiques.	Ment. hon.	An 10.	55.
Thiers (La fabique de)...	Coutellerie.	Ment. hon.	1806.	122.
Thiers (La fabrique de).	Coutellerie.	Ment. hon.	1819.	200.
Thilorier.............	Appareils de chauffage.	Ment. hon.	An 10.	64.
Thilorier.............	Appareils de chauffage.	M. bronze.	1806.	166.
Thirouin-Gautier......	Draperie.	Ment. hon.	1798.	22.
Thirouin.............	Coutil.	Citation.	1819.	67.
Thiss (*Martin*) et comp...	Casimir mélangé.	M. bronze.	1819.	29.
Thomas père et fils......	Toiles ouvrées.	Ment. hon.	An 10.	25.
Thomas (*Jacques-Nicolas*)	Piqués.	Citation.	1819.	86.
Thomas (*Jacques-Nicolas*).	Rots perfectionnés.	Ment. hon.	1819.	227.

DÉSIGNATION DES FABRICANS.	GENRE D'INDUSTRIE.	DISTINCTION obtenue.	Année de l'exposition.	Page du rapport de l'année ci-contre.
Thomassin.............	Fil à dentelle.	Ment. hon.	1806.	41.
Thomassin-Corbin......	Dentelles.	Ment. hon.	1819.	95.
Thompson.............	Gravure sur bois debout.	M. bronze.	1819.	321.
Thomyre.............	Bronzes ciselés.	M. d'or.	1806.	206.
Thomyre et compagnie..	Bronzes ciselés et dorure.	M. d'or.	1819.	211.
Thorel.............	Toiles de lin.	Citation.	1819.	64.
Thouras-Viviès........	Bijoux de jaïet.	Ment. hon.	1806.	211.
Thouvenin............	Reliures.	Ment. hon.	1819.	334.
Tiberghien (Ch.) et comp.	Coton filé.	M. d'argent.	1806.	58.
Tiberghien frères et comp.	Basins.	M. d'or.	1806.	66.
Tirel fils.............	Draps moyens.	M. d'argent.	1819.	21.
Tissot.............	Cornes.	M. bronze.	An 9.	24.
Tissot.............	Horloges publiques.	M. bronze.	1819.	253.
Tivollier (Jean-Benoît)....	Toiles.	Citation.	1806.	50.
Toulouse (Filatures de)..	Coton filé.	Ment. hon.	1806.	61.
Tourengin............	Draps.	Ment. hon.	1819.	21.
Tournoux............	Acier.	Ment. hon.	An 9.	21.
Tournu (Léonard).......	Vis à bois.	Ment. hon.	An 9.	23.
Tourrot.............	Plaqué d'or et d'argent.	Ment. hon.	1819.	211.
Toussaint père et fils.....	Fer et acier.	Ment. hon.	An 10.	51.
Toutain père..........	Couvertures de coton.	Ment. hon.	1806.	71.
Toutain, de Lisieux.....	Toiles.	Citation.	1819.	65.
Trabuchi frères........	Ornemens en terre cuite.	M. d'argent.	An 10.	66.
Tremeau-Rochebrune....	Papeterie.	M. d'argent.	1806.	82.
Treuttel, V... et..., Milling et Née.	Calcographie.	M. d'argent.	1806.	162.

DÉSIGNATION DES FABRICANS.	GENRE D'INDUSTRIE.	DISTINCTION obtenue.	Année de l'exposition.	Page du rapport de l'année ci-contre.
Treuttel et Wurtz........	Calcographie.	M. d'argent	1819.	330.
Trotty.................	Fil de lin écru.	M. bronze.	An 9.	25.
Trotty.................	Fil de lin écru.	M. bronze.	An 10.	26.
Tulles (Manuf. royale de).	Armes.	Ment. hon.	1819.	192.
Tarcoing (Filatures de),..	Coton filé.	Ment. hon.	1806.	62.
Targis *(Pierre)*.........	Draps fins.	M. d'argent.	1819.	15.
Turnhout (Fabrique de)..	Toiles de lin.	Ment. hon.	1806.	51.
Turs.................	Bonneterie de soie.	Ment. hon.	1819.	103.
Turs.................	Bonneterie de coton.	Citation.	1819.	105.

U

Urbach..............	Étoffes de soie.	Ment. bon.	1806.	34.
Utzschneider et compagnie	Poterie.	M. d'or	An 9.	10.
Utzschneider et compagnie	Poterie.	M. d'or.	An 10.	56.
Utzschneider..........	Poterie.	M. d'or.	1806.	191.
Utzschneider..........	Minium.	Ment. bon.	1806.	177.
Utzschneider..........	Poteries-grès.	M. d'argent.	1806.	194.
Utzschneider..........	Faïences.	M. d'or.	1819.	295.
Utzschneider..........	Poteries-grès.	M. d'or.	1819.	296.

V

Vacher...............	Étoffes de soie.	M. bronze.	An 10.	21.
Vacher...............	Étoffes de soie.	M. bronze.	1806.	33.

DÉSIGNATION DES FABRICANS.	GENRE D'INDUSTRIE.	DISTINCTION obtenue.	Année de l'exposition.	Page du rapport de l'année ci-contre.
Vagina-Demerèse........	Soies et organsins.	M. d'argent.	1806.	27.
Valat................	Mouchoirs façon des Indes.	Ment. hon.	1819.	91.
Valenciennes (Filature de).	Coton filé.	Ment. hon.	1806.	62.
Valin (*Alexandre*)........	Corroyage.	Ment. hon.	1819.	133.
Vallard fils	Bonneterie de coton.	Citation.	1819.	105.
Vallée jeune..........	Mouchoirs façon des Indes.	Ment. hon.	1819.	91.
Valognes (Manufact. de)..	Porcelaines.	Ment. hon.	1806.	201.
Valsch..............	Cardes.	M. bronze.	1806.	139.
Valter..............	Verrerie.	M. bronze.	An 10.	59.
Vander-Schelden, Raepsel et compagnie.	Azur de Hollande.	M. bronze.	An 10.	54.
Vandessel, Clausse et Chevassut.	Dentelles noires.	M. bronze.	An 9.	26.
Vandessel..........	Blondes.	M. d'argent.	An 10.	26.
Vandessel..........	Blondes.	M. d'argent.	1806.	139.
Vandessel..........	Blondes.	M. d'argent.	1819.	96.
Vanhop............	Bonneterie.	Ment. hon.	An 10.	37.
Vannes (Fabrique de charité établie à).	Produits du travail, &c.	Ment. hon.	1819.	340.
Vanrisamburg..........	Étoffes de soie en dorure.	Ment. hon.	1806.	33.
Vardermersch..........	Piqués et basins.	M. d'argent.	1819.	86.
Vatinel..............	Basins et piqués.	Ment. hon.	An 9.	31.
Vatinel..............	Basins.	Ment. hon.	An 10.	31.
Vaysse..............	Bonneterie de laine.	M. bronze.	1819.	402.
Velat................	Papiers peints.	Ment. hon.	1819.	45.

DÉSIGNATION DES FABRICANS.	GENRE D'INDUSTRIE.	DISTINCTION obtenue.	Année de l'exposition.	Page du rapport de l'année ci-contre.
Venzel	Fleurs artificielles.	Ment. hon.	An 10.	69.
Verdier	Mouchoirs façon madras.	M. bronze.	1819.	91.
Verbelst	Plomb laminé.	Ment. hon.	1819.	178.
Vermont frères	Cuirs et peaux.	M. bronze.	An 10.	61.
Vermont frères	Tannage.	M. bronze.	1806.	93.
Vernis (*Mathieu*)	Draps communs.	Ment. hon.	An 10.	16.
Vernis (*Mathieu*)	Draps communs.	Ment. hon.	1806.	11.
Vernis frères	Draps communs.	M. bronze.	1819.	22.
Vernon (Filature de)	Coton filé.	Ment. hon.	1806.	61.
Veron	Couvertures de laine.	Ment. hon.	An 10.	18.
Versailles (Filature de)	Coton filé.	Ment. hon.	1806.	61.
Vervins (Fabr. de)	Toiles.	Ment. hon.	1806.	51.
Vialette d'Aignan	Cadis.	M. bronze.	An 10.	14.
Vialette d'Aignan	Cadis.	M. bronze,	1806.	16.
Viard	Calicots.	Citation.	1819.	84.
Viau de Mourche	Chapeaux feutrés.	Ment. hon.	1819.	107.
Vieil-Salm (Carrière de).	Pierres à rasoirs.	Citation.	1806.	183.
Vieville (De)	Mécaniques à filer et à tisser.	M. bronze.	1806.	142.
Viglietti	Soies et organsins.	M. bronze.	1806.	27.
Vignolet frères et Leroi.	Cordages.	Ment. hon.	1806.	43.
Villarmain	Papeterie.	M. d'argent.	An 10.	38.
Villarmain (*Henri*)	Papeterie.	M. d'argent.	1806.	82.
Villedieu (Les fabric. de).	Cuivre laminé et martelé.	Ment. hon.	1806.	116.
Villeroy	Poteries.	M. d'argent.	An 10.	58.
Viltz (Fabrique de)	Draperie moyenne.	Ment. hon.	1806.	22.

DÉSIGNATION DES FABRICANS.	GENRE D'INDUSTRIE.	DISTINCTION obtenue.	Année de l'exposition.	Page du rapport de l'année ci-contre.
Vincent (*Jean*) et comp.	Bonneterie de laine.	Citation.	1819.	102.
Vinchon.................	Verrerie.	M. bronze.	An 10.	59.
Vinéis.................	Faulx.	M. d'argent.	1806.	108.
Viou.................	Peignes pour étoffes perfectionnés.	Ment. hon.	1819.	227.
Vissers.................	Coutils.	M. bronze.	An 10.	24.
Vitalis.................	Chimie appliquée aux arts.	M. d'or.	1819.	366.
Vitré (La fabrique de)..	Toiles.	Ment. hon.	1806.	51.
Vitte (Veuve).........	Broderie perfectionnée.	M. bronze.	1806.	37.
Vivier.................	Draps.	M. bronze.	1819.	18.
Voiron (Fabrique de)....	Toiles.	Citation.	1806.	50.
Volpelius.............	Sel amm., bleu de Prusse.	Ment. hon.	An 10.	55.
Voyenne.............	Appareils de chauffage.	Ment. hon.	1806.	168.

W

Wagner.............	Horlogerie.	M. d'argent.	1819.	252.
Waltier.............	Couvertures communes.	M. bronze.	1819.	31.
Webers.............	Trass pulvérisé.	Citation.	1806.	182.
Werner.............	Ébénisterie en bois indigène	M. d'argent.	1819.	317.
Wesserling (Filature de)..	Coton filé.	Ment. hon.	1806.	61.
White.................	Engrenage.	M. d'argent.	An 10.	45.
Widmer.............	Toiles imprimées.	M. d'or.	1819.	368.
Wingerser.............	Poteries.	Citation.	1806.	192.

DÉSIGNATION DES FABRICANS.	GENRE D'INDUSTRIE.	DISTINCTION obtenue.	Année de l'exposition.	Page du rapport de l'année ci-contre.
Wouters................	Faïence noire.	Ment. hon.	1806.	192.
Wurtz................	Vases de fonte de fer émaillés	M. d'argent.	1819.	195.

X

DÉSIGNATION DES FABRICANS.	GENRE D'INDUSTRIE.	DISTINCTION obtenue.	Année de l'exposition.	Page du rapport de l'année ci-contre.
Xatard (Madame veuve)..	Draps.	Ment. hon.	1819.	25.

Y

DÉSIGNATION DES FABRICANS.	GENRE D'INDUSTRIE.	DISTINCTION obtenue.	Année de l'exposition.	Page du rapport de l'année ci-contre.
Yver................	Toiles de lin.	Citation.	1819.	64.
Yver................	Balles et plomb à giboyer.	Ment. hon.	1819.	206.

Z

DÉSIGNATION DES FABRICANS.	GENRE D'INDUSTRIE.	DISTINCTION obtenue.	Année de l'exposition.	Page du rapport de l'année ci-contre.
Zeiler, Waler et compag.ᵉ	Cristaux.	Ment. hon.	An 9.	29.
Zeiler, Waler et compag.ᵉ	Cristaux.	M. d'argent.	An 10.	59.
Zeiler, Waler et compag.ᵉ	Cristaux.	M. d'argent.	1806.	184.
Ziegler, Gleuter et comp.ᵉ	Impression sur toiles de coton.	M. d'argent.	1819.	128.
Zuber................	Papiers peints.	M. bronze.	1806.	91.
Zuber................	Papiers peints.	M. bronze.	1819.	152.

FIN DE LA LISTE.